Friedrich Bergler

Physikalische Chemie für
Chemisch-technische Assistenten

Ebenfalls in der CTA-Reihe sind erschienen:

V. Joos
Physik für Chemisch-technische Assistenten
1984, ISBN 3-527-30853-9

Walter Voigt
Fachenglisch für Chemisch-technische Assistenten
2., durchgesehene Auflage, 1988, ISBN 3-527-30876-8

Friedrich Bergler

Physikalische Chemie für Chemisch-technische Assistenten

2., durchgesehene Auflage

Herausgegeben von W. Fresenius, B. Fresenius,
W. Dilger, W. Flad und I. Lüderwald

Verantwortlicher Herausgeber für diesen Band:
W. Dilger

 WILEY-VCH

Dr. Friedrich Bergler
Naturwissenschaftlich-technische Akademie
Prof. Dr. Grübler
88316 Isny/Allgäu

Titelbild: Chemisches Institut Dr. Flad, Stuttgart
Deutsche Metrohm GmbH, Filderstadt

1. Auflage 1987
2. Auflage 1991

Die Deutsche Bibliothek – CIP-Einheitsaufnahme

Ein Titeldatensatz für diese Publikation ist bei Der Deutschen Bibliothek erhältlich

ISBN:978-3-527-30846-0

Gedruckt auf säurefreiem Papier

© 2002 WILEY-VCH Verlag GmbH & Co. KGaA, Weinheim

Geleitwort

Für die erfolgreiche Arbeit von Schülern und Lehrern sind brauchbare Lehr- und Lernmittel unverzichtbar. Gerade für die berufsbildenden Schulen aber fehlen oft die geeigneten Schulbücher. Speziell die Berufsfachschulen und Berufskollegs für Chemisch-technische Assistenten müssen sich oft behelfen und haben teilweise schon zur Selbsthilfe gegriffen und eigene Lehrbücher verfaßt. Hierbei muß jedoch ein hoher Aufwand betrieben werden, und viel Wissen und Erfahrung bleiben dennoch nur wenig genutzt. Ziel dieser Buchreihe ist es, die jahrelange Ausbildungserfahrung vieler Kollegen allen interessierten Schülern und Dozenten zur Verfügung zu stellen.

Im Bereich der Physikalischen Chemie gab es in den letzten Jahrzehnten viele neue Erkenntnisse und als Folge davon eine große Anzahl von Lehrbüchern über Teilgebiete der Physikalischen Chemie. Neben einigen Übersetzungen sind auch einige wenige deutschsprachige Lehrbücher über das Gesamtgebiet der Physikalischen Chemie erschienen. Allen diesen Lehrbüchern ist das hohe mathematische Niveau gemeinsam. Die Konzeption dieses Buches ist es, wie bei der gesamten Buchreihe, im Rahmen einer Einführung einen Überblick über das Gesamtgebiet zu geben. Um dies zu erreichen, müssen Kompromisse geschlossen werden. Man muß Schwerpunkte setzen und auch „Mut zur Lücke" haben. Einige Teilgebiete der Physikalischen Chemie werden in anderen Bänden dieser Lehrbuchreihe abgehandelt.

Ich freue mich, daß es dem Autor Friedrich Bergler gelungen ist, in diesem Buch den Schülern die Physikalische Chemie auf leichtverständliche Art näherzubringen, ohne auf mathematische Ableitungen einzugehen. F. Bergler unterrichtet seit vielen Jahren in Isny am Berufskolleg und an der Fachhochschule und konnte so seine jahrelangen Erfahrungen einbringen. Ich hoffe, daß diese Erfahrungen für viele Schüler von Nutzen sein werden und wünsche allen Benutzern dieses Buches viel Erfolg.

Kommentare und Anregungen aus dem Leserkreis, die zur Verbesserung dienen, werden die Herausgeber und der Autor gerne entgegennehmen.

Isny, im Dezember 1986

Für die Herausgeber
Willy Dilger

Vorwort zur 2. Auflage

Wie die an uns ergangenen Kritiken nach dem Erscheinen gezeigt haben, hat das Buch eine erfreulich positive Resonanz bei den Lesern gefunden. Es wird inzwischen als Standardlehrbuch in der Assistentenausbildung, aber auch von Hochschülern zum Einstieg in Themen der Physikalischen Chemie benutzt.

Nachdem besonders die Themenauswahl und die Darstellungsform breiten Anklang fanden, wurden vor Erstellung der 2. Auflage lediglich die Druckfehler korrigiert.

Den Lesern wünsche ich beim Studium des vorliegenden Stoffes viel Erfolg. Für Anregungen, die einer Weiterentwicklung des Buches dienen, bin ich jederzeit sehr dankbar.

Isny, im April 1991   *Friedrich Bergler*

Vorwort zur 1. Auflage

Es gibt viele chemisch-technische Vorgänge, zu deren Verständnis physikalische Grundlagen erforderlich sind, und andererseits gibt es physikalische Vorgänge, die nur mit solider Kenntnis chemischer Stoffeigenschaften erklärt werden können. Aus dieser Notwendigkeit heraus hat sich im Laufe der Zeit die „Physikalische Chemie" als Bindeglied zwischen Chemie und Physik zum eigenständigen Fachgebiet entwickelt. Nahezu alle Naturwissenschaftler, insbesondere aber auch der Chemieingenieur oder der chemisch-technische Assistent (CTA), benötigen für ihre Arbeit ein großes Maß an physikalisch-chemischem Wissen. Dafür zeugen besonders die modernen Methoden der Instrumentellen Analytik, wie die Chromatographie, die Spektroskopie oder die Potentiometrie, um nur einige Beispiele zu nennen.

Ganz sicher gibt es bereits eine Vielzahl sehr guter Bücher, die die Physikalische Chemie in ihrer gesamten Komplexität umfassend behandeln. Diese Bücher setzen aber im allgemeinen sehr fundamentierte Kenntnisse in der höheren Mathematik und Physik voraus, und ferner nimmt ihr Studium wegen der meist sehr großen Seitenumfänge doch sehr viel Zeit in Anspruch.

Das vorliegende Buch dagegen ist im Inhalt und Umfang speziell auf die Ausbildung chemisch-technischer Assistenten zugeschnitten und gehört in die CTA-Lehrbuchreihe, die bei diesem Verlag erscheint. Es kann aber auch von Studierenden anderer Fachrichtungen mit ähnlichem Bildungsziel oder als Hilfsmittel für das Selbststudium verwendet werden.

Im einzelnen werden folgende Kapitel behandelt:
- Gase
- Festkörper und Flüssigkeiten
- Mischphasen
- Energiebilanz chemischer Reaktionen
- Das chemische Gleichgewicht
- Elektrolytische Dissoziationsgleichgewichte
- Elektrochemische Vorgänge
- Spektroskopie.

Bei der Darstellung und Beschreibung der einzelnen Phänomene wurde bewußt auf die höhere Mathematik – insbesondere auf die Differential- und Integralrechnung – verzichtet. Stattdessen sollen Abbildungen und Anwendungsbeispiele den jeweiligen Sachverhalt näher bringen.

Einige Probleme, die in Standardwerken der Physikalischen Chemie ausführlich dargestellt zu finden sind, sind in diesem Buch nur kurz beschrieben, weil sie im Rahmen der CTA-Ausbildung z. B. in der Physik, Analytik oder im Fachrechnen behandelt werden. In solchen Fällen sollen die Ausführungen in diesem Buch lediglich als Erinnerung oder als Einführung in die betreffende Problematik dienen. Ausführlichere Darstellungen wird man dann in anderen Bänden dieser Lehrbuchreihe finden.

Der Inhalt eines jeden Kapitels ist jeweils am Anfang kurz zusammengefaßt, so daß sich der Leser einen schnellen Überblick über die jeweils behandelte Thematik verschaffen kann. Am Kapitelende sind jeweils die wichtigsten Gleichungen und Hinweise für ihre Anwendung noch einmal zusammengestellt.

Dem für diesen Band verantwortlichen Herausgeber, Prof. Dr. W. Dilger, sowie allen, die zum Gelingen dieses Buches beigetragen haben, danke ich für die wertvolle Unterstützung.

Isny, im Dezember 1986   *Friedrich Bergler*

Inhaltsverzeichnis

Kapitel 1
Gase

1. Ideale Gase

1.1 Das Modell des idealen Gases

Könnte man ein Gas unter normalen äußeren Bedingungen (Atmosphärendruck und Raumtemperatur) durch ein stark vergrößerndes Mikroskop betrachten, so würde man es folgendermaßen beschreiben:

- Das Gas besteht aus einer Vielzahl winziger Teilchen (Atome oder Moleküle). Im Vergleich zum Gesamtvolumen des Gases (das entspricht dem Volumen des umgebenden Behälters) ist jedoch das Volumen aller Gasteilchen zusammen so klein, daß man es gegenüber dem Behältervolumen vernachlässigen kann. Die Gasteilchen besitzen also nur ein **verschwindend kleines Eigenvolumen**; idealisiert können sie als Teilchen ohne Ausdehnung angesehen werden.

- Die Teilchen bewegen sich mit unterschiedlichen Geschwindigkeiten, regellos und praktisch unabhängig voneinander. Man kann daher annehmen, daß die **Wechselwirkungskräfte** zwischen den Gasteilchen **nur so gering** sein können, **daß sie** ebenfalls **vernachlässigt werden können**.

Diese beiden Bedingungen werden streng genommen allerdings nie ganz erfüllt. Sie stellen idealisierte Grenzfälle dar. Gase, denen man diesen modellmäßigen Charakter zuschreibt, nennt man daher **ideale Gase**.

Fassen wir noch einmal zusammen:

> Das Modell des idealen Gases setzt voraus:
> - Das Eigenvolumen der Gasteilchen kann vernachlässigt werden.
> - Zwischen den Gasteilchen sind nur vernachlässigbar kleine Wechselwirkungskräfte wirksam.

Da bei idealen Gasen ordnende Kräfte fehlen und sich jedes Teilchen nach Belieben bewegen kann, verkörpern ideale Gase einen **Zustand größtmöglicher Unordnung**.

1.2 Die kinetische Deutung von Gastemperatur und Gasdruck

Temperatur und Bewegungsenergie. Führt man einem Gas Wärmeenergie zu, so erhöht sich seine Temperatur. Würde man in atomare Dimensionen hineinsehen können, so könnte man auch feststellen, daß die Gasteilchen bei Temperaturerhöhung im Mittel schneller werden. Die Wärmeenergie wird also in Bewegungsenergie ($E_{kin} = \frac{1}{2}\, m \cdot v^2$) umgewandelt.

Temperatur (T) und Bewegungsenergie sind proportional zueinander. Für die mittlere kinetische Energie eines Teilchens gilt $E_{kin} = \frac{3}{2}\, kT$, wobei $k = 1{,}38 \cdot 10^{-23}$ J/K die **Boltzmann-Konstante** und T die Temperatur in K (Kelvin) bedeuten.

> Je höher die Temperatur, desto größer ist die im Gas enthaltene Energie (Bewegungsenergie der Gasteilchen).

Umgekehrt werden die Gasteilchen beim Abkühlen immer langsamer, bis ihre Geschwindigkeit schließlich gleich Null wird. Die zugehörige Temperatur bezeichnet man als den **absoluten Nullpunkt**, der bei $-273{,}15\,°C = 0$ K liegt.

Gasdruck. Die Atome oder Moleküle eines Gases prallen bei ihrer regellosen Bewegung auch ständig auf die Wandungen des umgebenden Behälters. Dadurch wird auf jede Wand eine Kraft ausgeübt. Modellmäßig läßt sich das z. B. zeigen, wenn man Kügelchen permanent auf eine an einer Federwaage hängenden Schale fallen läßt (s. Abb. 1.1). Der Quotient aus wirkender Kraft und Größe der Wandfläche entspricht dem Gasdruck. Dieser ist umso größer, je mehr Teilchen pro Zeitintervall auf eine bestimmte Fläche prallen können, und je größer die Bewegungsenergie der Gasteilchen ist. Daraus läßt sich folgern:

Der Gasdruck ist der Teilchenkonzentration und der Temperatur proportional.

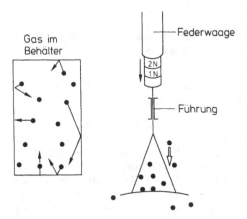

Abb. 1.1   Deutung des Gasdrucks

1.3 Zustandsänderungen idealer Gase

Drei Größen bestimmen den physikalisch meßbaren Zustand, in dem sich ein Gas befindet:

- der Druck p, unter dem das Gas steht,
- das Volumen V, das das Gas einnimmt, und
- die Temperatur T des Gases.

Man bezeichnet diese Größen daher als **Zustandsgrößen**. Der Gaszustand kann also durch Angabe eines Zustandstripels der Form (p, V, T) charakterisiert werden.

Ändern sich diese Größen, so vollzieht das Gas eine **Zustandsänderung**. Eine Überführung in einen anderen Zustand erfolgt, wenn man dem Gas Wärmeenergie zuführt oder entzieht oder aber, wenn man eine Arbeit an dem Gas verrichtet, wie z.B. bei einer Kompression. Bei solchen Vorgängen ändern sich dann im allgemeinen alle drei Zustandsgrößen gleichzeitig und abhängig voneinander. Ist aber z.B. das Gas in einer Stahlflasche eingeschlossen, so kann es sich trotz Wärmezufuhr nicht ausdehnen; sein Volumen bleibt bei dieser Zustandsänderung konstant. Durch andere Vorkehrungen kann man wiederum erreichen, daß entweder der Gasdruck oder die Temperatur des Gases bei einer Zustandsänderung unverändert bleiben, oder daß keine Wärme mit der Umgebung ausge-

tauscht werden kann. Je nach Art der konstant gehaltenen Größe gibt man den Zustandsänderungen verschiedene Namen

- **isotherme Zustandsänderung** für T = const.,
- **isobare Zustandsänderung** für p = const. und
- **isochore Zustandsänderung** für V = const.

Wird ein Wärmeaustausch verhindert, so heißt die Zustandsänderung **adiabatisch**.

In den nächsten Abschnitten wird beschrieben, wie ein ideales Gas auf solche Zustandsänderungen reagiert und welche Gesetze dafür gültig sind. Dabei bezeichnen wir mit dem Index 1 den Ausgangszustand und mit dem Index 2 den durch die Zustandsänderung erhaltenen Endzustand. Weiter setzen wir voraus, daß sich durch die Zustandsänderung an der Gasmenge nichts ändert und daß zu jeder Zeit das *ideale* Gas erhalten bleibt.

1.3.1 Isotherme Zustandsänderung

Bleibt bei einer Zustandsänderung die Temperatur des Gases konstant, so heißt diese Zustandsänderung isotherm.

Bei isothermen Zustandsänderungen ändern sich also nur der Gasdruck und das Volumen abhängig voneinander. Anfangs- und Endzustand lassen sich somit durch die Zustandstripel $(p_1, V_1, T_1) \xrightarrow{T_1 = const} (p_2, V_2, T_1)$ beschreiben.

Ein Gas kann isotherm zusammengedrückt werden (**Kompression:** $V_2 < V_1$) oder sich isotherm ausdehnen (**Expansion:** $V_2 > V_1$). Kompression und Expansion sind in Abb. 1.2 dargestellt.

Ausgangszustand (p_1, V_1, T_1)

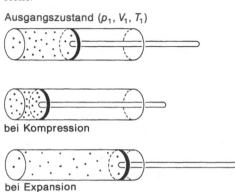

bei Kompression

bei Expansion

Abb. 1.2   Isotherme Zustandsänderung eines Gases

Bei der Kompression eines Gases muß Arbeit verrichtet werden. Dabei entsteht Wärme. Sie haben eine solche Erwärmung sicherlich schon bei Ihrer Fahrradpumpe bemerkt. Diese Kompressionswärme darf aber nicht zur Temperaturerhöhung des Gases führen (isothermer Vorgang!) und muß deshalb sofort wieder nach außen abgeführt werden. Dazu muß der Gaskolben in sehr gutem Wärmeaustausch mit der Umgebung stehen, und das Gas und die Umgebung müssen dieselbe Temperatur besitzen. Da am Ende der Kompression dem Gas ein geringeres Volumen zur Verfügung steht als am Anfang, erhöhen sich bei diesem Vorgang die Teilchendichte und der Gasdruck. Kompressionen werden deshalb auch als **Verdichtungsvorgänge** bezeichnet.

Bei der isothermen Expansion leistet das Gas die zur Volumenvergrößerung notwendige Arbeit. (Der Stempel wird aus dem Zylinder hinausgedrängt.) Die erforderliche Energie entnimmt es dem Wärmereservoir der Umgebung, so daß sich die im Gas enthaltene Energie und die Temperatur nicht verändern. Die Folgen der Expansion sind eine Verringerung der Teilchendichte und eine Erniedrigung des Gasdrucks. Vorgänge dieser Art werden auch als **Dilatationen** bezeichnet.

Gesetzmäßigkeit. Aus Erfahrung weiß man, daß sich der Gasdruck verdoppelt, wenn man das Volumen isotherm auf die Hälfte verringert. Druck und Volumen eines Gases verhalten sich bei isothermen Zustandsänderungen also umgekehrt proportional zueinander:

$$p \sim \frac{1}{V}$$

Drückt man diesen Sachverhalt als Gleichung aus, so ergibt sich das von **Boyle** und **Mariotte** gefundene Gesetz:

$$p = \frac{\text{const.}}{V} \text{ oder } p \cdot V = \text{const.} \qquad (1)$$
$$\text{für } T = \text{const.}$$

Stellt man den Gasdruck als Funktion des Volumens graphisch dar, so ergibt sich gemäß Gl. (1) ein Hyperbelast (s. Abb. 1.3), den man als die **Isotherme** des Gases bezeichnet.

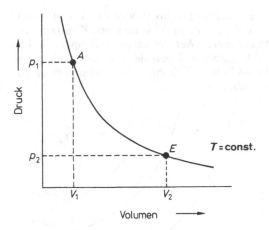

Abb. 1.3   Isotherme eines idealen Gases

Für die Zustände $A(p_1, V_1)$ und $E(p_2, V_2)$ auf dieser Isothermen gilt nach Gl. (1):

$$p_1 \cdot V_1 = \text{const.}$$

und

$$p_2 \cdot V_2 = \text{const.}$$

Durch Gleichsetzen dieser Ausdrücke ergibt sich dann eine andere Form des Boyle-Mariotteschen Gesetzes:

$$p_1 \cdot V_1 = p_2 \cdot V_2 \qquad (2)$$
$$\text{für } T = \text{const.}$$

Welchen physikalischen Inhalt hat aber das Produkt pV? – Zur Veranschaulichung führen wir eine Einheitenbetrachtung durch: Die Einheit des Drucks (Kraft/Fläche) ist $N \cdot m^{-2}$, die des Volumens ist m^3. Für die Einheit von $p \cdot V$ folgt somit $N \cdot m^{-2} \cdot m^3 = N \cdot m$. Dies entspricht der Einheit einer Arbeit oder Energie. Das Boyle-Mariottesche Gesetz ist also eine **Form des Energieerhaltungssatzes**:

Bei gleichbleibender Temperatur ändert sich die im Gas enthaltene Energie nicht, sie bleibt konstant.

Wie schon im Abschn. 1.2 (s. S. 1) erwähnt wurde, nimmt aber der Energieinhalt des Gases mit steigender Temperatur zu. Bei höherer Temperatur besitzt also das Produkt $p \cdot V$ und damit auch die in Gl. (1) vorkommende Konstante einen größeren Wert als bei tiefer Temperatur. Im pV-Diagramm liegen deshalb die Isothermen um so höher, je höher die Gastemperatur ist (s. Abb. 1.4).

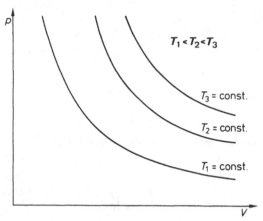

Abb. 1.4   Isothermen bei unterschiedlichen Temperaturen

Anwendungsbeispiel. Das Boyle-Mariottesche Gesetz wird – ideal gesehen – beim Evakuieren von Gasen mit Kompressionspumpen ausgenutzt. Bei der **Drehschieberpumpe** (s. Abb. 1.5) befindet sich in einem zylindrischen Gehäuse ein exzentrisch gelagerter und geschlitzter Rotor R. In den Schlitzen sind Schieber S angebracht, die durch eine Feder soweit auseinander gedrückt werden, daß sie beim Drehen des Rotors ständig an der Gehäusewandung entlanggleiten.

In der Pumpe befindet sich Öl. Dieses bildet beim Drehen des Rotors einen dichtenden und schmierenden Ölfilm zwischen den Schiebern und der Wandung aus.

Der abzupumpende Behälter B – auch **Rezipient** genannt – ist über den Ansaugstutzen A mit dem Pumpeninneren verbunden. Der Auspuffstutzen ist durch ein Ventil Ve verschlossen, das erst bei einem Druck, der höher als Atmosphärendruck ist, öffnet.

Der Pumpvorgang besteht im wesentlichen aus folgenden Teilschritten (s. a. Abb. 1.5):

1. Der Rezipient wird mit dem Schöpfvolumen der Pumpe verbunden. Durch diese Volumenvergrößerung folgt nach dem Boyle-Mariotteschen Gesetz eine Druckerniedrigung im Rezipienten.

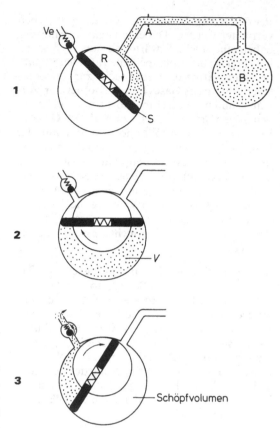

Abb. 1.5   Arbeitstakte der Drehschieberpumpe; **1.** Ansaugen, **2.** Gasvolumen abschließen und zum Auspuffstutzen transportieren, **3.** Komprimieren und Ausstoßen

2. Durch Weiterdrehen des Rotors wird das Gasvolumen V zwischen den Schiebern eingeschlossen und in Richtung Auspuffstutzen transportiert.

3. Damit das Gas die Pumpe verlassen kann, muß es komprimiert werden. Durch Volumenverkleinerung zwischen Schieber und Auspuffventil erhöht sich der Gasdruck, bis der Öffnungsdruck des Ventils erreicht ist. Dann öffnet sich das Ventil und das Gas wird ausgestoßen.

Bei jeder Rotorumdrehung verringert sich somit die Anzahl der Gasteilchen und damit der Druck im Rezipienten. (Der Enddruck, den man mit einer Drehschieberpumpe bestenfalls erzielen kann, ist jedoch durch den Dampfdruck des in der Pumpe enthaltenen Öls begrenzt.)

Rechenbeispiel. Von einer Drehschieberpumpe werden 500 cm³ Gas bei einem Druck von $p = 0,5 \cdot 10^5$ Pa und einer Temperatur von 25 °C angesaugt. Auf welches Volumen muß das Gas verdichtet werden, damit der Öffnungsdruck des Ventils von $1,5 \cdot 10^5$ Pa erreicht wird? Die Kompression verlaufe isotherm.

Lösung: Aus Gleichung (2) ergibt sich für das gesuchte Volumen:

$$V_2 = \frac{p_1 \cdot V_1}{p_2} = \frac{0,5 \cdot 10^5 \text{ Pa} \cdot 500 \text{ cm}^3}{1,5 \cdot 10^5 \text{ Pa}}$$
$$= 166,6 \text{ cm}^3$$

1.3.2 Isobare Zustandsänderung

> **Eine Zustandsänderung heißt isobar, wenn sie bei gleichbleibendem Druck abläuft.**

Wird einem Gas von außen Wärmeenergie zugeführt, so erhöht sich seine Temperatur. Soll dabei der Gasdruck konstant bleiben, so muß das Gas auf die Temperaturerhöhung mit einer Volumenvergrößerung reagieren (s. Abb. 1.6).

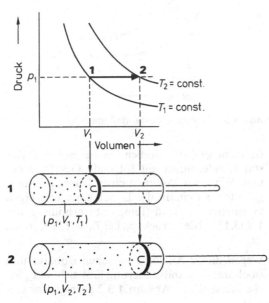

Abb. 1.6   Isobare Zustandsänderung

Eine isobare Zustandsänderung kann daher durch die Zustandstripel
$(p_1, V_1, T_1) \xrightarrow{\boxed{p_1 = \text{const}}} (p_1, V_2, T_2)$
beschrieben werden.

Wird dem Gas Wärme entzogen, so ist eine Temperaturerniedrigung und eine Volumenverkleinerung die Folge.

Gesetzmäßigkeit. Bei isobaren Zustandsänderungen dehnen sich ideale Gase pro Grad Temperaturerhöhung um 1/273,15-tel ihres Volumens bei $T_0 = 273,15$ K (0 °C) aus. Für ideale Gase beträgt der **Raumausdehnungskoeffizient** also

$$\gamma = \frac{1}{273,15} \text{ K}^{-1}.$$

Wird die Temperatur um $\Delta T = T_1 - T_0$ erhöht, so nimmt das Volumen – konstanter Druck vorausgesetzt – um

$$\Delta V = \frac{V_0}{273,15 \text{ K}} \cdot \Delta T = \frac{V_0}{T_0} (T_1 - T_0)$$

zu. Das neue Volumen bei T_1 ist daher

$$V_1 = V_0 + \Delta V = V_0 + \frac{V_0}{T_0} (T_1 - T_0)$$
$$= \frac{V_0}{T_0} T_1 \tag{3}$$

Bei einer Temperatur T_2 ergibt sich analog:

$$V_2 = \frac{V_0}{T_0} T_2 \tag{4}$$

Aus Gl. (3) und Gl. (4) folgt somit:

> $$\frac{V_2}{V_1} = \frac{T_2}{T_1} \quad \text{oder} \quad \frac{V_2}{T_2} = \frac{V_1}{T_1} \tag{5}$$

Den durch Gl. (5) wiedergegebenen Zusammenhang nennt man das **Gesetz von Gay-Lussac**; es besagt:

> **Bei konstantem Druck ist das Verhältnis aus Gasvolumen V und zugehöriger Temperatur T konstant**
>
> $\frac{V}{T} = \text{const.}$ oder $V = \text{const.} \cdot T$

Stellt man die **Isobaren** in der VT-Ebene für verschiedene Drücke graphisch dar (s. Abb. 1.7), so ergeben sich Ursprungsgeraden, deren Steigung mit zunehmendem Druck abnimmt. (Nach dem

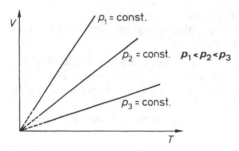

Abb. 1.7 Isobaren eines idealen Gases

Gesetz von Boyle-Mariotte ist bei bestimmter Temperatur das Gasvolumen um so kleiner, je größer der Druck ist.)

Anwendungsbeispiel. Das Gesetz von Gay-Lussac findet unter anderem bei der Bestimmung von Temperaturen mit Hilfe von **Gasthermometern** Anwendung (s. Abb. 1.8). Dabei wird ausgenutzt, daß das Volumen einer bestimmten, eingeschlossenen Gasmenge bei konstantem äußeren Druck nur von der Temperatur der Umgebung abhängig ist. Gasthermometer werden heute mitunter noch zum Eichen anderer Thermometer eingesetzt.

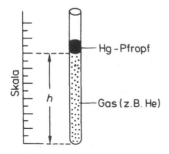

Abb. 1.8 Prinzip des Gasthermometers

Rechenbeispiel. Bei einem Gasthermometer stand der Quecksilberpfropf bei 0 °C 50 cm über dem unteren Ende eines zylindrischen Rohres. Wie groß ist die Temperatur, wenn er in 60 cm Höhe steht? (Der Gasdruck sei während der Änderung konstant geblieben.)

Lösung: Aus Gl. (5) folgt

$$T_2 = \frac{V_2}{V_1} T_1 .$$

Ist r der Radius des Rohres, so sind die Gasvolu-

mina $V_2 = \pi \cdot r^2 \cdot h_2$ und $V_1 = \pi \cdot r^2 \cdot h_1$. Damit ergibt sich:

$$T_2 = \frac{\pi \cdot r^2 \cdot h_2}{\pi \cdot r^2 \cdot h_1} T_1 = \frac{60\ cm}{50\ cm} 273\ K* = 328\ K$$
$$= 55\,°C.$$

1.3.3 Isochore Zustandsänderung

> Bleibt bei einer Zustandsänderung das Volumen konstant, so heißt sie isochor.

Wird einem Gas Wärmeenergie zugeführt, so ergibt sich bei isochorer Zustandsänderung eine Temperatur- und eine Druckerhöhung

$$(p_1, V_1, T_1) \boxed{V_1 = const.} \ (p_2, V_1, T_2).$$

Abb. 1.9 zeigt die isochore Zustandsänderung im pV-Diagramm.

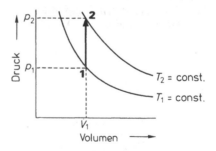

Abb. 1.9 Isochore Zustandsänderung

Gesetzmäßigkeit. Ähnlich wie bei isobaren Zustandsänderungen gilt folgende Gesetzmäßigkeit: Wird das Volumen eines Gases konstant gehalten, so nimmt der Druck einer beliebigen Gasmenge je Grad Temperaturerhöhung um 1/273,15-tel des Drucks p_0 bei $T_0 = 273\ K\ (0\,°C)$ zu.

Wegen dieser Analogie zwischen isobarer und isochorer Zustandsänderung läßt sich, auf gleiche Weise wie in Abschn. 1.3.2 gezeigt, das Gesetz

---

* Wir rechnen hier, wie auch in den folgenden Beispielen, mit 273 K anstatt mit 273,15 K

$$\frac{p_2}{p_1} = \frac{T_2}{T_1} \quad \text{oder} \quad \frac{p_2}{T_2} = \frac{p_1}{T_1} \tag{6}$$

für $V = \text{const.}$

herleiten. Es ist als **Gesetz von Amontons** bekannt und besagt:

> Bei konstantem Volumen ist das Verhältnis aus Gasdruck und Temperatur konstant:
>
> $$\frac{p}{T} = \text{const.} \quad \text{oder} \quad p = \text{const.} \cdot T$$

Im pT-Diagramm (s. Abb. 1.10) ergeben sich Ursprungsgeraden, die man als die **Isochoren** des idealen Gases bezeichnet. Ihre Steigungen sind umso geringer, je größer das zur Verfügung stehende Volumen ist. (Bei bestimmter Temperatur verhalten sich der Gasdruck und das Volumen umgekehrt proportional zueinander.)

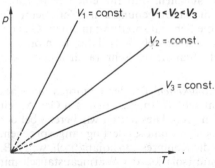

Abb. 1.10   Isochoren eines idealen Gases

Rechenbeispiel. Eine mit Helium gefüllte Stahlflasche zeigt bei 20 °C einen Druck von $200 \cdot 10^5$ Pa. Auf welchen Wert steigt der Gasdruck, wenn die Flasche der Sonneneinstrahlung ausgesetzt ist und sich deshalb auf 50 °C erwärmt?

Lösung: Da sich das Volumen der Stahlflasche trotz Erwärmung nicht ändert (so gut wie), vollzieht das Gas eine isochore Zustandsänderung. Der neue Gasdruck ist daher

$$p_2 = p_1 \cdot \frac{T_2}{T_1} = 200 \cdot 10^5 \, \text{Pa} \, \frac{323 \, \text{K}}{293 \, \text{K}}$$

$$= 220{,}5 \cdot 10^5 \, \text{Pa}$$

Der Gasdruck steigt also um ca. 10 % an.

1.3.4 Enthalpie und spezifische Wärmekapazitäten bei konstantem Druck und konstantem Volumen

Soll ein Stoff, z. B. ein Gas, von T_1 auf T_2 erwärmt werden, so muß ihm die Wärmeenergie $\Delta Q = m \cdot c \cdot (T_2 - T_1) = m \cdot c \cdot \Delta T$ zugeführt werden. Dabei bedeuten m seine Masse und c die **spezifische Wärmekapazität**. Darunter versteht man diejenige Wärmemenge, die man einem Kilogramm des Stoffes zuführen muß, um eine Temperaturerhöhung von 1 K zu erhalten.

Ganz besonders bei Gasen stellt man jedoch folgende Besonderheit fest:

Wird das Gas in ein bestimmtes Volumen eingeschlossen ($V = \text{const.}$) und dann erwärmt, so ist eine kleinere Wärmemenge erforderlich, als wenn es sich bei der Erwärmung frei ausdehnen kann ($p = \text{const.}$). Dabei ist in beiden Fällen dieselbe Gasmenge und dieselbe Temperaturerhöhung vorausgesetzt.

Bleibt das Volumen konstant (isochore Zustandsänderung), so erhöht sich durch Wärmezufuhr nur die Bewegungsenergie der Gasteilchen, also nur die Gastemperatur. Soll die Erwärmung jedoch bei gleichbleibendem Druck (also isobar) erfolgen, so muß sich das Gas während der Temperaturerhöhung auch noch ausdehnen. Dabei muß es gegen den äußeren Druck Arbeit (**Volumen-** oder **Hubarbeit**) verrichten, die der Volumenänderung ΔV (s. Abb. 1.11) und dem vorherrschenden Druck p proportional ist und $\Delta W = -p \cdot \Delta V$ beträgt. Die vom Gas verrichtete Arbeit erhält vereinbarungsgemäß ein negatives Vorzeichen (s. auch Kap. 4 S. 72).

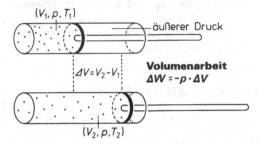

Abb. 1.11   Volumenarbeit bei isobarer Zustandsänderung

Bei isobarer Erwärmung eines Gases muß also durch Wärmezufuhr nicht nur die Bewegungsenergie der Gasteilchen erhöht, sondern auch noch der Energiebedarf zur Verrichtung der Volumenarbeit gedeckt werden. Ist für den isochoren Vorgang die Wärmeenergie ΔQ_V erforderlich, so muß beim isobar ablaufenden Prozeß die Wärmemenge $\Delta Q_p = \Delta Q_V + p \cdot \Delta V$ aufgewendet werden. Dafür führt man folgende Bezeichnung ein:

> **Die bei einem isobaren Prozeß umgesetzte Wärmeenergie ΔQ_p heißt Enthalpieänderung ΔH.**

Wegen der Unterschiedlichkeit von ΔQ_V und $\Delta Q_p = \Delta H$ muß auch zwischen den spezifischen **Wärmekapazitäten bei konstantem Volumen c_V und bei konstantem Druck c_p** unterschieden werden. Es gilt:

$$c_V = \frac{\Delta Q_V}{m \cdot \Delta T} \quad \text{bzw.} \quad c_p = \frac{\Delta H}{m \cdot \Delta T} \tag{7}$$

Da ΔH stets größer als ΔQ_V ist, ergibt sich auch $c_p > c_V$.

Rechenbeispiel. 0,5 kg Sauerstoff sollen von 20 °C auf 80 °C erwärmt werden. Welche Wärmemengen müssen zugeführt werden, wenn dabei

a) der Druck und
b) das Volumen konstant gehalten werden?

Die mittleren spezifischen Wärmekapazitäten im betreffenden Temperaturintervall betragen:

$\bar{c}_p = 928,2 \text{ J} \cdot \text{kg}^{-1} \cdot \text{K}^{-1}$ bzw.
$\bar{c}_V = 668,7 \text{ J} \cdot \text{kg}^{-1} \cdot \text{K}^{-1}$.

(Beachte: c_p **und** c_V **sind temperaturabhängig.** Deshalb wurden hier die mittleren spezifischen Wärmekapazitäten im betreffenden Temperaturintervall angegeben.)

Lösung:

zu a) $\Delta Q_p = \Delta H = m \cdot \bar{c}_p \cdot \Delta T$

$$= 0,5 \text{ kg} \cdot 928,2 \frac{\text{J}}{\text{kg} \cdot \text{K}} \cdot 60 \text{ K}$$

$$= 27850 \text{ J} = 27,85 \text{ kJ}$$

zu b) $\Delta Q_V = m \cdot \bar{c}_V \cdot \Delta T$

$$= 0,5 \text{ kg} \cdot 668,7 \cdot \frac{\text{J}}{\text{kg} \cdot \text{K}} \cdot 60 \text{ K}$$

$$= 20060 \text{ J} = 20,06 \text{ kJ}$$

1.3.5 Adiabatische Zustandsänderung

Zur Durchführung aller bislang besprochenen Zustandsänderungen mußte dem Gas entweder von außen Wärme zugeführt oder entzogen werden; sie waren also alle mit einem Wärmeumsatz verbunden. Man kann das Gas aber auch in einen neuen Zustand überführen, indem man es komprimiert oder aber expandieren läßt und dabei den Wärmeaustausch mit der Umgebung verhindert. Solche Zustandsänderungen nennt man **adiabatisch**.

> **Bei adiabatischen Zustandsänderungen findet kein Wärmeaustausch mit der Umgebung statt.**

Adiabatische Prozesse müssen daher entweder in einem „wärmedichten" Gefäß – wie z. B. in einer Thermoskanne (in der Fachsprache auch **Kalorimeter** oder **Dewargefäß** genannt) – durchgeführt werden oder die **Zustandsänderung muß** so **rasch ablaufen**, daß für einen Wärmeaustausch mit der Umgebung keine Zeit bleibt. So ist z. B. die Schallausbreitung in einem Gas ein adiabatischer Prozeß, weil dabei Kompressionen und Dilatationen sehr rasch aufeinander folgen.

Gesetzmäßigkeiten. Bei der Kompression eines Gases entsteht Wärme, da man am Gas Arbeit verrichten muß. Dies hatten wir bereits bei der isothermen Zustandsänderung angesprochen. Verläuft die Kompression adiabatisch, weil z. B. durch gute Isolation der Wärmeaustausch mit der Umgebung verhindert wird, so muß sich dabei – im Gegensatz zur isothermen Zustandsänderung – die Gastemperatur erhöhen (s. Abb. 1.12). Bei der adiabatischen Expansion kühlt sich das Gas dagegen ab.

Der Gasdruck am Ende der Zustandsänderung hängt somit von zwei Einflüssen ab: von der Volumen- und von der Temperaturänderung des Gases.

Bei jeder Kompression ($V_2 < V_1$) erhöht sich der Gasdruck ($p_2 > p_1$), natürlich auch bei adiabatischen Kompressionen. Weil sich das Gas aber zusätzlich erwärmt ($T_2 > T_1$), ist der Enddruck p_2 größer als bei einer vergleichbaren isothermen Kompression.

Umgekehrt ist es bei der Expansion: Ein adiabatischer Vorgang liefert wegen der Abkühlung

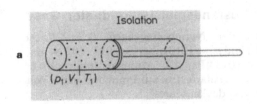

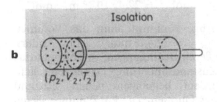

Abb. 1.12 Adiabatische Kompression;
a Ausgangszustand, **b** Endzustand

des Gases einen geringeren Enddruck als ein isothermer Prozeß mit gleicher Volumenvergrößerung. Daher zeigen die **Adiabaten** in der pV-Ebene einen steileren Verlauf als die Isothermen (s. Abb. 1.13).

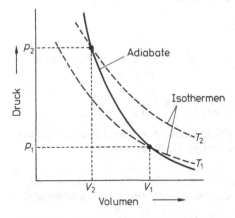

Abb. 1.13 Adiabate eines idealen Gases

Für eine adiabatische Zustandsänderung wird der Zusammenhang zwischen p und V durch das **Gesetz von Poisson** wiedergegeben. Es lautet:

$$p \cdot V^{\varkappa} = \text{const.} \quad \text{oder} \quad p_1 \cdot V_1^{\varkappa} = p_2 \cdot V_2^{\varkappa} \quad (8)$$

In Gl. (8) kennzeichnet $\varkappa$ den sog. **Adiabatenexponenten**. Dieser ist gleich dem Quotienten aus den spezifischen Wärmekapazitäten bei kon-

stantem Druck und konstantem Volumen, also $\varkappa = c_p/c_V$. Wegen c_p größer als c_V ist, ist $\varkappa$ stets größer als 1; der Zahlenwert hängt besonders von der Molekülform der Gase ab. Dies zeigt Tab. 1.1.

Tab. 1.1 Adiabatenexponent und Molekülform

Molekül-form	Bild	Wert von $\varkappa$ bei 20°C	Beispiel
einatomig	●	1,66	He, Ar
zweiatomig und mehr-atomig gestreckt	●—● ●—●—●	1,40	H_2, N_2, CO
mehratomig gewinkelt	●—●—● (gewinkelt)	1,33	H_2S, H_2O-Dampf

Ferner gelten bei adiabatischen Zustandsänderungen noch folgende Zusammenhänge zwischen den Zustandsgrößen:

$$\frac{T_2}{T_1} = \left(\frac{V_1}{V_2}\right)^{\varkappa - 1} \quad \text{bzw.}$$

$$\frac{T_2}{T_1} = \left(\frac{p_2}{p_1}\right)^{\frac{\varkappa - 1}{\varkappa}} \quad (9)$$

Rechenbeispiel. Stickstoff mit einem Volumen $V_1 = 4\,\text{m}^3$ bei einem Druck $p_1 = 5 \cdot 10^5$ Pa und einer Temperatur $T_1 = 293$ K wird auf das Volumen $V_2 = 2\,\text{m}^3$ komprimiert. Wie groß sind der Enddruck und die Gastemperatur am Ende der Kompression bei

a) isothermer Zustandsänderung
b) adiabatischer Zustandsänderung?
   ($\varkappa = 1,4$; N_2 ist zweiatomig)

Lösung:

1. Temperatur:
   a) isotherm:

   $$T_2 = T_1 = 293\,\text{K} \ (20\,°\text{C})$$

   b) adiabatisch:

   $$T_2 = \left(\frac{V_1}{V_2}\right)^{\varkappa - 1} \cdot T_1 = \left(\frac{4}{2}\right)^{0,4} \cdot 293\,\text{K}$$

   $$= 386,6\,\text{K}$$

2. Druck:

a) isotherm:

$$p_2 = \frac{V_1}{V_2} \cdot p_1 = 2 \cdot 5 \cdot 10^5 \, \text{Pa} = 10 \cdot 10^5 \, \text{Pa}$$

b) adiabatisch:

$$p_2 = p_1 \left(\frac{V_1}{V_2}\right)^{\varkappa} = 5 \cdot 10^5 \, \text{Pa} \cdot (2)^{1,4}$$

$$= 13,2 \cdot 10^5 \, \text{Pa}$$

1.3.6 Polytrope Zustandsänderung

Die isotherme Zustandsänderung einerseits und die adiabatische Zustandsänderung andererseits stellen zwei ideale Grenzfälle dar. Während bei den isothermen Prozessen die Arbeitstemperatur zu jeder Zeit konstant bleibt und dazu ein vollkommener Wärmeaustausch mit der Umgebung notwendig ist, muß bei einer adiabatischen Zustandsänderung jeglicher Wärmeaustausch ausgeschlossen werden. In der Praxis wird man beide Fälle nie ganz exakt realisieren können, d. h. man wird trotz guter Isolation meist auch einen geringen Wärmeverlust an die Umgebung haben oder selbst bei gutem Wärmekontakt die Temperatur nicht ganz exakt konstant halten können. Jede zwischen diesen beiden Grenzfällen verlaufende Zustandsänderung heißt **polytrop**.

> Polytrope Zustandsänderungen verlaufen wie adiabatische Prozesse mit nicht ausreichender Wärmeisolation.

Gesetzmäßigkeiten. Für polytrope Zustandsänderungen gelten analoge Zusammenhänge zwischen den Zustandsgrößen wie bei adiabatischen Vorgängen; **es muß** lediglich der **Adiabatenexponent durch den Polytropenexponenten** n mit $1 < n < \varkappa$ **ersetzt werden**:

$$\frac{p_2}{p_1} = \left(\frac{V_1}{V_2}\right)^n; \quad \frac{T_2}{T_1} = \left(\frac{V_1}{V_2}\right)^{n-1};$$

$$\frac{T_2}{T_1} = \left(\frac{p_2}{p_1}\right)^{\frac{n-1}{n}} \tag{10}$$

Der Polytropenexponent muß für jedes System (Kompressor) eigens bestimmt werden und liegt um so näher bei $\varkappa$, je besser die Isolation ist.

1.4 Zustandsgleichung idealer Gase

Unter den **Normbedingungen** $T_0 = 273,15 \, \text{K}$ (0 °C) und $p_0 = 1013 \, \text{mbar} = 1,013 \cdot 10^5 \, \text{N} \cdot \text{m}^{-2}$ (oder 1013 hPa, d.i. Atmosphärendruck) beträgt das **molare**, d. h. auf 1 mol bezogene, **Volumen** des idealen Gases

$$V_{0,m} = 22,4 \, \text{l} \cdot \text{mol}^{-1} = 22,4 \cdot 10^{-3} \, \text{m}^3 \cdot \text{mol}^{-1}.$$

Die Gasmenge ν nimmt dann das Volumen $V_0 = \nu \cdot V_{0,m} = \nu \cdot 22,4 \, \text{l} \cdot \text{mol}^{-1}$ ein. Ändern sich die äußeren Bedingungen, so vollzieht das Gas eine Zustandsänderung. Dabei zeigt sich, daß in jedem beliebigen neuen Zustand (p, V, T) der Quotient $(p \cdot V)/T$ immer gleich groß ist und den Wert von $(p_0 \cdot V_0)/T_0$ annimmt.

Alle Zustandsänderungen idealer Gase folgen daher dem Gesetz:

$$\frac{p \cdot V}{T} = \frac{p_0 \cdot V_0}{T_0} = \nu \cdot \frac{p_0 \cdot V_{0,m}}{T_0} \tag{11}$$

In dieser Gleichung ist $(p_0 \cdot V_{0,m})/T_0$ eine Konstante, die sich durch Einsetzen der oben angegebenen Werte zu

$$\frac{p_0 \cdot V_{0,m}}{T_0}$$

$$= \frac{1,013 \cdot 10^5 \, \text{N} \cdot \text{m}^{-2} \cdot 22,4 \cdot 10^{-3} \, \text{m}^3 \cdot \text{mol}^{-1}}{273,15 \, \text{K}}$$

$$= 8,31 \frac{\text{N} \cdot \text{m}}{\text{mol} \cdot \text{K}} = 8,31 \frac{\text{J}}{\text{mol} \cdot \text{K}}$$

ergibt. Diese Größe bezeichnet man als die **universelle, molare Gaskonstante** R.

> Der Wert der molaren Gaskonstanten beträgt im internationalen Einheitensystem
> $$R = \frac{p_0 \cdot V_{0,m}}{T_0} = 8,31 \frac{\text{J}}{\text{mol} \cdot \text{K}}$$

Setzt man R in Gl.(11) ein, so erhält man die **Zustandsgleichung idealer Gase** in ihrer bekannten Form

> $$p \cdot V = \nu \cdot R \cdot T \tag{12}$$

Sie beschreibt den Zusammenhang zwischen Druck, Volumen und Temperatur eines Gases in jedem beliebigen Zustand.

Definitionsgemäß bezeichnet man alle **Gase, deren Verhalten durch Gl. (12) beschrieben werden kann,** als **ideale Gase.**

Aus der Zustandsgleichung ergeben sich auch folgende, bereits behandelte Gesetze:

– für T = const. das Boyle-Mariottesche Gesetz

$$p \cdot V = v \cdot R \cdot T = \text{const.}$$

– für p = const. das Gesetz von Gay-Lussac

$$\frac{V}{T} = \frac{v \cdot R}{p} = \text{const.}$$

– für V = const. das Gesetz von Amontons

$$\frac{p}{T} = \frac{v \cdot R}{V} = \text{const.}$$

Anwendungen. Wird in Gl. (12) die Stoffmenge v durch den Quotienten aus Gesamtmasse m und molarer Masse M des Gases ersetzt, so erhält man:

$$p \cdot V = \frac{m}{M} \cdot R \cdot T \tag{13}$$

Daraus wird das breite Anwendungsspektrum der Zustandsgleichung ersichtlich: Neben dem vom Gas ausgeübten Druck, dem Gasvolumen und der Temperatur können auch die Gasmasse, die molare Masse oder die Gasdichte

$$\varrho = \frac{m}{V} = \frac{p \cdot M}{R \cdot T}$$

bei Kenntnis der restlichen Größen errechnet werden.

Obwohl es eigentlich keine idealen Gase gibt, führt die Gl. (13) besonders bei Permanentgasen wie N_2, H_2 oder O_2 doch zu genügend genauen Ergebnissen.

Beispiele. Aus der Vielzahl der möglichen Berechnungen, greifen wir hier zwei Beispiele heraus. Dabei wird das interessierende Gas jeweils als ideal angenommen.

1. Wieviel m^3 Sauerstoff von $20\,°C$ und 1000 hPa ($= 1000$ mbar) sind zur völligen Verbrennung von 50 g Heptan (C_7H_{16}) erforderlich?

Lösung: Reaktionsgleichung:

$$C_7H_{16} + 11\,O_2 \rightarrow 7\,CO_2 + 8\,H_2O$$

Das heißt, zur Verbrennung von 1 mol

C_7H_{16}, das sind 100 g C_7H_{16}, sind 11 mol O_2 erforderlich. Für 50 g Heptan benötigt man daher 5,5 mol O_2. Damit ergibt sich für das erforderliche Sauerstoffvolumen:

$$V = \frac{v \cdot R \cdot T}{p}$$

$$= \frac{5,5\,\text{mol} \cdot 8,31\,\text{Nm} \cdot \text{mol}^{-1} \cdot \text{K}^{-1} \cdot 293\,\text{K}}{1 \cdot 10^5\,\text{N} \cdot \text{m}^{-2}}$$

$$= 0,13\,\text{m}^3$$

2. Bei einer Reaktion entstehen 1,72 g eines Gases, das bei einem Druck von 950 hPa (das sind $0,95 \cdot 10^5\,\text{Nm}^{-2}$) und einer Temperatur von $20\,°C$ ein Volumen von 1 l einnimmt. Welche molare Masse besitzt das Gas?

Lösung:

$$M = \frac{m \cdot R \cdot T}{p \cdot V}$$

$$= \frac{1,72\,\text{g} \cdot 8,31\,\text{Nm} \cdot \text{mol}^{-1} \cdot \text{K}^{-1} \cdot 293\,\text{K}}{0,95 \cdot 10^5\,\text{N} \cdot \text{m}^{-2} \cdot 1 \cdot 10^{-3}\,\text{m}^3}$$

$$= 44\,\frac{\text{g}}{\text{mol}}$$

Es könnte sich also um CO_2 handeln.

1.5 Mischungen idealer Gase

In der Praxis hat man es häufiger mit Gasmischungen als mit Einzelgasen zu tun. Eine uns ständig umgebende Gasmischung ist die Luft. Sie besteht aus Stickstoff, Sauerstoff, Edelgasen sowie zu geringen Bruchteilen aus Wasserdampf (je nach relativer Luftfeuchtigkeit) und aus Kohlendioxid. Auch bei vielen chemischen Reaktionen entstehen im Reaktionsraum Mischungen aus Gasen und Dämpfen. Bei der Verbrennung von schwefelhaltigem Erdöl zum Beispiel wird neben Kohlendioxid auch Schwefeldioxid und Wasserdampf gebildet.

In den nächsten Abschnitten wird gezeigt, wie sich die Einzelgase in einer Mischung aus idealen Gasen verhalten. – Wird ein Gas durch das Vorhandensein eines anderen in seinem Verhalten gestört? – Wie kann man den Druck und das Volumen der Gasmischung berechnen? – Wie kann die Zusammensetzung angegeben werden? – Bei der Beantwortung dieser Fragen werden wir unter anderem auf Begriffe wie Partialdruck und Partialvolumen stoßen. Wir werden das

Gesetz von Dalton kennenlernen und den Begriff der mittleren molaren Masse einer Gasmischung einführen.

Bei allen folgenden Betrachtungen setzen wir aber voraus, daß die Gase der Mischung nicht miteinander reagieren.

Partialdruck und Gesamtdruck. Läßt man in einen völlig evakuierten Behälter nacheinander bestimmte Mengen zweier verschiedener Gase einströmen (s. Abb. 1.14), so kann man am Manometer beobachten, daß jede Gassorte einen bestimmten Anteil zu dem am Ende vorherrschenden Gesamtdruck beisteuert. Um diese Anteile auch rechnerisch bestimmen zu können, muß man feststellen, welches Volumen von jeder Gassorte in der Mischung eingenommen wird. Analysiert man dazu Proben aus den verschiedensten Bereichen des Behälters, so zeigt sich, daß in jeder beide Gase enthalten sind. Jedes Gas hat sich also im gesamten zur Verfügung stehenden Volumen ausgebreitet; es verhält sich genau so, als wäre es völlig allein im Behälter.

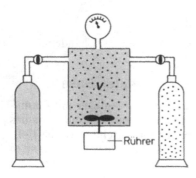

Abb. 1.14   Zur Erläuterung von Partial- und Gesamtdruck

Ist v_1 die Stoffmenge der Gassorte 1 und v_2 die Stoffmenge der Gassorte 2 in der Mischung, so ergibt sich aus der Zustandsgleichung (12) für die einzelnen Gasdrücke:

$$p_1 = \frac{v_1 \cdot R \cdot T}{V} \quad \text{und} \quad p_2 = \frac{v_2 \cdot R \cdot T}{V}.$$

Dabei ist V das Gesamtvolumen der Mischung (Behältervolumen). Man nennt p_1 und p_2 die **Partialdrücke** der Gase in der Mischung. Der **Gesamtdruck** ist dann

$$p_{ges} = p_1 + p_2 = (v_1 + v_2)\frac{R \cdot T}{V}.$$

Allgemein gilt also:

Ist ein ideales Gas mit der Stoffmenge v_i in einer Gasmischung vom Volumen V enthalten, so übt es den Partialdruck

$$p_i = \frac{v_i \cdot R \cdot T}{V} \qquad (14)$$

aus. Einen gleich großen Druck würde es auch ausüben, wenn es sich allein im betreffenden Volumen befände. Der Gesamtdruck einer Mischung aus idealen Gasen ist gleich der Summe aller Partialdrücke:

$$p_{ges} = p_1 + p_2 + p_3 + \ldots$$
$$= (v_1 + v_2 + v_3 + \ldots)\frac{R \cdot T}{V}$$
$$= v_{ges} \cdot \frac{R \cdot T}{V} \qquad (15)$$

Dies ist das **Gesetz von Dalton**.

Stoffmengenanteil und Partialdruck.

Der Stoffmengenanteil x_i einer Gassorte i in einer Mischung ist gleich dem Quotienten aus der Stoffmenge v_i und der Gesamtstoffmenge v_{ges} der Mischung:

$$x_i = \frac{v_i}{v_{ges}} = \frac{v_i}{v_1 + v_2 + v_3 + \ldots} \qquad (16)$$

Der Stoffmengenanteil wurde früher auch „Molenbruch" genannt.

x_i ist somit eine einheitenlose Größe mit einem Zahlenwert zwischen 0 und 1, die den Stoffmengenanteil der betreffenden Gassorte in der Mischung angibt.

Die **Summe aller Stoffmengenanteile** der in der Mischung enthaltenen Gase **ergibt immer den Wert 1**:

$$x_1 + x_2 + x_3 + \ldots = \frac{v_1}{v_{ges}} + \frac{v_2}{v_{ges}} + \frac{v_3}{v_{ges}} + \ldots$$
$$= \frac{1}{v_{ges}}(v_1 + v_2 + v_3 + \ldots) = 1 \qquad (17)$$

Bezieht man den Partialdruck p_i eines Gases auf den Gesamtdruck p_{ges} der Mischung, so folgt:

$$\frac{p_i}{p_{ges}} = \frac{v_i \cdot \dfrac{R \cdot T}{V}}{v_{ges} \cdot \dfrac{R \cdot T}{V}} = \frac{v_i}{v_{ges}} = x_i \qquad (18)$$

Daraus läßt sich erkennen:

> Der Partialdruck ist gleich dem Produkt aus Stoffmengenanteil und Gesamtdruck:
>
> $$p_i = x_i \cdot p_{ges} \qquad (19)$$

Partialvolumen und Gesamtvolumen. *Gedankenexperiment:* Zwei Kolbenprober (s. Abb. 1.15) sind mit zwei verschiedenen (idealen) Gasen gefüllt. Bei der Temperatur T und dem Druck p betragen ihre Einzel- oder **Partialvolumina** V_1 bzw. V_2. Beide Gase sollen miteinander vermischt werden. Dazu wird der Hahn geöffnet und der Kolben 1 in den Prober hineingeschoben. Verläuft der Mischungsvorgang isobar und isotherm, so kann man am Prober 2 ablesen, daß das Mischungsvolumen der Summe von V_1 und V_2 entspricht.

a

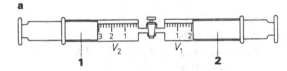

b

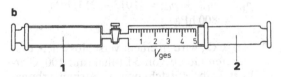

Abb. 1.15 Zur Erläuterung von Partialvolumen und Gesamtvolumen; Kolbenprober im **a** Ausgangszustand, **b** Endzustand

Diese Beobachtung läßt sich verallgemeinern:

> Werden mehrere ideale Gase von gleichem Druck und gleicher Temperatur miteinander vermischt, so ist das Gesamtvolumen der Mischung gleich der Summe der Partialvolumina aller Einzelgase:
>
> $$V_{ges} = V_1 + V_2 + V_3 + \dots \qquad (20)$$

(Bei realen Mischungen können Abweichungen von der einfachen Volumenadditivität auftreten.)

Aus den Partialvolumina

$$V_1 = v_1 \cdot \frac{R \cdot T}{p}, \qquad (21a)$$

$$V_2 = v_2 \cdot \frac{R \cdot T}{p} \quad \text{usw.} \qquad (21b)$$

ergibt sich somit das Mischungsvolumen zu:

$$V_{ges} = (v_1 + v_2 + \dots) \cdot \frac{R \cdot T}{p} = v_{ges} \cdot \frac{R \cdot T}{p} \qquad (22)$$

Volumen- und Stoffmengenanteil.

> Das Verhältnis aus dem Partialvolumen V_i einer Gassorte i und dem Gesamtvolumen der Mischung V_{ges} bezeichnet man als Volumenanteil oder Volumenbruch φ_i:
>
> $$\varphi_i = \frac{V_i}{V_{ges}} \qquad (23)$$

Mit den Gleichungen (21) und (22) ergibt sich

$$\varphi_i = \frac{v_i \cdot \dfrac{R \cdot T}{p}}{v_{ges} \cdot \dfrac{R \cdot T}{p}} = \frac{v_i}{v_{ges}} = x_i \qquad (24)$$

> Volumenanteil und Stoffmengenanteil einer Gassorte in einer Mischung haben denselben Wert.

Ihre mit 100 % multiplizierten Werte nennt man **Volumenanteil oder Stoffmengenanteil in Prozent.**

Mittlere molare Masse einer Gasmischung. Bei Gasmischungen, deren Zusammensetzung sich zeitlich nicht verändert, führt man häufig die mittlere molare Masse $\bar{M}$ ein, weil man dann mit der Gleichung

$$p \cdot V = \frac{m_{ges}}{\bar{M}} \cdot R \cdot T \qquad (25)$$

alle Zustandsgrößen der Mischung berechnen kann wie bei einem Einzelgas.

Die mittlere molare Masse ist definiert als:

$$\bar{M} = \frac{\text{Gesamtmasse der Mischung}}{\text{Gesamtstoffmenge aller Gase in der Mischung}}$$

Sind $m_1, m_2, m_3, \ldots$ die Massen der Einzelgase und $v_1, v_2, v_3, \ldots$ ihre Stoffmengen, so folgt

$$\bar{M} = \frac{m_{\text{ges}}}{v_{\text{ges}}} = \frac{m_1 + m_2 + m_3 + \ldots}{v_1 + v_2 + v_3 + \ldots}. \qquad (26)$$

Wegen $\quad m_1 = v_1 \cdot M_1, \quad m_2 = v_2 \cdot M_2,$ $m_3 = v_3 \cdot M_3$ (mit M_1, M_2, M_3 als molare Massen der Einzelgase) erhält man daraus

$$\bar{M} = \frac{v_1 \cdot M_1 + v_2 \cdot M_2 + v_3 \cdot M_3 + \ldots}{v_1 + v_2 + v_3 + \ldots} \qquad (27)$$

und mit Gl. (16) ergibt sich

$$\bar{M} = x_1 \cdot M_1 + x_2 \cdot M_2 + x_3 \cdot M_3 + \ldots \qquad (28)$$

Rechenbeispiele

1. In einem Autoklaven von $0{,}01\,\text{m}^3$ Inhalt wurden 1 g Wasser und 2 g Hexan (C_6H_{14}) eingefüllt und anschließend durch Erwärmen auf $300\,°C$ vollständig verdampft. Welchen Druck übt dann die Mischung aus? (Hexan und Wasserdampf sollen hier als ideale Gase angenommen werden; dies gilt aber nur näherungsweise.)

Lösungsgleichung:

$$p_{\text{ges}} = (v_{H_2O} + v_{C_6H_{14}}) \cdot \frac{R \cdot T}{V}$$

Mit $M_{H_2O} = 18\,\text{g} \cdot \text{mol}^{-1}$ und $M_{C_6H_{14}} = 86\,\text{g} \cdot \text{mol}^{-1}$ ergibt sich für die Stoffmengen:

$$v_{H_2O} = \frac{m_{H_2O}}{M_{H_2O}} = \frac{1}{18}\,\text{mol} \quad \text{und}$$

$$v_{C_6H_{14}} = \frac{m_{C_6H_{14}}}{M_{C_6H_{14}}} = \frac{2}{86}\,\text{mol} = \frac{1}{43}\,\text{mol}.$$

Der Gesamtdruck der Mischung ist somit:

$$p_{\text{ges}} = \left(\frac{1}{18} + \frac{1}{43}\right)\frac{8{,}31 \cdot 573}{0{,}01}\,\frac{\text{mol} \cdot \text{N} \cdot \text{m} \cdot \text{K}}{\text{mol} \cdot \text{K} \cdot \text{m}^3}$$

$$= 37627{,}3\,\frac{\text{N}}{\text{m}^2} = 0{,}376 \cdot 10^5\,\frac{\text{N}}{\text{m}^2}$$

$$= 376\,\text{hPa}.$$

2. Grobgenommen beträgt der prozentuale Volumenanteil des Sauerstoffs in der Luft 21 % und der des Stickstoffs 79 %.
   a) Welche mittlere molare Masse besitzt die Luft?
   b) Wie groß sind die Partialdrücke der beiden Gase bei einem Luftdruck von 1013 hPa (1 atm)?

zu a) *Lösungsgleichung:*

$$\bar{M} = x_{O_2} \cdot M_{O_2} + x_{N_2} \cdot M_{N_2}$$

Die Volumenanteile der beiden Gase betragen $\varphi_{O_2} = 0{,}21$ und $\varphi_{N_2} = 0{,}79$. Nach Gl. (24) haben Volumenanteil und Stoffmengenanteil denselben Wert. Mit $M_{O_2} = 32\,\text{g} \cdot \text{mol}^{-1}$ und $M_{N_2} = 28\,\text{g} \cdot \text{mol}^{-1}$ ergibt sich also für die mittlere molare Masse der Luft:

$$\bar{M} = (0{,}21 \cdot 32 + 0{,}79 \cdot 28)\,\frac{\text{g}}{\text{mol}}$$

$$= 28{,}84\,\frac{\text{g}}{\text{mol}} \approx 29\,\frac{\text{g}}{\text{mol}}.$$

zu b) *Lösungsgleichungen:*

$$p_i = x_i p_{\text{ges}}$$

$$p_{\text{ges}} = p_{O_2} + p_{N_2}$$

$$p_{O_2} = x_{O_2} \cdot p_{\text{Luft}} = 0{,}21 \cdot 1013\,\text{hPa}$$
$$= 213\,\text{hPa}$$

$$p_{N_2} = p_{\text{Luft}} - p_{O_2} = (1013 - 213)\,\text{hPa}$$
$$= 800\,\text{hPa}$$

3. $NaHCO_3$ wird in einem verschlossenen, evakuierten Gefäß von 5 l Inhalt auf $100\,°C$ erhitzt. Dabei entsteht neben Natriumcarbonat auch Wasserdampf und Kohlendioxid:

$$2\,NaHCO_3 \rightarrow Na_2CO_3 + H_2O + CO_2.$$

Durch die Zersetzung steigt der Druck im Behälter auf 1000 hPa an. Wieviel Gramm Natriumcarbonat werden dann gleichzeitig gebildet? (H_2O-Dampf und CO_2 seien näherungsweise ideale Gase.)

Lösung: Der Gesamtdruck der Gasmischung beträgt:

$$p_{\text{ges}} = p_{H_2O} + p_{CO_2} = 1000\,\text{hPa}.$$

Durch die Zersetzung entstehen dieselben Stoffmengen an H_2O-Dampf und CO_2. Daher sind auch die Partialdrücke der beiden Gase gleich und betragen:

$$p_{H_2O} = p_{CO_2} = 500 \text{ hPa.}$$

Die Stoffmenge, die diesen Partialdruck im Behälter ausübt, ergibt sich aus der Zustandsgleichung idealer Gase zu

$$v = \frac{p \cdot V}{R \cdot T} = \frac{0{,}5 \cdot 10^5 \text{ N} \cdot \text{m}^{-2} \cdot 5 \cdot 10^{-3} \text{ m}^3}{8{,}31 \text{ N} \cdot \text{m} \cdot \text{mol}^{-1} \cdot \text{K}^{-1} \cdot 373 \text{ K}}$$
$$= 0{,}08 \text{ mol.}$$

Nach der Reaktionsgleichung entsteht dieselbe Stoffmenge an Natriumcarbonat. Mit $M_{Na_2CO_3} = 106 \text{ g} \cdot \text{mol}^{-1}$ ergibt sich deshalb für die Masse:

$$m_{Na_2CO_3} = 0{,}08 \text{ mol} \cdot 106 \frac{\text{g}}{\text{mol}} = 8{,}48 \text{ g.}$$

2. Reale Gase

2.1 Van-der-Waals-Gleichung

In der Praxis ergeben sich besonders mit abnehmender Temperatur und wachsendem Druck immer größer werdende Abweichungen vom Verhalten idealer Gase. Will man das **reale Verhalten** der Gase erfassen, so müssen in der Zustandsgleichung zwei **Korrekturen** vorgenommen werden:

– Beim Modell des idealen Gases wurde angenommen, daß das Eigenvolumen der Gasteilchen vernachlässigbar klein ist. Die Zustandsgleichung $p \cdot V = v \cdot R \cdot T$ liefert daher bei $T = 0$ K das Volumen $V = 0 \text{ m}^3$. Natürlich können die Gasatome oder -moleküle durch Abkühlung auf den absoluten Nullpunkt nicht einfach verschwinden. Deshalb muß die Zustandsgleichung so korrigiert werden, daß sich auch bei 0 K noch ein Volumen derjenigen Größe ergibt, welches dem kleinst möglichen Raumbedarf aller Moleküle entspricht (**Covolumen**).

– Die Kräfte zwischen den Teilchen idealer Gase sind vernachlässigbar klein. Diese Annahme ist sicher in guter Näherung erfüllt, wenn dem Gas genügend Raum zur Verfügung steht und demzufolge alle Teilchen im Mittel weit genug voneinander entfernt sind. Bei der Kompression müssen die Teilchen aber im-

mer näher zusammenrücken. Je geringer ihr Abstand wird, umso stärker macht sich die Kraftwirkung zwischen den Gasteilchen bemerkbar. Obwohl diese zwischenmolekularen Kräfte nicht magnetischer Natur sind, läßt sich der Sachverhalt doch an zwei Magneten verdeutlichen: Sind die Magnete weit voneinander entfernt, so beeinflussen sie sich gegenseitig nicht. Rückt man sie jedoch immer näher zusammen, so wird in zunehmendem Maße eine Kraft spürbar, die dazu führt, daß sich die Magneten gegenseitig ausrichten und schließlich sogar zusammenlagern. Die zwischen den Gasteilchen wirkenden Kräfte werden nach ihrem Entdecker auch als **van-der-Waals-Kräfte** bezeichnet. Bei der Ausdehnung muß das Gas somit sowohl gegen den äußeren Druck als auch gegen die inneren, zwischenmolekularen Kräfte bzw. den daraus resultierenden inneren Druck (den sog. **Binnendruck**) Arbeit verrichten. In der Gasgleichung ist deshalb eine Druckkorrektur erforderlich, die allerdings mit wachsendem Volumen gegen Null streben muß, weil dann die van-der-Waals-Kräfte unbedeutend werden.

Die **Zustandsgleichung realer Gase** mit den notwendigen Korrekturen wurde von van der Waals aufgestellt. Sie lautet:

$$\left(p + \frac{v^2 \cdot a}{V^2}\right) \cdot (V - v \cdot b) = v \cdot R \cdot T \qquad (29)$$

Darin beschreiben a/V^2 den **Binnendruck** und b den kleinst möglichen Raumbedarf für 1 mol Gasteilchen, den man auch als das **Covolumen** bezeichnet. a und b sind stoffspezifische Konstanten.

Rechenbeispiel. In einer Stahlflasche von 10 l Inhalt befinden sich 500 g Chlorgas. Welchen Druck übt es bei 20 °C aus?

Die Konstanten betragen:

$$a = 0{,}66 \frac{\text{N} \cdot \text{m}^4}{\text{mol}^2}, \quad b = 5{,}61 \cdot 10^{-5} \frac{\text{m}^3}{\text{mol}}.$$

Lösung: Aus Gl. (29) folgt:

$$p = \frac{v \cdot R \cdot T}{V - v \cdot b} - \frac{v^2 \cdot a}{V^2}$$

Mit $M_{Cl_2} = 71\,g \cdot mol^{-1}$ ergibt sich für die Stoffmenge

$$v_{Cl_2} = \frac{500\,g}{71\,g \cdot mol^{-1}} = 7{,}0\,mol$$

Damit folgt:

$$p = \frac{7\,mol \cdot 8{,}31\,N \cdot m \cdot mol^{-1} \cdot K^{-1} \cdot 293\,K}{10 \cdot 10^{-3}\,m^3 - 7\,mol \cdot 5{,}61 \cdot 10^{-5}\,m^3 \cdot mol^{-1}}$$

$$- \frac{0{,}66\,N \cdot m^4 \cdot mol^{-1} \cdot 49\,mol^2}{100 \cdot 10^{-6}\,m^6}$$

$$= 17{,}75 \cdot 10^5\,\frac{N}{m^2} - 3{,}23 \cdot 10^5\,\frac{N}{m^2}$$

$$= 14{,}62 \cdot 10^5\,\frac{N}{m^2} = 14{,}62 \cdot 10^5\,Pa$$

Hätte man mit der Zustandsgleichung idealer Gase gerechnet, so hätte sich ergeben:

$$p = \frac{v \cdot R \cdot T}{V}$$

$$= \frac{7\,mol \cdot 8{,}31\,N \cdot m \cdot mol^{-1} \cdot K^{-1} \cdot 293\,K}{10 \cdot 10^{-3}\,m^3}$$

$$= 17 \cdot 10^5\,\frac{N}{m^2} = 17 \cdot 10^5\,Pa$$

Die Ergebnisse weichen um ca. 15% voneinander ab.

2.2 Der praktische Verlauf der Isothermen; die Gasverflüssigung

Wir wollen nun das Verhalten eines realen Gases bei der isothermen Kompression untersuchen. Dazu betrachten wir die Isotherme von CO_2 bei 283 K (s. Abb. 1.16). Im Punkt A dieser Isothermen liegt nur gasförmiges CO_2 mit dem Volumen V_A beim Druck p_A vor. Durch Kompression steigt zunächst der Gasdruck so an, wie es auch nach der van-der-Waals-Gleichung erwartet werden kann. Vom Punkt B_1 an jedoch folgt die Isotherme nicht mehr dem nach der van-der-Waalsschen Zustandsgleichung bestimmten Verlauf (hier gestrichelt gezeichnet). Vielmehr tritt trotz weiterer Volumenverkleinerung zunächst keine weitere Drucksteigerung und erst

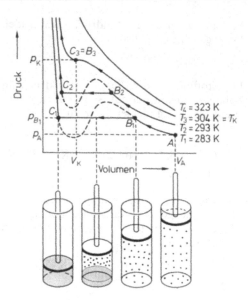

Abb. 1.16 Zur Erklärung der Gasverflüssigung; das Diagramm zeigt den schematischen Verlauf der Isothermen von CO_2

recht keine Druckminderung – wie nach der van der Waals zu erwarten wäre – ein. Statt dessen bleibt der Druck konstant und man beobachtet, daß sich im Zylinder Nebeltröpfchen bilden. Dies ist eine Folge der zwischenmolekularen Kräfte, die mit kleiner werdendem Teilchenabstand immer größer werden und schließlich die **Verflüssigung (Kondensation)** des Gases verursachen. Den während der Kondensation vorherrschenden, konstanten Druck bezeichnet man auch als **Sättigungsdampfdruck**.

Am Ende der waagerechten Geraden im Punkt C_1 liegt schließlich nur noch flüssiges CO_2 vor. Da sich Flüssigkeiten nur schwer komprimieren lassen, steigt die Kurve im weiteren Verlauf sehr steil an. Zur Volumenverkleinerung des flüssigen CO_2 ist also eine große Drucksteigerung erforderlich.

2.3 Kritische Daten eines realen Gases

Der beschriebene Sachverhalt gilt analog auch für andere Isothermen von CO_2 unter 304 K. Während der Verflüssigung des Gases bleibt jedesmal der Druck konstant. Allerdings werden die Geradenstücke $\overline{BC}$ um so kürzer, je höher die Temperatur ist (s. Abb. 1.16). Schließlich gibt es sogar eine Temperatur, bei der die Punkte B und C zusammenfallen. Man bezeichnet diesen speziellen Punkt als den **kritischen Punkt** des Gases und die zugehörigen Werte von Temperatur, Druck und Volumen als **kritische Temperatur** T_k, **kritischen Druck** p_k und **kritisches Volumen** V_k. Der kritische Punkt von CO_2 liegt auf der Isothermen bei 304 K.

Allgemein gilt:

> Gasverflüssigung durch Kompression ist nur unterhalb der kritischen Temperatur möglich.

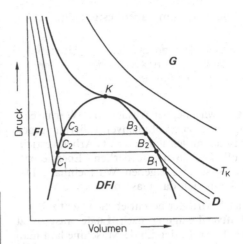

Abb. 1.17 Zustandsgebiete

Oberhalb T_k bleibt im gesamten Druckbereich der Gaszustand erhalten. Die Isothermen ähneln dann bei weiter steigender Temperatur immer mehr den Hyperbeln, die nach dem Boyle-Mariotteschen Gesetz für ideale Gase gültig sind.

Die kritischen Daten eines Gases haben aber auch noch eine andere Bedeutung: Mit ihrer Hilfe lassen sich die stoffspezifischen Konstanten a und b der van-der-Waals-Gleichung bestimmen. Durch Anwendung der Differentialrechnung – auf die wir aber in diesem Buch verzichten – ergibt sich:

$$b = \tfrac{1}{3} \cdot V_{m,k} \qquad (30a)$$
und
$$a = 3 \cdot p_k \cdot V_{m,k}^2 \qquad (30b)$$

Darin bedeutet $V_{m,k}$ das molare, kritische Volumen.

2.4 Zustandsgebiete

In Abb. 1.17 sind folgende Kurven eingetragen: die Isotherme bei der kritischen Temperatur T_k eines realen Gases und ferner die Kurve, die die Knickpunkte B_1, B_2, ..., den kritischen Punkt K sowie die Punkte C_1, C_2, ... miteinander verbindet. Dadurch wird die gesamte pV-Ebene in vier Bereiche unterteilt: in G, Fl, DFl und D.

Im Gebiet G oberhalb der kritischen Isothermen liegt der betreffende Stoff nur im gasförmigen Zustand vor und läßt sich hier auch nicht durch Druck- und Volumenänderung verflüssigen. Er verhält sich ungefähr wie ein ideales Gas.

Im Gebiet Fl, wo die Isothermen ihren steilsten Anstieg zeigen, existiert nur der flüssige Zustand.

Im Bereich D besitzt der Stoff alle Eigenschaften von Gasen, läßt sich aber durch Druckerhöhung verflüssigen. Man bezeichnet diesen Stoffzustand auch als **Dampfzustand**. Gas sagt man also meist bei Temperaturen oberhalb der kritischen Temperatur, **Dampf** bei solchen unterhalb der kritischen Temperatur.

Im Zustandsgebiet DFl liegen Dampf und Flüssigkeit nebeneinander vor. Man bezeichnet diesen Bereich daher auch als **Zweiphasen-Gebiet**, wobei der dampfförmige und der flüssige Zustand jeweils eine Phase des betreffenden Stoffes darstellen.

2.5 Gasverflüssigung mit dem Joule-Thomson-Effekt

Reale Gase lassen sich nicht nur unterhalb ihrer kritischen Temperatur durch Druckerhöhung verflüssigen, sie werden auch bei konstantem Druck flüssig, wenn sie auf ihre **Kondensationstemperatur** abgekühlt werden. Die Kondensationstemperaturen liegen mitunter jedoch recht niedrig: für Luft im Bereich von ca. $-196\,°C$ bis ca. $-190\,°C$, für Stickstoff bei ca. $-196\,°C$ und für Helium bei etwa $-270\,°C$. Solche Temperaturen kann man unter Ausnutzung des **Joule-Thomson-Effekts** erzielen.

Joule und Thomson haben festgestellt:

> Reale Gase kühlen sich bei der selbständigen adiabatischen Ausdehnung in einen evakuierten Raum ab.

Dem Gas wird bei der Ausdehnung Wärme entzogen, weil es zur Volumenvergrößerung gegen die zwischenmolekularen Kräfte Arbeit verrichten muß. Die dazu erforderliche Energie entnimmt es seinem eigenen Wärmeinhalt. Dadurch kühlt sich das Gas ab.

Technisch wird der beschriebene Effekt z. B. bei der **Luftverflüssigung nach Linde** ausgenutzt (s. Abb. 1.18). In der Linde-Maschine läßt man Luft aus einem Kompressor von ca. $200 \cdot 10^5$ Pa auf ca. $20 \cdot 10^5$ Pa entspannen. Da sich die Luft bei der Ausdehnung und gleichzeitiger Druckminderung von $1 \cdot 10^5$ Pa um ca. 1/4 K abkühlt, sinkt ihre Temperatur durch den oben beschriebenen Vorgang um $180 \cdot 1/4 = 45$ K. Die bereits abgekühlte Luft wird nun zurückgeleitet (Gegenstromprinzip, s. Abb. 1.18) und kann so weitere komprimierte Luft bereits vor ihrer Entspannung abkühlen. Durch die Entspannung am Drosselventil erniedrigt sich die Temperatur dann abermals. Wenn schließlich die Kondensationstemperatur von $-190\,°C$ erreicht ist, wird die Luft flüssig.

Flüssige Luft oder flüssiger Stickstoff werden zum Beispiel häufig zum Einfrieren anderer Gase oder Dämpfe in Vakuumapparaturen (**Kühlfallen**) benötigt. Dabei erhält man eine von den eingefrorenen Stoffen gereinigte Atmosphäre und damit einen niedrigeren Druck in der Apparatur. Zudem wird das Pumpenöl geschont, das sonst durch die beim Komprimieren kondensierenden Dämpfe rasch verunreinigt würde.

Die verflüssigten Gase werden in großen Thermoskannen (**Dewargefäßen**) aufbewahrt. Diese Gefäße dürfen aber niemals fest verschlossen werden, da die Flüssigkeiten ständig sieden und sich dabei ein so hoher Druck aufbauen könnte, daß die Gefäße explodieren würden.

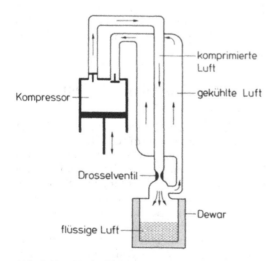

Abb. 1.18   Linde-Maschine

3. Formelsammlung

Ideale Gase

Isotherme	$p \cdot V = \text{const.}$ oder $p_1 V_1 = p_2 V_2$ für $T = \text{const.}$
Isobare	$\dfrac{V}{T} = \text{const.}$ oder $\dfrac{V_1}{T_1} = \dfrac{V_2}{T_2}$ für $p = \text{const.}$
Isochore	$\dfrac{p}{T} = \text{const.}$ oder $\dfrac{p_1}{T_1} = \dfrac{p_2}{T_2}$ für $V = \text{const.}$
Adiabate	$p \cdot V^\varkappa = \text{const.}$ kein Wärmeaustausch mit der Umgebung
Polytrope	$p \cdot V^n = \text{const.}$
Zustands-gleichung	$p \cdot V = v \cdot R \cdot T = \dfrac{m}{M} R \cdot T$

Mischungen idealer Gase

Stoffmengen-anteil	$x_i = \dfrac{v_i}{v_{ges}}$
Volumen-anteil	$\varphi_i = \dfrac{V_i}{V_{ges}}$
Partial-druck	$p_i = x_i \cdot p_{ges} = \dfrac{v_i \cdot R \cdot T}{V}$
Gesamt-druck	$p_{ges} = p_1 + p_2 + p_3 + \ldots$
Gesamt-volumen	$V_{ges} = V_1 + V_2 + V_3 + \ldots$ $= (v_1 + v_2 + v_3 + \ldots) \dfrac{R \cdot T}{P}$
mittlere molare Masse	$\bar{M} = \dfrac{m_{ges}}{v_{ges}} = x_1 \cdot M_1 + x_2 \cdot M_2 + x_3 \cdot M_3 + \ldots$

Reale Gase

Zustands-gleichung von van der Waals	$\left(p + \dfrac{v^2 a}{V^2}\right) \cdot (V - vb) = v \cdot R \cdot T$
Stoffspezifische Konstanten und kritische Daten	$a = \dfrac{1}{3} \cdot V_{m,k}; \quad b = 3 \cdot p_k \cdot V_{m,k}^2$

Anwendungsgebiete

- Bestimmung der Zustandsgrößen von Gasen
- Bestimmung des Stoffumsatzes bei Reaktionen mit Gasbeteiligung
- Vakuumtechnik (Vorgänge bei Kompressionspumpen, Druckmessung)
- Verflüssigung von Gasen (Linde-Maschine)
- Gasanalyse

Kapitel 2
Festkörper und Flüssigkeiten

In diesem Kapitel wollen wir uns mit dem festen und flüssigen Zustand von Stoffen befassen. Ganz sicher können wir dabei nicht auf jede physikalische Eigenschaft dieser beiden Erscheinungsformen der Materie eingehen. Das würde den Rahmen dieses Buches sprengen. Wir werden uns deshalb auf einige Charakteristika und deren experimentelle Bestimmungsmöglichkeiten beschränken.

Mehr Gewicht wollen wir aber auf die Physik der Aggregatzustandsänderungen legen. Welche Energien müssen aufgewendet werden, damit ein Stoff seinen Aggregatzustand ändert? – Welche Gleichgewichte stellen sich dabei ein? – Was sind die Phasen eines Systems? –

Das sind Fragen die wir in diesem Kapitel beantworten wollen. In diesem Zusammenhang werden wir die Gleichgewichte flüssig/dampfförmig, fest/dampfförmig und fest/flüssig behandeln und die wichtigsten Gesetzmäßigkeiten zu deren Beschreibung zusammentragen.

1. Festkörper

1.1 Der ideale, kristalline Festkörper

Ideale Festkörper stellen den **Zustand größt möglicher materieller Ordnung** dar. Zwischen den Festkörperteilchen sind so große Wechselwirkungskräfte wirksam, daß sie sich nicht wie Gasteilchen frei bewegen können, sondern an bestimmte Plätze innerhalb des Feststoffs gebunden sind. Markiert man die von den Festkörperbausteinen besetzten Plätze, so entsteht ein **räumliches Gitter**. Am Beispiel des Natriumchlorid-Gitters (s. Abb. 2.1) erkennt man, daß sich die Anordnung der Gitterbausteine (hier die der Na^+- und Cl^--Ionen) nach festen räumlichen Abständen stets auf neue wiederholt. Der Gitteraufbau unterliegt also einem strengen Gesetz. Solche regelmäßigen Materieanordnungen werden als **Kristalle** bezeichnet. (Der Name „Kristall" stammt vom griechischen Wort „krystallos" ab, was übersetzt „Eis" bedeutet.)

Feststoffe können in verschiedenen Strukturen kristallisieren. Die äußere Form hängt dabei von der Art des zugrunde liegenden Raumgitters (kubisch, tetragonal, hexagonal, trigonal, rhombisch, monoklin und triklin) ab. Das kubische Gitter des Kochsalzes z. B. kommt in einer deutlichen Würfelstruktur seiner Kristalle zum Ausdruck. Manche Stoffe treten auch in mehreren, verschiedenen Kristallformen auf. Schwefel ist dafür ein bekannter Vertreter (s. Abb. 2.1).

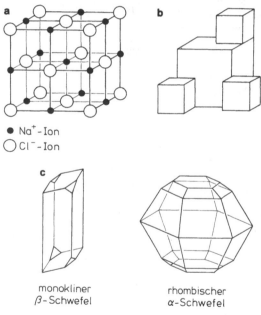

● Na^+-Ion
○ Cl^--Ion

monokliner
β-Schwefel

rhombischer
α-Schwefel

Abb. 2.1 **a** NaCl-Gitter (kubisch), **b** NaCl-Kristall, **c** Kristallformen des Schwefels

Experimentell können Kristallstrukturen z. B. mit dem **Laue-Verfahren** (s. Abb. 2.2) bestimmt werden. Dazu wird der Kristall mit monochromatischer Röntgenstrahlung (Röntgenstrahlung mit nur *einer* Wellenlänge) bestrahlt. Die Röntgenstrahlen werden an den Gitterbausteinen gebeugt und interferieren danach. Dies ist vergleichbar mit den Vorgängen an einem opti-

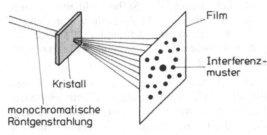

monochromatische
Röntgenstrahlung

Abb. 2.2 Prinzip des Laue-Verfahrens

schen Strichgitter. Als Folge der Interferenzen entsteht auf einem photographischen Film hinter dem Kristall eine regelmäßige Anordnung von Flecken, aus deren Intensität und Lage die Kristallstruktur analysiert werden kann.

Weil die verschiedenen Kristallbausteine einem strengen Anordnungsprinzip unterliegen und nur ganz bestimmte Gitterplätze besetzen, sind mitunter einige physikalische Eigenschaften kristalliner Körper von der Kristallrichtung abhängig. Diese Richtungsabhängigkeit wird als **Anisotropie** bezeichnet. So gibt es z. B. Festkörper, in denen sich das Licht in unterschiedlichen Richtungen verschieden schnell ausbreitet. Eine Folge davon ist die Doppelbrechung, die man z. B. bei einem Kalkspatkristall beobachten kann (s. Abb. 2.3). Kalkspat ist also optisch anisotrop. Anisotrop sind mitunter auch die elektrische Leitfähigkeit oder die Wärmeleitung in Kristallen.

Abb. 2.3 Optische Anisotropie

1.2 Kristallzüchtung

Kristalle können z. B. durch Abkühlung einer Schmelze oder aus einer gesättigten Lösung durch langsames Verdampfen des Lösungsmittels gezüchtet werden. Meist wird man dabei aber keinen einheitlichen Kristall, sondern mehrere kleine Kristallite erhalten.

Besonders in der Halbleiterindustrie werden jedoch große Kristalle einheitlicher Orientierung

benötigt. In der Fachsprache werden sie als **Einkristalle** bezeichnet.

Große Einkristalle werden meist nach einem von **Czochralski** entwickelten Verfahren (s. Abb. 2.4) gezüchtet. Dabei wird das Ausgangsmaterial in einem Tiegel aus reinstem Graphit aufgeschmolzen. Daraufhin taucht man einen kleinen Kristall aus demselben Material wie die Schmelze – den sog. **Keimling** – in diese ein und zieht ihn danach unter ständigem Drehen sehr langsam (ca. 5–10 cm/h) aus der Schmelze heraus. Dabei wächst am Keim ein großer Kristall mit derselben Orientierung wie der Keimling an.

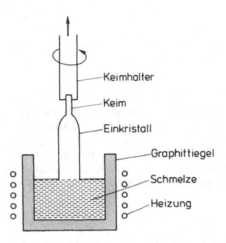

Abb. 2.4 Prinzip des Czochralski-Verfahrens

In der Halbleiterindustrie stellt man auf diese Weise Germanium- oder Silicium-Einkristalle bis zu ca. 100 cm Länge und von ca. 10 cm Durchmesser her. Diese Stangen werden später in dünne Scheiben zersägt und dienen dann als Substratmaterial (Trägermaterial) für die Chipherstellung von Halbleiterbauelementen.

1.3 Das Verhalten des Festkörpers bei der Erwärmung

Das Modell des völlig starren Gitters für kristalline Feststoffe stimmt eigentlich nur am absoluten Nullpunkt – wenn von der Nullpunktschwingung abgesehen wird. Wird der Kristall erwärmt, so erweist er sich nur noch äußerlich als starres Gebilde. Innerlich dagegen beginnen bei Energiezufuhr die einzelnen Teilchen um ihre Ruhelagen zu schwingen. Man kann dies mit

Kugeln vergleichen, die mit Federn aneinander gekoppelt sind (s. Abb. 2.5) und sich bei Anregung um ihre Gleichgewichtslagen bewegen.

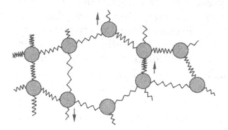

Abb. 2.5   Modell des schwingenden Gitters

> Die einem Festkörper zugeführte Wärmeenergie wird in Schwingungsenergie seiner Teilchen umgesetzt.

Dadurch bekommen die Teilchen im Mittel einen etwas größeren Abstand voneinander; der Festkörper dehnt sich also beim Erwärmen aus. Die Ausdehnung ist aber wesentlich geringer als bei Gasen. An einem genügend langen Stab (ab ca. 50 cm) läßt sie sich in der Längsrichtung dennoch gut messen. Es gilt der Zusammenhang:

$$\Delta l = l_0 \cdot \alpha \cdot \Delta T \qquad (1)$$

Dabei bedeuten Δl die durch die Temperaturerhöhung um ΔT hervorgerufene Längenänderung, l_0 die Ausgangslänge des Stabes bei 0 °C und α den **linearen Ausdehnungskoeffizienten**, der vom Material abhängig ist. Einige α-Werte zeigt Tab. 2.1. Eisen z. B. dehnt sich bei Temperaturerhöhung um 1 K um den 0,000012-ten Teil seiner Ausgangslänge l_0 aus. Diese Ausdehnung ist nur bei großen Temperaturänderungen oder bei besonders großen Abmessungen von praktischer Bedeutung. Eine 1 km lange Eisenbahnschiene zum Beispiel verlängert sich bei Erwärmung von 0 °C auf 30 °C – wie sie durch Sonneneinstrahlung leicht vorkommen kann – um $\Delta l = 1000$ m $\cdot$ 0,000012 K^{-1} $\cdot$ 30 K = 0,36 m. Solche Längenänderungen wurden früher durch „Luftpuffer" nach jeweils kürzeren Schienenstücken aufgefangen. Man merkte dies bei jeder Eisenbahnfahrt am charakteristischen „Rattern".

Natürlich dehnen sich Stäbe nicht nur in ihrer Längsrichtung aus. Die Ausdehnung in den anderen Raumrichtungen macht sich jedoch wegen der wesentlich geringeren Abmessungen kaum bemerkbar.

Durch ständige Temperaturerhöhung nehmen die Schwingungsamplituden der Bausteine eines Festkörpers immer mehr zu. Schließlich wird die Schwingungsenergie groß genug, um die Gitterkräfte zu überwinden. Dann wird die kristalline Ordnung zerstört und der Festkörper geht in den flüssigen Zustand über (Schmelzvorgang).

Verschiedene Stoffe können sehr stark von einander abweichende Ausdehnungskoeffizienten besitzen (s. Tab. 2.1). Das muß man besonders beachten, wenn man zwei Materialien miteinander verschmelzen will. Wird z. B. eine Metallelektrode in Glas eingeschmolzen, so dürfen ihre Ausdehnungen bei Erwärmung bzw. ihre Kontraktionen beim Abkühlen nicht zu unterschiedlich sein, weil sonst die Einschmelzstelle bricht. Es bedarf also einer sorgfältigen Wahl der Glas- und Elektrodensorte.

Tab. 2.1   Einige Ausdehnungskoeffizienten

Stoff	α in K^{-1}
Eisen	$12 \cdot 10^{-5}$
Invar (64 % Fe, 36 % Ni)	$2 \ \cdot 10^{-6}$
Kupfer	$1,6 \cdot 10^{-5}$
Quarzglas	$5,4 \cdot 10^{-7}$

1.4 Der amorphe Festkörper

Von ihrem äußeren Verhalten weisen Gläser oder viele Kunststoffe typische Festkörpereigenschaften auf: Sie besitzen eine feste Gestalt und setzen äußeren Kräften einen großen Widerstand entgegen. Und dennoch unterschieden sie sich in ihrem inneren Aufbau vom idealen Festkörper. Wie man nämlich durch Röntgenaufnahmen nachweisen kann, besitzen sie keine Kristallstruktur, d. h. die weitreichende Gitterordnung der Bausteine fehlt. Zwar sind diese an gewisse Plätze gebunden, aber eine exakte periodische Anordnung wie sie die Kristalle auszeichnet, ist nicht vorhanden. Solche Feststoffe bezeichnet man als **amorphe Festkörper**.

Alle amorphen Festkörper sind **isotrop**; ihre physikalischen Eigenschaften sind also richtungsunabhängig. Amorphe Festkörper verhalten sich wie Flüssigkeiten mit sehr, sehr großer Zähigkeit.

2. Flüssigkeiten

Charakteristika des flüssigen Zustands. Der **flüssige Zustand** bildet die **kontinuierliche Übergangsform vom kristallinen Festkörper** (regelmäßige Anordnung der Bausteine) **hin zu den Gasen** bzw. Dämpfen (größtmögliche Teilchenunordnung).

Im Verhalten von Flüssigkeiten drückt sich das wie folgt aus:

– Flüssigkeiten bilden „feste" Oberflächen aus und lassen sich nur schwer komprimieren. (Hierin drücken sie ihre Verwandtschaft zu den Feststoffen aus.)

– Flüssigkeiten passen sich jeder umgebenden Form an. Zusätzlich fehlt bei ihnen jede weitreichende Teilchenordnung. (Hierin ähneln sie den Gasen.)

– Der Volumenausdehnungskoeffizient von Flüssigkeiten liegt zwischen denen der Festkörper und Gase.

Ursache dieses Verhaltens sind die **Kohäsionskräfte** zwischen den Flüssigkeitsteilchen. Diese sind zwar groß genug, um einen gewissen Zusammenhalt zu erwirken (s. Saugheber), aber trotz dieses Zusammenhalts bleiben die Flüssigkeitsmoleküle – ähnlich wie Teilchen realer Gase – beweglich. Das Zusammenspiel von Zusammenhalt und Beweglichkeit erklärt auch die zwei Flüssigkeitseigenschaften, die wir in den folgenden Abschnitten besprechen werden.

2.1 Oberflächenspannung von Flüssigkeiten

Wer schon einmal einen verunglückten Kopfsprung ins Wasser gemacht hat, der hat unter anderem die Folgen der Oberflächenspannung am eigenen Leibe zu spüren bekommen. Das Wasser erweist sich nämlich an seiner Oberfläche als besonders „hart". Ursache dafür ist die **Oberflächenspannung**. Um ihr Zustandekommen erklären zu können, vergleichen wir ein Molekül im Innern der Flüssigkeit mit einem an der Grenzfläche Flüssigkeit/Luft (s. Abb. 2.6).

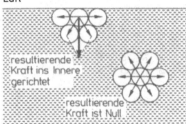

Luft

resultierende Kraft ins Innere gerichtet

resultierende Kraft ist Null

Abb. 2.6   Zur Erklärung der Oberflächenspannung

Das Molekül im Innern ist allseitig von gleichartigen Nachbarn umgeben und wird daher nach allen Seiten gleich stark angezogen (**Kohäsionskräfte**). Die resultierende Kraft auf dieses Molekül ist Null. Für die Moleküle an der Oberfläche fehlen jedoch die nach oben gerichteten Anziehungskräfte. Die zwischen den Luft- und Flüssigkeitsmolekülen wirkenden Kräfte – **Adhäsionskräfte** – sind vernachlässigbar klein. Daher unterliegen die Oberflächenteilchen insgesamt einer Kraft, die sie in Flüssigkeitsinnere zu ziehen versucht (s. Abb. 2.6). Um ein Teilchen aus dem Inneren an die Oberfläche zu bringen, muß gegen diese Kraft Arbeit verrichtet werden. Daher besitzen die Moleküle der Oberfläche eine größere potentielle Energie als die Teilchen im Innern der Flüssigkeit. Die größte Stabilität besitzt jedes System jedoch im energieärmsten Zustand. Daher ist jede Flüssigkeit bestrebt, die **kleinst mögliche Oberfläche** auszubilden. Bei Flüssigkeitsvolumina, die allseitig von Luft umgeben sind und auf die keine zusätzlichen Kräfte einwirken, entstehen kugelförmige Tropfen, weil dies die geometrischen Körper mit der kleinst möglichen Oberfläche sind. Das folgende Rechenbeispiel soll dies verdeutlichen:

Ein Würfel von $1 \, cm^3$ Rauminhalt besitzt die Oberfläche $A = 6 \cdot 1 \, cm^2 = 6 \, cm^2$. Eine Kugel gleichen Volumens hat wegen $V = 4/3 \cdot \pi \cdot r^3$ einen Radius von $r = \sqrt[3]{3V/4\pi} = 0,62 \, cm$ (s. Abb. 2.7). Daraus ergibt sich eine Kugeloberfläche von $A = 4 \cdot \pi \cdot r^2 = 4,83 \, cm^2$. Die Kugel besitzt also eine um ca. 20 % kleinere Oberfläche als der Würfel.

In Gefäßen dagegen bilden Flüssigkeiten – sieht man von den leichten Wölbungen an den Wandungen ab – stets ebene Oberflächen aus, weil nun diese dem kleinst möglichen Flächenbedarf (Energieminimum und größte Stabilität) entsprechen.

Tab. 2.2 Methoden zur Bestimmung der Oberflächenspannung

Methode	Bild	Vorgehen	Auswertegleichung	Meßgrößen	bekannt
Kapillar-methode		Eine Kapillare wird zuerst in Wasser und dann in die zu bestimmende Flüssigkeit getaucht. Beide Male wird die Steighöhe gemessen	$\sigma_{Fl} = \sigma_{H_2O} \dfrac{h_{Fl} \cdot \varrho_{Fl}}{h_{H_2O} \cdot \varrho_{H_2O}}$	Steighöhen h_{Fl}, h_{H_2O}	Dichten ϱ_{Fl}, ϱ_{H_2O} Oberflächenspannung σ_{H_2O} (Beachte: alle Größen sind temperaturabhängig)
Stalagmo-meter-methode		Man läßt ein bestimmtes Wasservolumen aus dem Stalagmometer austropfen und bestimmt die zugehörige Tropfenzahl. Der Versuch wird mit der zu bestimmenden Flüssigkeit wiederholt	$\sigma_{Fl} = \sigma_{H_2O} \dfrac{V_{Fl} \cdot \varrho_{Fl} \cdot Z_{Fl}}{V_{H_2O} \cdot \varrho_{H_2O} \cdot Z_{H_2O}}$	Volumina V_{Fl}, V_{H_2O} zugehörige Tropfenzahlen Z_{Fl}, Z_{H_2O}	s. o.
Abreiß-methode		Ein Metallbügel bekannter Länge wird in die Flüssigkeit getaucht, und anschließend vorsichtig herausgezogen. Dabei bildet sich eine Lamelle aus. Die Kraft im Moment des Abreißens der Lamelle wird bestimmt	$\sigma = \dfrac{F}{2l}$	Kraft F Bügellänge l	–

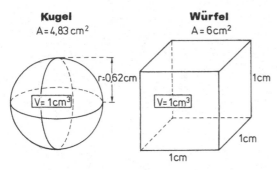

Kugel
A = 4,83 cm²

Würfel
A = 6 cm²

r = 0,62 cm

V = 1 cm³

V = 1 cm³

1 cm

1 cm

1 cm

Abb. 2.7 Oberfläche von Würfel und Kugel mit einem Volumen von 1 cm³

Wenn die Oberfläche einer Flüssigkeit vergrößert werden soll, so müssen Teilchen aus dem Innern in die Grenzfläche befördert werden. Dazu ist eine Arbeit zu verrichten. Man definiert:

Das Verhältnis aus der an einer Flüssigkeit verrichteten Arbeit ΔW und der dadurch hervorgerufenen Oberflächenvergrößerung ΔA heißt spezifische Oberflächenarbeit oder – eigentlich falsch – Oberflächenspannung

$$\sigma = \frac{\Delta W}{\Delta A} \qquad \left(\text{in } \frac{J}{m^2} = \frac{N}{m}\right) \qquad (2)$$

Die Oberflächenspannung ist eine stoffspezifische und temperaturabhängige Größe. Ihr Wert hängt auch von dem die Flüssigkeit angrenzenden Medium ab. Im allgemeinen wird die Oberflächenspannung aber gegenüber Luft angegeben.

Eine besonders große Oberflächenspannung besitzt Quecksilber. Die Hg-Teilchen üben untereinander jedoch nur geringe Kohäsionskräfte aus. Deshalb entstehen beim Vergießen von Quecksilber viele, kleine Kügelchen.

In Tab. 2.2 sind einige Methoden zur Bestimmung der Oberflächenspannung zusammengefaßt.

2.2 Benetzende und nicht-benetzende Flüssigkeiten

Bildet ein Flüssigkeitstropfen mit einer Unterlage einen Randwinkel α aus, der kleiner als 90°

ist, so heißt die Flüssigkeit **benetzend** (s. Abb. 2.8). Wird eine Kapillare in eine solche Flüssigkeit getaucht, so steigt die Flüssigkeit darin hoch. Dabei ist ihre Oberfläche in der Kapillare, auch **Meniskus** genannt, mehr oder weniger stark nach innen gewölbt (**konkav**).

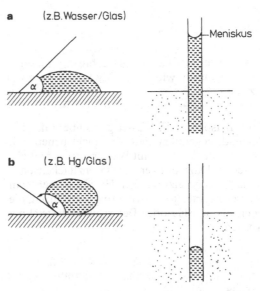

a   (z.B. Wasser/Glas)

Meniskus

α

b   (z.B. Hg/Glas)

α

Abb. 2.8 (a) Benetzende und (b) nicht-benetzende Flüssigkeit

Bei **nicht-benetzenden** Flüssigkeiten ist der Randwinkel eines Tropfens größer als 90°. Wird eine Kapillare in diese Flüssigkeit getaucht, so liegt der Meniskus tiefer als der sonstige Flüssigkeitsspiegel (**Kapillardepression**) und der Meniskus ist nach oben gewölbt, also **konvex** (s. Abb. 2.8).

Ob eine Flüssigkeit benetzend oder nicht benetzend wirkt, hängt nicht nur von der Flüssigkeit allein, sondern auch von dem angrenzenden Stoff ab. Während die Kräfte zwischen den Luftmolekülen und den Oberflächenteilchen der Flüssigkeit vernachlässigt werden konnten, sind solche Grenzflächenkräfte zu anderen Medien von entscheidender Bedeutung. Daher bildet dieselbe Flüssigkeit zu unterschiedlichen Stoffen verschiedene Oberflächenspannungen – besser eigentlich **Grenzflächenspannungen** – aus. Tab. 2.3 zeigt dies am Beispiel des Quecksilbers.

Tab. 2.3   Zwei Grenzflächenspannungen

Hg gegen	Grenzflächenspannung (N/m)
Luft	0,500
Wasser	0,375

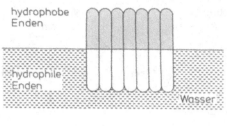

Allgemein gilt aber:

> Je geringer die Grenzflächenspannung, um so mehr wirkt die Flüssigkeit benetzend.

Zum Beispiel wirkt Wasser gegenüber Glas benetzend, gegenüber Fett aber nicht-benetzend. Daher läßt sich Fett mit Wasser allein nicht abwaschen. Dazu muß erst die Grenzflächenspannung herabgesetzt werden. Hierfür sorgen dem Wasser zugesetzte, waschaktive Substanzen, die auch als **Tenside** oder **Detergentien** bezeichnet werden.

> Tenside sind grenzflächenaktive Substanzen, die die Oberflächenspannung von Wasser herabsetzen.

Die Wirkung der Tenside beruht darauf, daß ihre Moleküle wasseranziehende (**hydrophile**) und wasserabstoßende (**hydrophobe**) Molekülgruppen enthalten. Die hydrophilen Bestandteile sind meist Sulfon-, Sulfat- oder Carboxy-Gruppen. Hydrophob wirken Kohlenwasserstoff-Reste oder Benzolabkömmlinge. Zu den Tensiden gehören die Seifen. In Wasser zerfallen die Seifemoleküle in Ionen. Für die Veränderung der Grenzflächenspannung sind aber nur die Säureanionen (negativ geladene Molekülteile) verantwortlich. Ihr negatives COO^--Ende ist hydrophil und wird demzufolge in die Flüssigkeit hineingezogen. Das andere Anionenende – der Kohlenwasserstoff-Rest – dagegen ist hydrophob und wird aus dem Wasser hinausgedrängt. Daher reichern sich die Seifeanionen besonders an der Wasseroberfläche an und bilden im gewissen Sinn eine neue Oberfläche (s. Abb. 2.9). Ihre Grenzflächenspannung zu Fett ist wesentlich geringer als die des reinen Wassers. Dadurch wird es möglich, das Fett zu benetzen und an das Wasser zu „binden".

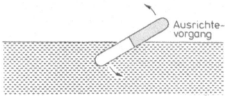

Abb. 2.9   Tenside

2.3 Viskosität

Die Strömungsgeschwindigkeit einer Flüssigkeit in einem Rohr ist nicht über dem gesamten Querschnitt konstant, sondern nimmt von der Rohrwandung zur Mitte hin zu (s. Abb. 2.10).

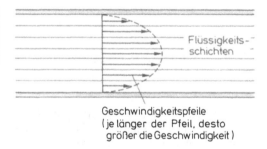

Abb. 2.10   Strömende Flüssigkeit

Man kann sich deshalb die strömende Flüssigkeit in Schichten unterteilt denken, die mit unterschiedlichen Geschwindigkeiten aneinander entlanggleiten. Dabei treten Reibungskräfte auf, die das Strömen mehr oder weniger stark hemmen. Je größer diese **innere Reibung** ist, desto zäher verhält sich die Flüssigkeit.

> Die Größe zur Beschreibung der Zähigkeit einer Flüssigkeit heißt Viskosität. Den Kehrwert der Viskosität bezeichnet man als Fluidität.

Die **Viskosität ist eine stoff- und temperaturabhängige Größe**. Bei Flüssigkeiten nimmt die Vis-

Tab. 2.5 Viskosimeterarten

Typ	Schematischer Aufbau	Beschreibung	Gleichung	Meßgrößen	bekannt
Höppler-Viskosimeter	Thermometer, obere Markierung, Kugel, Meßflüssigkeit, untere Markierung, Einlaß für Temperierflüssigkeit	Die innere, etwas schräg stehende Glasröhre ist mit der zu messenden Flüssigkeit gefüllt. In der Flüssigkeit befindet sich eine Kugel, die durch ihre Eigenmasse nach unten sinkt. Gemessen wird die Zeit, die die Kugel zum „Durchfallen" einer durch zwei Markierungen festgelegten Strecke benötigt. Dasselbe wird zur Eichung mit einer bekannten Flüssigkeit (z. B. H_2O) durchgeführt	$\eta_{Fl} = \eta_{H_2O}\, \dfrac{\varrho_{Ku} - \varrho_{Fl}}{\varrho_{Ku} - \varrho_{H_2O}} \cdot \dfrac{t_{Fl}}{t_{H_2O}}$	Sinkzeiten t_{H_2O} t_{Fl}	Dichten ϱ_{H_2O} ϱ_{Fl} ϱ_{Ku} (Kugel) Viskosität η_{H_2O}
Ostwald-Viskosimeter	M_1, Flüssigkeit, M_2, Kapillare, Temperierflüssigkeit	Die Meßflüssigkeit wird in den rechten Schenkel des U-förmigen Rohres hochgepumpt. Danach wird die Zeit gemessen, die das zwischen den Markierungen M_1 und M_2 befindliche Flüssigkeitsvolumen benötigt, um durch die Kapillare in den linken Schenkel des U-Rohres zurückzuströmen. Dasselbe wird zur Eichung mit einer bekannten Flüssigkeit (z. B. H_2O) wiederholt	$\eta_{Fl} = \eta_{H_2O}\, \dfrac{\varrho_{Fl}}{\varrho_{H_2O}} \cdot \dfrac{t_{Fl}}{t_{H_2O}}$	Strömungzeiten t_{H_2O} t_{Fl}	Dichten ϱ_{H_2O} ϱ_{Fl} Viskosität η_{H_2O}

Tab. 2.5 Fortsetzung

Typ	Schematischer Aufbau	Beschreibung	Gleichung	Meßgrößen	bekannt
Rotations-viskosimeter		Die Flüssigkeit befindet sich zwischen zwei koaxialen Zylindern, von denen der äußere rotiert. Bedingt durch die innere Reibung wird auf den an einem Torsionsfaden hängenden inneren Zylinder ein Drehmoment ausgeübt, durch das der Faden etwas verdrillt wird. Ein dieser Verdrillung proportionaler Skalenausschlag wird gemessen. Die Anordnung wird zunächst mit einer Flüssigkeit bekannter Viskosität (z.B. H_2O) geeicht	$\eta_{Fl} = \eta_{H_2O}\dfrac{S_{Fl}}{S_{H_2O}}$	Skalenausschläge S_{Fl} S_{H_2O}	Viskosität η_{H_2O}

kosität mit steigender Temperatur ab, es erhöht sich dann die Fluidität. Man kann dies gut beim Fließen von kaltem und erhitzten Öl beobachten. Auch Startprobleme beim Auto beruhen zum Teil auf der größeren Viskosität des Öls bei kaltem Motor.

Die gebräuchliche **Einheit** der Viskosität **ist Pa · s**. (Früher wurde auch Poise als Einheit verwendet. Es gilt der Zusammenhang:

1 Poise = 0,1 Pa · s).

Die Viskositäten einiger Stoffe sind in Tab. 2.4 zusammengefaßt. Je größer der angegebene Zahlenwert ist, desto zäher ist die betreffende Flüssigkeit.

Tab. 2.4 Viskositäten

Stoff	Temperatur (°C)	Viskosität (Pa · s)
Wasser	20	0,01
Wasser	98	0,003
Alkohol	20	≈ 0,0012
Glycerin	20	0,86
Schmieröl	20	0,35 bis 3

Viskositäten werden mit Hilfe von **Viskosimetern** bestimmt. Eine Zusammenstellung der gebräuchlichsten Typen zeigt Tab. 2.5. Viskositätsmessungen sind z.B. erforderlich, wenn die Zähigkeit von Ölen bestimmt werden muß, weil diese für ganz bestimmte Zwecke (z.B. Schmieren von Lagern) eingesetzt werden sollen. Durch Messung der Viskosität kann aber auch der Polymerisationsgrad bei der Herstellung von Kunststoffen bestimmt werden.

3. Änderungen des Aggregatzustandes

3.1 Der Begriff „Phase"

Nach **Gibbs** bezeichnet man **jede**, meist schon mit dem Auge leicht zu unterscheidende **Erscheinungsform eines Stoffes** als seine **Phasen**. Zu den verschiedenen Phasen gehören z.B. die drei Aggregatzustände: fest, flüssig und gasförmig (dampfförmig). Es gibt aber nicht nur diese drei Phasen. Schwefel z.B. kann in zwei verschiedenen festen Phasen auftreten: dem rhombischen α-Schwefel und dem monoklinen β-

Schwefel (s. auch Abb. 2.1). Innerhalb jeder einzelnen Phase sind grundsätzlich die physikalischen Eigenschaften, z.B. das Aussehen, die Dichte, die Schmelztemperatur, der Energieinhalt etc., in allen Bestandteilen gleich. Beim Übergang zu einer anderen Phase ändern sich jedoch eine oder mehrere dieser Eigenschaften sprunghaft. Zwischen zwei Phasen besteht daher immer eine klare Trennschicht **(Phasengrenze)**.

> Die verschiedenen Phasen von Stoffen besitzen ihre eigenen, von Nachbarphasen klar zu unterscheidenden physikalischen Eigenschaften.

Eine Eisscholle z.B. bildet zusammen mit dem Wasser, auf dem sie schwimmt, ein System aus zwei Phasen, der festen und flüssigen Phase von H_2O. Beide besitzen ihre eigenen physikalischen Eigenschaften.

Wasser und Öl bilden zusammen ebenfalls ein System aus zwei Phasen. Dabei handelt es sich aber um die flüssigen Phasen zweier verschiedener Stoffe. Beide mischen sich nicht und bilden eine klare Trennschicht gegeneinander aus.

Mischungen von idealen Gasen stellen dagegen grundsätzlich nur eine einzige Phase dar. Wegen der unbegrenzten Mischbarkeit sind die physikalischen Eigenschaften in allen Volumenelementen der Mischung völlig identisch.

Systeme, die nur **aus einer einzigen Phase** bestehen, nennt man **homogen**, solche, die **aus mehre-**

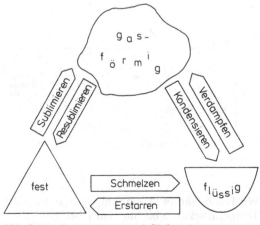

Abb. 2.11 Aggregatzustandsänderungen

ren Phasen aufgebaut sind, werden als heterogen bezeichnet.

Die folgenden Abschnitte werden sich mit den Aggregatzustandsänderungen von Reinstoffen befassen.

Aggregatzustandsänderungen sind also Phasenumwandlungen. Die verschiedenen Möglichkeiten dieser speziellen Phasenumwandlungen faßt Abb. 2.11 zusammen.

3.2 Bestimmung der Phasenumwandlungstemperaturen von Reinstoffen

Führt man Eis von z. B. $-10\,°C$ in gleichen Zeiten kontinuierlich gleiche Wärmemengen zu und mißt dabei die Temperatur, so ergibt sich der in Abb. 2.12 dargestellte Temperaturverlauf: Zunächst nimmt die Temperatur des Eises beständig zu. Wenn das Eis zu schmelzen beginnt, bleibt jedoch die Temperatur trotz ständiger Wärmezufuhr konstant und steigt erst wieder an, wenn nur noch Wasser vorliegt. Beim Übergang des Wassers zu Wasserdampf beobachtet man ein analoges Temperaturverhalten.

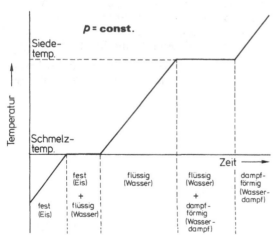

Abb. 2.12 Erwärmungs- bzw. Abkühlungskurve von H_2O (prinzipieller Verlauf)

Wird dem Dampf Wärme entzogen, so folgt die Temperaturkurve bis hin zum Übergang in Eis demselben Verlauf.

Dieses Verhalten kann man bei allen Reinstoffen beobachten. Daher folgern wir:

> Während jeder Phasenumwandlung eines Stoffes wird Energie umgesetzt, ohne daß sich dabei die Temperatur des Stoffes verändert.

In der Erwärmungs- oder Abkühlungskurve macht sich daher jede Phasenumwandlung eines reinen Stoffes als horizontal verlaufendes Kurvenstück bemerkbar. Die zugehörige konstante Temperatur ist die betreffende Phasenumwandlungstemperatur.

Aus dem Schmelz-, Sublimations- oder Siedeverhalten kann umgekehrt auch auf die Reinheit einer Substanz geschlossen werden. Daher gehören Schmelz-, Sublimations- oder Siedepunktbestimmungen zu den wichtigsten Untersuchungsverfahren der präparativen Chemie.

3.3 Molare Enthalpien bei Phasenumwandlungen

Aggregatzustandsänderungen laufen im allgemeinen bei konstantem Druck, also isobar, ab. Daher ändert sich beim Übergang in eine andere Phase meist nicht nur der Energieinhalt, sondern auch das Volumen des Stoffes. In Anlehnung an den im Kap. 1 (s. S. 8) eingeführten Begriff werden deshalb die bei Aggregatzustandsänderungen umgesetzten Wärmeenergien ΔQ_p als Phasenumwandlungsenthalpien bezeichnet. Man definiert:

> Diejenige Wärmeenergie, die umgesetzt wird, wenn 1 mol eines Stoffes bei konstantem Druck seinen Aggregatzustand ändert, heißt molare Phasenumwandlungsenthalpie
>
> $$\Delta H_{u,\,m} = \frac{\Delta Q_p}{v} \qquad (3)$$

Die bei Phasenumwandlungen umgesetzten Energien tragen nicht zur Temperaturänderung des Stoffes bei. Beim Verdampfen z. B. müssen zum einen die Kohäsionskräfte zwischen den Flüssigkeitsmolekülen überwunden werden, damit sie in die Dampfphase überwechseln können.

Zum anderen besitzt der Dampf bei derselben Temperatur ein größeres Volumen als die Flüssigkeit (es muß Ausdehnungsarbeit verrichtet werden). Der insgesamt zum Verdampfen einer Flüssigkeit erforderliche Energiebetrag wird durch die Verdampfungsenthalpie gedeckt.

Schmelz-, Verdampfungs- und Sublimationsenthalpie müssen jeweils dem System zugeführt werden, da eine Phase mit größerem Energieinhalt entsteht. Bei den Umkehrvorgängen, also beim Erstarren, Kondensieren oder Resublimieren wird jeweils eine gleich große Wärmemenge frei.

Wärmen, die wie die **Phasenumwandlungsenthalpien** nicht zur Temperaturänderung in einem System beitragen, bezeichnet man als **latente**, d. h. im System verborgene, **Wärmeenergien**.

Rechenbeispiel: 1000 g Wasser sollen von 10 °C auf 160 °C (Dampf!) bei konstantem Druck ($p = 1013$ hPa) erwärmt werden. Welche Wärmeenergie ist dazu erforderlich?

Die mittlere spezifische Wärmekapazität des flüssigen Wassers ist $\overline{c_{p,fl}} = 4{,}2\,\text{J} \cdot \text{g}^{-1} \cdot \text{K}^{-1}$, die mittlere molare Verdampfungsenthalpie des Wassers beträgt $\Delta H_{V,m} = 4{,}1 \cdot 10^4\,\text{J} \cdot \text{mol}^{-1}$ und die mittlere spezifische Wärmekapazität des Wasserdampfes ist $\overline{c_{p,Da}} = 1{,}9\,\text{J} \cdot \text{g}^{-1}$.

Lösung: Die insgesamt benötigte Wärmeenergie setzt sich aus drei Anteilen zusammen

1. der Wärmeenergie zur Erwärmung des Wassers von 10 °C auf 100 °C

$$\Delta H_1 = m \cdot \overline{c_{p,fl}} \cdot \Delta T_1$$
$$= 1000\,\text{g} \cdot 4{,}2\,\frac{\text{J}}{\text{g} \cdot \text{K}} \cdot 90\,\text{K}$$
$$= 3{,}8 \cdot 10^5\,\text{J},$$

2. der Verdampfungsenthalpie

$$\Delta H_2 = v \cdot H_{V,m}$$
$$= \frac{1000\,\text{g}}{18\,\text{g} \cdot \text{mol}^{-1}} \cdot 4{,}1 \cdot 10^4\,\frac{\text{J}}{\text{mol}}$$
$$= 22{,}8 \cdot 10^5\,\text{J},$$

3. der Wärmeenergie zur Erwärmung des Dampfes

$$\Delta H_3 = m \cdot c_{p,Da} \cdot \Delta T_2$$
$$= 1000\,\text{g} \cdot 1{,}9\,\frac{\text{J}}{\text{g} \cdot \text{K}} \cdot 60\,\text{K}$$
$$= 1{,}1 \cdot 10^5\,\text{J}.$$

Daraus ergibt sich

$$\Delta H_{ges} = \Delta H_1 + \Delta H_2 + \Delta H_3$$
$$= 27{,}7 \cdot 10^5\,\text{J} \approx 2{,}8 \cdot 10^6\,\text{J}$$

4. Dampfdruck über Flüssigkeiten und Festkörpern

4.1 Gleichgewicht zwischen Flüssigkeit und ihrem Dampf

Die gespülten Reagenz- oder Bechergläser am Zapfenbrett Ihres Labors trocknen von selbst an der Luft. – In einem offenen Becherglas bilden sich Kristalle aus der gesättigten Lösung eines Feststoffs. – Das sind einfache Beispiele aus dem Laboralltag, die zeigen, daß Flüssigkeiten auch unterhalb ihres Siedepunktes verdunsten, also in die dampfförmige Phase übergehen.

Ähnlich wie Gasteilchen sind auch die Teilchen von Flüssigkeiten in ständiger Bewegung. Dabei gibt es bei jeder Temperatur energiereichere und energieärmere. Von diesen sind die energiereichsten Teilchen in der Lage, die ins Flüssigkeitsinnere gerichteten Kräfte (s. Abschn. 2.1, S. 23) zu überwinden und in die Dampfphase überzuwechseln (s. Abb. 2.13).

a   b

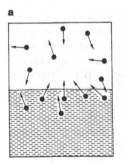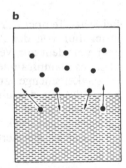

Abb. 2.13 Zur Erläuterung von Dampfdruck und Sättigungsdampfdruck; **a** Flüssigkeitsteilchen treten in die Dampfphase über und üben dort einen Druck aus: **Dampfdruck; b** Die Zahl der verdampfenden Teilchen ist gleich der Zahl der kondensierenden Teilchen: **Sättigungsdampfdruck**

Dort verhalten sie sich wie Gasteilchen. In einem geschlossenen Behälter prallen sie bei ihrer regellosen Bewegung auch ständig auf dessen Wandungen und auf die Flüssigkeitsoberfläche. Die Gesamtheit aller in die Dampfphase übergewechselten Teilchen übt somit einen Druck aus, den man als den **Dampfdruck** der Flüssigkeit bezeichnet. (Der Dampfdruck darf in keinem Fall mit dem äußeren Luftdruck verwechselt werden.) So wie energiereiche Teilchen aus der Flüssigkeit austreten können, so können auch Teilchen des Dampfes beim Aufprallen auf die Flüssigkeit wieder in diese eintreten. In einem abgeschlossenen Behälter stellt sich bei konstanter Temperatur deshalb immer ein **dynamisches Gleichgewicht** ein. Dieses ist erreicht, wenn die Anzahl der in die Dampfphase überwechselnden Teilchen zu jeder Zeit gleich der Zahl der kondensierenden Teilchen ist. In diesem Gleichgewicht bleibt die Zahl der Dampfteilchen und deshalb auch der Druck des Dampfes konstant. Man sagt: „Der Gasraum ist mit Dampf der betreffenden Flüssigkeit gesättigt" und bezeichnet den zugehörigen Dampfdruck als den **Sättigungsdampfdruck**.

Zusammengefaßt:

> Bei konstanter Temperatur steht jede Flüssigkeit in einem abgeschlossenen Gefäß im (dynamischen) Gleichgewicht mit ihrem Dampf. Den Dampfdruck im Gleichgewicht bezeichnet man als Sättigungsdampfdruck.

Bei fester Temperatur ist der Sättigungsdampfdruck nur von der Art der Flüssigkeit, nicht aber von dem zur Verfügung stehenden Volumen des Dampfraumes und auch nicht von der Flüssigkeitsmenge abhängig. Bei isothermer Vergrößerung des abgeschlossenen Volumens verdampft einfach soviel weitere Flüssigkeit, bis der ehemalige Druck wieder hergestellt ist. Entsprechend kondensiert bei isothermer Volumen-

verkleinerung eine entsprechende Dampfmenge (s. Abb. 2.14).

Bei einem offenen Behälter wird das Gleichgewicht durch das Entweichen von Teilchen aus dem Dampfraum ständig gestört. Weil die Flüssigkeit dieses Gleichgewicht aber wieder einstellen möchte und deshalb die entweichenden Dampfteilchen ständig nachzuliefern versucht, verdunstet sie nun völlig.

Für das Aufrechterhalten dieser Verdunstung bzw. der konstanten Temperatur muß der Umgebung laufend Wärme entzogen werden, da sich die Flüssigkeit sonst abkühlt. (Diese „Verdunstungskälte" wird z. B. bei Erfrischung durch „Kölnisch Wasser" ausgenutzt.)

Dampfdruckkurve. Mit steigender Temperatur gewinnen die Teilchen einer Flüssigkeit an Bewegungsenergie. Dadurch nimmt die Zahl der Flüssigkeitsteilchen, die in die Dampfphase überwechseln können, zu und der Sättigungsdampfdruck p steigt.

Zwischen p und der Temperatur T gilt der Zusammenhang:

$$p(T) = A_v \cdot e^{-\frac{\Delta H_{v,m}}{R \cdot T}} \qquad (4)$$

$\Delta H_{v,m}$ (temperaturabhängige) molare Verdampfungsenthalpie der Flüssigkeit
R molare Gaskonstante
A_v stoffspezifische Konstante

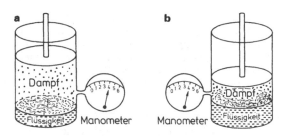

Abb. 2.14 Einstellung des Sättigungsdampfdrukkes bei **(a)** isothermer Volumenvergrößerung und **(b)** isothermer Volumenverkleinerung

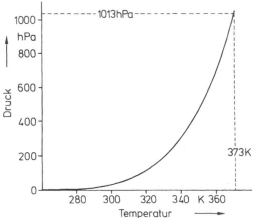

Abb. 2.15 Dampfdruckkurve von Wasser

Trägt man die durch Gl. (4) wiedergegebene Abhängigkeit auf, so erhält man die sog. **Dampfdruckkurve**, die in Abb. 2.15 für Wasser dargestellt ist.

Der Dampfdruck einer Flüssigkeit steigt also exponentiell von p_1 und p_2 an, wenn die Temperatur von T_1 auf T_2 erhöht wird. Der zu T_2 gehörige Sättigungsdampfdruck p_2 läßt sich entweder direkt aus der Dampfdruckkurve ablesen oder mit Hilfe der Gleichung von **Clausius und Clapeyron** berechnen. Diese lautet:

$$\ln\left(\frac{p_2}{p_1}\right) = \frac{\Delta H_{\mathrm{v,m}}}{R} \cdot \left(\frac{1}{T_1} - \frac{1}{T_2}\right) \qquad (5)$$

Bei Anwendung von Gl. (5) muß man berücksichtigen, daß für $\Delta H_{\mathrm{v,m}}$ die *mittlere* molare Verdampfungsenthalpie im Intervall $[T_1, T_2]$ einzusetzen ist. Ferner ist Gl. (5) nur eine Näherung, da bei ihrer Herleitung vereinfachend angenommen wurde, daß das molare Volumen der Flüssigkeit gegenüber dem molaren Dampfvolumen vernachlässigt werden kann (was meist sehr gut erfüllt ist) und daß sich der Dampf wie ein ideales Gas verhält (was mitunter nur eingeschränkt gilt).

Rechenbeispiel. Der Dampfdruck von Wasser bei 20 °C beträgt 23,3 hPa. Welchen Dampfdruck besitzt es bei 25 °C, wenn die mittlere, molare Verdampfungsenthalpie im betrachteten Temperaturintervall 44,1 kJ · mol^{-1} beträgt?

Lösung: Aus Gl. (5) folgt:

$$\ln\left(\frac{p_2}{p_1}\right) = \frac{\Delta H_{\mathrm{v,m}}}{R} \cdot \left(\frac{T_2 - T_1}{T_1 \cdot T_2}\right)$$

$$= \frac{44{,}1 \cdot 10^3 \, \mathrm{J \cdot mol^{-1}}}{8{,}31 \, \mathrm{J \cdot mol^{-1} \cdot K^{-1}}} \cdot \frac{(298 - 293)\,\mathrm{K}}{298\,\mathrm{K} \cdot 293\,\mathrm{K}}$$

$$= 0{,}304$$

Entlogarithmieren ergibt:

$$\frac{p_2}{p_1} = e^{0{,}304} = 1{,}35$$

und daraus folgt für den gesuchten Dampfdruck:

$$p_2 = p_1 \cdot 1{,}35 = 23{,}3 \cdot 1{,}35 \, \mathrm{hPa} = 31{,}4 \, \mathrm{hPa}$$

Abhängigkeit der Siedetemperatur vom äußeren Druck. Eine Flüssigkeit siedet, wenn sich im

Flüssigkeitsinnern Dampfblasen entwickeln. Dazu muß aber die Temperatur so groß sein, daß der Dampfdruck der Flüssigkeit gleich dem äußeren Druck ist (s. Abb. 2.16).

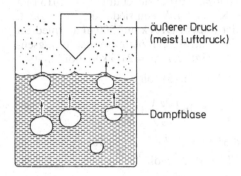

Abb. 2.16   Sieden einer Flüssigkeit

> Bei der Siedetemperatur ist der Dampfdruck der Flüssigkeit gleich dem äußeren Druck.

Der äußere Druck entspricht im allgemeinen dem Luftdruck (Atmosphärendruck). Wird dieser Druck jedoch durch Evakuieren des Raums über der Flüssigkeit erniedrigt, so genügt auch ein geringerer Dampfdruck, um die Flüssigkeit zum Sieden zu bringen. Mit abnehmendem äußeren Druck sinkt deshalb die Siedetemperatur der Flüssigkeit. Diese Tatsache wird z. B. bei der **Vakuumdestillation** ausgenutzt.

> Die Siedetemperatur (der Kochpunkt) ist vom äußeren Druck abhängig.

Diese Druckabhängigkeit läßt sich aus der Dampfdruckkurve entnehmen. Durch Minderung des äußeren Drucks von 1013 hPa auf 50 hPa sinkt z. B. der Siedepunkt des Wassers von 373 K (100 °C) auf ca. 308 K (35 °C), weil der Sättigungsdampfdruck bei ca. 308 K 50 hPa beträgt (s. Abb. 2.15). Drücke um 50 hPa kann man bereits mit einfachen Wasserstrahlpumpen erzielen.

Sollte die Dampfdruckkurve nicht direkt bekannt sein, dafür aber die mittlere, molare Verdampfungsenthalpie der Flüssigkeit, so kann die Siedetemperatur bei einem bestimmten äußeren Druck mit Hilfe der Gleichung von Clausius und Clapeyron berechnet werden (s. Gl. (5)).

Rechenbeispiel: Ether siedet unter $p = 1013$ hPa bei 308 K (35 °C). Wann siedet die Flüssigkeit, wenn der äußere Druck auf 500 hPa erniedrigt wird? Die mittlere, molare Verdampfungsenthalpie beträgt $\Delta H_{V,m} = 27,5$ kJ $\cdot$ mol^{-1}.

Lösung: Aus Gl. (5) folgt:

$$\frac{1}{T_1} = \frac{R}{\Delta H_{V,m}} \cdot \ln\left(\frac{p_2}{p_1}\right) + \frac{1}{T_2}$$

$$= \frac{8,31 \text{ J} \cdot \text{mol}^{-1}\text{K}^{-1}}{27,5 \cdot 10^3 \text{ J} \cdot \text{mol}^{-1}} \cdot \ln\left(\frac{1013}{500}\right) + \frac{1}{308 \text{ K}}$$

$$= 3,56 \cdot 10^{-3} \text{K}^{-1}$$

Daraus ergibt sich:

$$T_1 = 280,9 \text{ K} \quad (\approx 8\,°\text{C}).$$

Bei einem Druck von 500 hPa siedet Ether also schon bei ca. 8 °C.

4.2 Gleichgewicht zwischen Festkörper und seinem Dampf

Auch Feststoffe verdunsten, wenn auch meist wesentlich langsamer als Flüssigkeiten, da sie einen wesentlich kleineren Dampfdruck besitzen. Der intensive Geruch von Mottenkugeln (Naphthalin) rührt z. B. daher. Auch bei Eiszapfen kann man das Verdunsten beobachten, wenn sie trotz anhaltender Kälte immer kleiner werden.

Zum Verdunsten des Feststoffes kommt es, wenn die energiereichsten Festkörperteilchen die Bindungskräfte durch ihre Wärmebewegung (Schwingungen um ihre Gleichgewichtslagen) überwinden können. Diese Teilchen gehen dann in die Dampfphase über, ohne den Flüssigkeitszustand zu durchlaufen. In der Dampfphase üben sie einen Druck aus, den man als **Sublimationsdruck** bezeichnet.

Ähnlich wie für den Dampfdruck über Flüssigkeiten gilt für die Temperaturabhängigkeit des Sublimationsdrucks:

$$p(T) = A_s \cdot e^{-\frac{\Delta H_{Sub,m}}{R \cdot T}} \tag{6}$$

mit A_s als stoffspezifischer Konstanten und $\Delta H_{Sub,m}$ als molarer Sublimationsenthalpie. Die **Sublimationskurve** besitzt also exponentiellen Verlauf. Bei vielen Feststoffen ist der Sublimationsdruck jedoch so klein, daß er praktisch nicht festgestellt und deshalb vernachlässigt werden kann.

4.3 Gleichgewicht zwischen der festen und der flüssigen Phase

Wird eine Flüssigkeit abgekühlt, so sinkt ihr Dampfdruck. Andererseits steigt bei der Erwärmung der festen Phase dieses Stoffes der Sublimationsdruck. Bei der Schmelz- bzw. Erstarrungstemperatur sind beide Drücke gleich groß und die feste und flüssige Phase liegen im Gleichgewicht nebeneinander vor (**Schmelzgleichgewicht**).

> Bei der Schmelztemperatur sind Feststoff und Flüssigkeit im Gleichgewicht miteinander.

Die Schmelztemperatur ändert sich meist nur sehr wenig mit dem äußeren Druck. Als Abhängigkeit ergeben sich in den meisten Fällen nur sehr leicht steigende oder seltener auch sehr leicht fallende **Schmelzkurven** (s. Abb. 2.17).

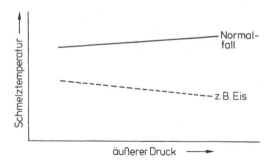

Abb. 2.17 Schmelzkurven (schematisch)

Der Schmelzpunkt, der häufig zur Identifizierung von Stoffen oder zur Reinheitsprüfung herangezogen wird, ist also – im Gegensatz zum Siedepunkt – praktisch vom äußeren Druck unabhängig.

Zu den Feststoffen, bei denen die Schmelztemperatur mit steigendem äußeren Druck abnimmt, gehört Eis. Unter größerem Druck wird Eis also flüssig. Jeder Schlittschuhläufer profitiert z. B. davon, denn unter seinen Schlittschuhkufen (großer Druck) bildet sich ein Flüssigkeitsfilm, auf dem er gut gleiten kann.

Die Abnahme der Schmelztemperatur mit wachsendem Druck entspricht aber nicht dem normalen Verhalten fester Stoffe. Meist nimmt die Schmelztemperatur zu. Man spricht daher auch von der **Anomalie des Wassers**. Dazu gehört auch, daß das feste Eis eine geringere Dichte als das Wasser besitzt und demzufolge auf dem Wasser schwimmt.

4.4 Zustandsdiagramm des Wassers

Zeichnet man die Schmelz-, Sublimations- und Dampfdruckkurve von H_2O in ein pT-Diagramm ein, so erhält man das in Abb. 2.18 dargestellte **Zustandsdiagramm des Wassers**. Die Schmelzkurve ist hier gegenüber Abb. 2.17 gedreht gezeichnet. Die drei Kurven unterteilen die gesamte Ebene in drei pT-Gebiete, in denen jeweils nur eine einzige Phase von H_2O existieren kann. Längs der Gleichgewichtskurven koexistieren jeweils zwei Phasen nebeneinander, und im Schnittpunkt der drei Kurven, dem sog. **Tripelpunkt** TP, sind sogar alle drei Phasen des H_2O im Gleichgewicht miteinander. Die zugehörigen Zustandsgrößen sind $p = 6{,}13$ hPa (4,6 Torr) und $T = 273{,}16$ K (0,01 °C).

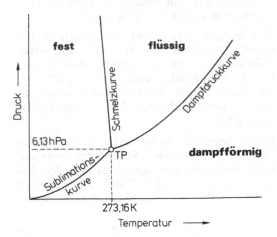

Abb. 2.18 Zustandsdiagramm von Wasser

Allgemein gilt:

> Ein Zustandsdiagramm vereinigt die Gleichgewichtskurven zwischen den verschiedenen Phasen eines Systems in einem Diagramm.

Der Tripelpunkt des Wassers ist ein wichtiger Fixpunkt für die Definition der absoluten Temperaturskala. Es gilt:

> 1 Kelvin (1 K) ist der 273,16-te Teil der absoluten Temperatur am Tripelpunkt des reinen Wassers.

Da der Tripelpunkt bei 0,01 °C liegt, entsprechen 0 °C somit 273,15 K.

5. Formelsammlung

Zur Erwärmung erforderliche Energie	$\Delta H = m \cdot \overline{c_p} \cdot \Delta T$ (p = const.)
molare Phasenumwandlungsenthalpie	$\Delta H_{u,m} = \dfrac{\Delta Q_p}{\nu}$
Gleichung von Clausius und Clapeyron	$\ln\left(\dfrac{p_2}{p_1}\right) = \dfrac{\Delta H_{v,m}}{R}\left(\dfrac{1}{T_1} - \dfrac{1}{T_2}\right)$

Anwendungen

– Berechnung der bei Temperaturänderungen und Phasenumwandlungen umgesetzten Wärmeenergien

– Berechnung der Dampfdrücke von Flüssigkeiten

– Berechnung von Siedetemperaturen

Kapitel 3
Mischphasen

Der Chemiker wird sich meistens nicht mit Reinstoffen, sondern mit Stoffgemischen und -gemengen auseinandersetzen müssen. Den homogenen Stoffverteilungen, also den Lösungen und Mischungen, ist im wesentlichen dieses Kapitel gewidmet.

In diesem Zusammenhang treten z. B. folgende Fragen auf:

- Wieviel eines Stoffes läßt sich in einem anderen lösen?

- Welche speziellen Eigenschaften besitzen Lösungen gegenüber Reinstoffen?

- Wie läßt sich eine Lösung oder Mischung in ihre Bestandteile zerlegen?

Diese Fragen versuchen wir in diesem Kapitel zu beantworten.

Wir werden zunächst auf die Gesetzmäßigkeiten für die Löslichkeiten verschiedener Stoffe eingehen. Sie sind die Grundlage für das Verfahren der Extraktion und unter anderem auch wichtig für das Verständnis chromatographischer Trennverfahren. Daran schließen sich die Beschreibung der Diffusion und der Osmose an.

Lösungen zeigen gegenüber den reinen Stoffen Veränderungen im Dampfdruck sowie im Siede- und Gefrierpunkt. Die Dampfdruck-, Siede- und Schmelzdiagramme zeigen, wie diese Größen von der Zusammensetzung der Mischphase abhängig sind. Mit Hilfe der Siedediagramme werden wir die Vorgänge bei Destillationen erklären.

Zum Aufstellen von Schmelzdiagrammen benutzt man meist das von Tamman entwickelte Verfahren der thermischen Analyse, das wir in diesem Kapitel ebenfalls besprechen.

1. Homogene und heterogene Stoffverteilungen

1.1 Lösungen und Gemenge

Gibt man ein wenig Kochsalz in Wasser, so „verteilt" es sich darin so fein, daß das Substanzgemisch, auch mit dem Mikroskop betrachtet, wie ein einheitlicher Stoff erscheint. Solche **homogenen Stoffverteilungen** stellen im Sinne von Gibbs nur eine einzige Phase dar.

Man definiert:

> Jede homogene Verteilung zweier oder mehrerer Reinstoffe ineinander wird unabhängig von ihrem Aggregatzustand als Mischphase oder Lösung bezeichnet.

Liegen die Bestandteile einer Lösung in etwa gleichen Mengenanteilen vor, so spricht man meist von einer **Mischung**. Beispiele für Lösungen oder Mischungen sind

- eine Zuckerlösung (Lösung aus Feststoff und Flüssigkeit),

- die Luft (eine Mischung mehrerer Gase),

- eine Legierung, wie z. B. Messing (eine Mischung aus den Feststoffen Kupfer und Zink),

- eine Alkohol-Wasser-Mischung (Mischung zweier Flüssigkeiten) oder

- eine Lösung von Sauerstoff in Wasser (Lösung von Gas und Flüssigkeit).

Den in einer Mischphase überwiegenden Bestandteil bezeichnet man als das **Lösungsmittel**. Flüssigkeiten – und darunter das Wasser – haben als Lösungsmittel ganz sicher die größte Bedeutung. Deshalb wird unter einer Lösung im engeren Sinn häufig eine flüssige Mischphase verstanden.

Stoffverteilungen, die bereits für das Auge sichtbar aus verschiedenen Substanzen bestehen, heißen **Gemenge (heterogene Verteilung** der Phasen). Wird z. B. Sand in Wasser aufgeschüttelt oder Öl mit Wasser vermengt, so entstehen zwar unter Umständen zunächst gleichmäßige Verteilungen dieser Stoffe ineinander, nach kurzer Zeit setzen sich die verschiedenen Bestandteile jedoch deutlich erkennbar voneinander ab (Bildung einer Phasengrenze). Gemenge bestehen also grundsätzlich aus mehreren Phasen. Das

Gemenge aus einem **Feststoff und einer Flüssigkeit** nennt man **Suspension**, und das **Gemenge zweier Flüssigkeiten** heißt **Emulsion**.

1.2 Kolloid-disperse Systeme

Bei der Betrachtung mancher Lösungen fällt deutlich eine einheitliche Trübung auf, die auch durch längeres Stehenlassen nicht verschwindet. Wird auf eine solche Lösung von der Seite Licht eingestrahlt, so kann der Lichtkegel ähnlich wie ein Sonnenstrahl durch verschmutzte Luft verfolgt werden. Dieses Phänomen wird nach seinem Entdecker als **Tyndall-Effekt** bezeichnet.

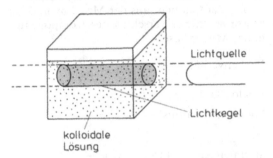

Abb. 3.1   Der Tyndall-Effekt

Der Tyndall-Effekt tritt auf, weil das Licht an den Teilchen in der Lösung gestreut wird. Eine gut beobachtbare **Lichtstreuung** ergibt sich aber grundsätzlich nur dann, wenn die Wellenlänge des eingestrahlten Lichtes und die Teilchendurchmesser ungefähr von der gleichen Größenordnung sind. Bei sichtbarem Licht bedeutet das einen Durchmesser von ca. 10^{-6} cm bis 10^{-5} cm. Stoffteilchen dieser Größe werden **Kolloide** genannt. Die Teilchen in den vorher besprochenen „echten" Lösungen sind ungefähr 10 bis 1000mal kleiner, haben also nur Durchmesser von ca. 10^{-8} cm bis 10^{-7} cm.

Stoffverteilungen, die einen deutlichen Tyndall-Effekt zeigen, werden als kolloid-disperse Systeme bezeichnet.

Die Stärke der Lichtstreuung hängt außer von der Größe der Kolloidteilchen auch von deren Anzahl in der Lösung ab. Daher kann durch Messung der Streulichtintensität auf die Konzentration der Lösung geschlossen werden. Die-

ses Verfahren wird in der Praxis häufig angewendet und hat dort den Namen **Nephelometrische Konzentrationsbestimmung**.

Manche Stoffe bilden kolloidale Verteilungen, weil bereits jedes Molekül von entsprechender Größe ist (**Molekülkolloide**), bei anderen Stoffen ergeben erst Zusammenballungen von mehreren Atomen oder Molekülen Teilchen von kolloidaler Größe (**Phasenkolloide**).

Typische Beispiele für kolloid-disperse Systeme sind:

- Lösungen von Makromolekülen (wie Eiweiß, Stärke, Cellulose etc.),
- Feststoffpartikeln in Gasen (Rauch),
- gleichmäßige Verteilungen von Gasbläschen in Flüssigkeiten (Schaum) oder
- Feststoffpartikeln von kolloidaler Größe in Flüssigkeiten (z. B. fein verteiltes Silber in Wasser, genannt Silbersol).

Da die Kolloidteilchen häufig eine beträchtlich größere Dichte als das Lösungsmittel besitzen (z. B. kolloidales Silber in Wasser), könnte man eigentlich annehmen, daß sie unter dem Einfluß ihrer Gewichtskraft allmählich aus der Lösung ausfallen müßten. Daß sie das nicht tun, sondern die kolloidale Mischung erhalten bleibt, hat folgende Ursachen: Die in der Lösung befindlichen Kolloidteilchen tragen an ihren Oberflächen elektrische Ladungen. Die Kräfte, die nach den Gesetzen der Elektrostatik zwischen den Kolloidteilchen wirken, kompensieren die Schwerkraft. Daher „schweben" die Kolloidteilchen in der Lösung ohne sich abzusetzen. Die Aufladung an der Oberfläche kommt entweder durch Eigendissoziation ionogen aufgebauter Teilchen zustande, z. B. bei Eiweißstoffen, Seifen oder Cellulose, sie kann aber auch dadurch hervorgerufen werden, daß die Kolloidteilchen an ihren Oberflächen Fremdionen, z. B. aus dem Lösungsmittel, adsorbieren.

Werden die Oberflächenladungen auf irgendeine Weise neutralisiert, so flocken die Kolloidteilchen aus der Lösung aus. Diesen Vorgang bezeichnet man als **Koagulation**. Die **Sole**, das sind kolloidale Verteilungen von Feststoffteilchen in Flüssigkeiten, koagulieren z. B. durch Zugabe starker Elektrolyte. Die Elektrolyte zerfallen in der Lösung in positiv und negativ geladene Teilchen (s. auch 6. Kapitel). Diese setzen sich auf den Kolloidteilchen ab und neutralisieren dabei die Oberflächenladungen, wodurch es zur Koagulation kommt.

> Der aus einem Sol durch Koagulation entstehende Niederschlag wird Gel genannt.

Versetzt man z. B. eine Wasserglaslösung mit einer Säure, z. B. mit HCl oder H_2SO_4, so fällt gallertartiges Kieselsäuregel aus der Lösung aus. Dieses Gel läßt sich eintrocknen und zu einem Pulver verarbeiten, das man als **Silicagel** bezeichnet. Silicagel ist sehr oberflächenreich und eignet sich besonders als Trocknungsmittel. Es kann z. B. 36 % seiner eigenen Masse an Wasser aufnehmen.

Den Umkehrvorgang zur Koagulation bezeichnet man als **Peptisation**. Durch Peptisation entstehen also aus heterogenen Mischsystemen kolloidale Verteilungen. Aus einem Gel läßt sich z. B. mitunter ein Sol zurückgewinnen, wenn man die vorher erwähnten Elektrolyte wieder aus der Lösung entfernt.

2. Angaben über die Zusammensetzung von Mischphasen

Anteil, Verhältnis, Konzentration. Zur Beschreibung der Zusammensetzung einer Mischphase verwendet man üblicherweise Quotienten aus Massen, Volumina oder Stoffmengen der enthaltenen Komponenten. Je nachdem wie diese Quotienten gebildet werden, erhalten ihre Namen unterschiedliche Endungen, nämlich **Anteil**, **Verhältnis** oder **Konzentration** (DIN 1310). Zur Erinnerung seien hier noch einmal die Unterschiede aufgeführt.

Anteil. Zum Beispiel versteht man unter dem Massenanteil w_i einer Komponente i in einer Mischphase das Verhältnis aus der Masse m_i dieser Komponente zur Gesamtmasse $m_{ges} = m_1 + m_2 + \ldots + m_i + \ldots$ aller Mischungskomponenten.

Massenanteil $\qquad w_i = \dfrac{m_i}{m_{ges}}$

Volumenanteil $\qquad \varphi_i = \dfrac{V_i}{V_{ges}}$

Stoffmengenanteil $\qquad x_i = \dfrac{v_i}{v_{ges}}$

(s. auch Kap. 1, S. 12 ff.).

Diese Anteilangaben sind grundsätzlich einheitenlose Zahlen zwischen 0 und 1. Werden sie mit 100 % multipliziert, so erhält man den betreffenden Anteil in Prozent, also z. B. „Massenanteil in %" (früher als Gewichts-% bezeichnet, was heute aber nach DIN-Vorschrift nicht mehr zulässig ist).

Verhältnis. Zum Beispiel ist das Massenverhältnis m_{ik} der Quotient aus der Masse m_i und der Masse m_k zweier verschiedener Komponenten in der Mischphase.

Massenverhältnis $\qquad m_{ik} = \dfrac{m_i}{m_k}$

Analog gilt:

Volumenverhältnis $\qquad v_{ik} = \dfrac{V_i}{V_k}$

Stoffmengenverhältnis $\qquad v_{ik} = \dfrac{v_i}{v_k}$

Konzentration. Bezieht man die Masse m_i, das Volumen V_i oder die Stoffmenge v_i einer Komponente i auf das Mischungsvolumen V, so erhält man die betreffende Konzentrationsangabe.

Massenkonzentration $\qquad \beta_i = \dfrac{m_i}{V}$

(auch Partialdichte genannt)

Volumenkonzentration $\qquad \sigma_i = \dfrac{V_i}{V}$

Stoffmengenkonzentration $\quad c_i = \dfrac{v_i}{V}$

(auch **Molarität** genannt)

Die Volumenkonzentration ist gleich dem Volumenanteil, wenn beim Mischen keine Volumenveränderungen auftreten, d. h. wenn $V_{ges} = V_1 + V_2 + \ldots$ gleich dem Mischungsvolumen V ist.

Unter der **Molalität** b_i versteht man den Quotienten aus der gelösten Stoffmenge v_i einer Mischungskomponente i und der Lösungsmittelmasse m_k, in der die Komponente i gelöst ist.

Molalität $b_i = \dfrac{v_i}{m_k}$.

Dissoziationsgrad. Beim Lösen zerfallen viele Stoffe (besonders alle Elektrolyte) in kleinere, frei bewegliche Bestandteile. Diesen Zerfall bezeichnet man als **Dissoziation.** Selbst wenn genügend Lösungsmittel zur Verfügung steht, muß jedoch keineswegs die gesamte in Lösung gebrachte Stoffmenge dissoziieren. Als Maßstab für die Stärke des Zerfalls dient der **Dissoziationsgrad** α. Er gibt an, welcher Bruchteil der ursprünglich vorhandenen Teilchen in der Lösung zerfallen vorliegt:

$$c_{ges} = c_A + c_D + c_E$$
$$= c\,[1 - \alpha + x \cdot \alpha + y \cdot \alpha]$$
$$= c\,[1 + [(x + y) - 1]\,\alpha]$$
$$= c\,[1 + (n - 1)\alpha], \qquad (2)$$

wobei $n = x + y$ (s. Zerfallsgleichung) gesetzt wurde.

Wegen $n > 1$ enthält eine Lösung dissoziierender Stoffe immer mehr Teilchen als die Lösung eines nicht-dissoziierenden Stoffes von gleicher Ausgangskonzentration c. Daher verhalten sich Lösungen dissoziierender Stoffe im Vergleich zu gewöhnlichen Lösungen so, als wären sie von höherer Stoffkonzentration. Das ist für einige physikalische Eigenschaften wie für die Größe

$$\text{Dissoziationsgrad } \alpha = \frac{\text{Anzahl zerfallener Teilchen}}{\text{Anzahl ursprünglich vorhandener Teilchen}} \qquad (1)$$

Da maximal alle, minimal aber auch kein Teilchen zerfallen sein können, ist der Dissoziationsgrad stets eine einheitenlose Zahl zwischen 0 und 1. Der Wert hängt von den äußeren Lösungsbedingungen (Druck und Temperatur) ab (s. auch Abb. 3.2).

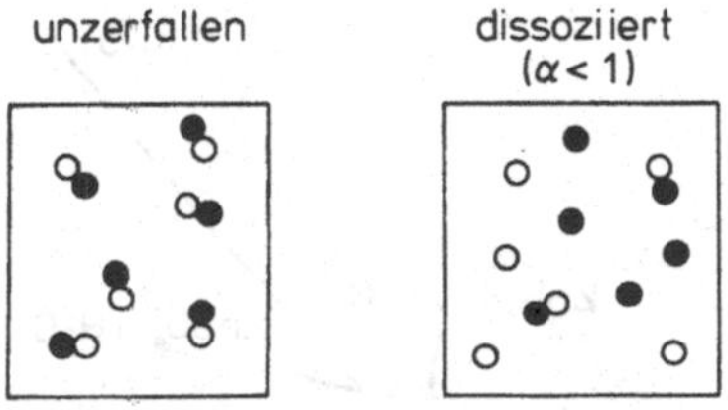

des osmotischen Drucks, der Gefrierpunkterniedrigung oder der Siedepunkterhöhung von Bedeutung. Darauf kommen wir in diesem Kapitel noch zurück.

Auf das chemische Verhalten dissoziierender Stoffe in wäßrigen Lösungen gehen wir im Kap. 6 ein.

3. Löslichkeit und Mischbarkeit in flüssiger Phase

3.1 Gesättigte Lösung

Gibt man z. B. eine genügend große Menge Zukker oder Salz in Wasser so kann man beobachten, daß davon nur ein Teil in Lösung geht, während sich der andere Teil als **Bodenkörper** absetzt (s. Abb. 3.3). Wenn sich daran trotz guten Umrührens nichts mehr ändert, nennt man die Lösung **gesättigt.**

unzerfallen   dissoziiert
                      $(\alpha < 1)$

Abb. 3.2   Dissoziation

Wir nehmen nun an, daß der Bruchteil α aller Teilchen eines Stoffes A beim Lösen nach der Gleichung $A \rightarrow xD + yE$ in freie Teilchen D und E dissoziiert. Ist c die Ausgangskonzentration von A, so betragen die Konzentrationen der verschiedenen Teilchenarten nach dem Zerfall:

$$c_A = c - c \cdot \alpha = c \cdot (1 - \alpha)$$
$$c_D = x \cdot c \cdot \alpha$$
$$c_E = y \cdot c \cdot \alpha$$

Somit beträgt die Teilchenkonzentration in der Lösung insgesamt:

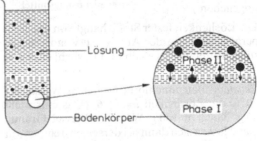

Abb. 3.3   Gesättigte Lösung

Daher gilt:

> Eine mit einem Stoff gesättigte Lösung enthält unter den gegebenen Bedingungen die höchst lösbare Menge dieses Stoffes (Kontakt mit dem Bodenkörper).

Im Sättigungszustand stellt sich – ähnlich wie beim Verdampfen einer Flüssigkeit (s. Kap. 2, S. 32) – ein dynamisches Gleichgewicht ein, in dem zu jeder Zeit ebenso viele Teilchen des Stoffes S vom Bodenkörper (Phase I) in die Lösung (Phase II) übergehen, wie sich umgekehrt aus dieser wieder als Bodenkörper absetzen. Dieses **Lösungsgleichgewicht** wird kurz durch

S (in Phase I) $\rightleftarrows$ S (in Phase II)

symbolisiert, wobei der Doppelpfeil den Gleichgewichtszustand kennzeichnet.

Flüssige Lösungsmittel können nicht nur mit Feststoffen, sondern auch mit Gasen oder gegebenenfalls auch mit einer anderen Flüssigkeit gesättigt werden.

3.2 Löslichkeit fester Stoffe

Wie gut sich ein Feststoff in einer bestimmten Flüssigkeit lösen läßt, wird durch seine **Löslichkeit** angegeben.

Diese ist folgendermaßen definiert:

> Läßt sich in der Lösungsmittelmasse m_{LM} maximal die Masse m_S eines Feststoffs lösen (Sättigung!), so beträgt seine Löslichkeit unter den gegebenen Bedingungen:
>
> Löslichkeit $l = \dfrac{m_S}{m_{LM}}$ (3)

(In älteren Lehrbüchern werden Löslichkeiten häufig in der Form: $\dfrac{\text{Gramm gelöste Substanz}}{100\ \text{ml Lösungsmittel}}$ angegeben.)

Die Löslichkeit fester Stoffe hängt von der Temperatur und von der Art des verwendeten Lösungsmittels ab. Deshalb sind Löslichkeitswerte nur in Verbindung mit diesen Angaben sinnvoll.

Beispiel. Natriumchlorid besitzt in Wasser bei 20 °C die Löslichkeit $l = 0,36$. (Das entspricht 36 g NaCl in 100 g Wasser.) Wieviel Gramm NaCl lassen sich dann bei derselben Temperatur in 250 g Wasser lösen?

Lösung: Aus Gl. (3) folgt

$$m_{NaCl} = l \cdot m_{H_2O} = 0,36 \cdot 250\ g = 90\ g$$

Andere Stoffe wie Silberchlorid, Bleisulfat, Bariumchlorid oder einige Sulfide sind in Wasser weitaus schlechter löslich. Sie fallen daher leicht aus wäßrigen Lösungen aus. Fällungen dieser Art spielen in der Analytischen Chemie eine beträchtliche Rolle. Es kann z. B. die Menge an Barium-Ionen, die in einer Lösung vorhanden ist, quantitativ dadurch bestimmt werden, daß Chlorid-Ionen (z. B. in Form von HCl) zugegeben werden. Nach Überschreiten der Löslichkeit, die wie erwähnt sehr gering ist, fällt Bariumchlorid aus, das dann abfiltriert, getrocknet und gewogen werden kann.

Die Temperaturabhängigkeit der Löslichkeit kann z. B. aus **Löslichkeitskurven** entnommen werden. Abb. 3.4 zeigt solche Kurven für einige Salze in Wasser. Aus dieser Abbildung geht hervor, daß alle drei Fälle möglich sind: Die Löslichkeit kann mit steigender Temperatur zunehmen, wie z. B. bei KNO_3 oder NH_4Cl, sie kann abnehmen, wie z. B. bei $ZnSO_4 \cdot 1\,H_2O$ oder bei $CaCrO_4$, oder auch nahezu konstant bleiben, wie z. B. bei NaCl.

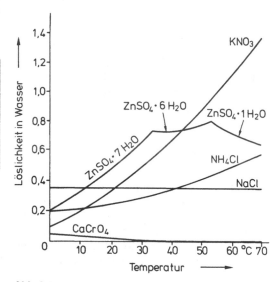

Abb. 3.4   Löslichkeitskurven

Kristallisation aus gesättigter Lösung. Will man einen Feststoff aus einer Lösung auskristallisieren lassen, so muß man diese übersättigen.

Dies erreicht man, indem man

– das Lösungsmittel verdampft (**Verdampfungsverfahren**)

– oder aber die Temperatur der Lösung in Richtung abnehmender Löslichkeit verändert, sofern diese Möglichkeit überhaupt besteht (s. Löslichkeitskurve). Meistens nimmt die Löslichkeit fester Stoffe mit fallender Temperatur ab, und die Kristallisation tritt bei Abkühlung der Lösung ein (**Abkühlungsverfahren**).

Zusatzbemerkung: Die Löslichkeit dissoziierender Stoffe, wie z. B. von Salzen, kann auch durch das sog. **Löslichkeitsprodukt** charakterisiert werden. Wir behandeln dies im Kap. 6 (s. S. 113). Dort wird auch gezeigt, wie die Löslichkeit dieser Stoffe durch Zugabe anderer Substanzen beeinflußt werden kann.

3.3 Löslichkeit von Gasen in Flüssigkeiten

Stehen eine flüssige und eine gasförmige Phase in direktem Kontakt miteinander, so wird so viel Gas in Lösung gehen, bis sich die Flüssigkeit mit dem Gas gesättigt hat. Das tierische Leben im Wasser ist z. B. nur deshalb möglich, weil dort unter anderem auch Sauerstoff aus der Luft gelöst ist.

Als **Gaslöslichkeit** bezeichnet man das Verhältnis aus maximal lösbarem Gasvolumen V_G und dem zur Verfügung stehenden Lösungsmittelvolumen V_{LM}.

$$\text{Gaslöslichkeit} \quad L = \frac{V_G}{V_{LM}} \qquad (4)$$

Die Löslichkeit eines Gases ist sowohl vom Gasdruck als auch von der Lösungstemperatur abhängig. Nach **Henry** und **Dalton** gilt:

Bei konstanter Temperatur ist die Löslichkeit eines Gases seinem Partialdruck in der Gasphase proportional.

Wird dieser Partialdruck mit p_G (Gasphase) bezeichnet, so gilt für die Gaslöslichkeit die Beziehung:

$$L = A \cdot p_G \ (\text{Gasphase}) \qquad (5)$$

Der von der Temperatur, der Gasart sowie der Art des Lösungsmittels abhängige Proportionalitätsfaktor A wird als **Löslichkeits-** oder **Absorptionskoeffizient** bezeichnet. Er gibt an, wie groß die Löslichkeit des betreffenden Gases ist, wenn es auf die Lösungsmitteloberfläche einen ganz bestimmten Druck (z. B. einen Druck von 10^5 Pa) ausübt.

Rechenbeispiel. Der Löslichkeitskoeffizient von Sauerstoff in Wasser bei 20 °C beträgt $A = 0,031 \cdot 10^{-5}$ Pa^{-1} (d. h., wenn der Sauerstoff allein einen Druck von $1 \cdot 10^5$ Pa auf das Wasser ausübt, so besitzt er bei 20 °C eine Löslichkeit von 0,031). Wieviel Sauerstoff löst sich bei derselben Temperatur in 5 l Wasser, wenn dieses mit Luft von $1 \cdot 10^5$ Pa in Berührung steht? (Der Volumenanteil des Sauerstoffs in der Luft beträgt 21 %.)

Lösung: In Luft von $1 \cdot 10^5$ Pa ist der Druckanteil des Sauerstoffs

$$p_{O_2}(\text{Luft}) = 0,21 \cdot 10^5 \text{ Pa}.$$

Aus Gl. (5) ergibt sich somit für seine Löslichkeit bei diesem Druck

$$L = A \cdot p_{O_2}(\text{Luft})$$
$$= 0,031 \frac{1}{10^5 \text{ Pa}} \cdot 0,21 \cdot 10^5 \text{ Pa}$$
$$= 0,0065$$

Deshalb lösen sich unter den gegebenen Bedingungen in 5 l Wasser:

$$V_{O_2} = L \cdot V_{H_2O} = 0,0065 \cdot 5 \text{ l}$$
$$= 0,0325 \text{ l} \cong 32,5 \text{ ml}$$

Während die Löslichkeit der meisten Feststoffe mit steigender Temperatur zunimmt, können Gase durch Erwärmung aus Flüssigkeiten ausgetrieben werden.

Die Gaslöslichkeit nimmt mit steigender Temperatur ab.

Wichtige Anmerkung: Gl. (5) besitzt keine Gültigkeit, wenn das Gas beim Lösen mit dem Lösungsmittel reagiert. Z. B. kann die große Löslichkeit von Chlorwasserstoff in Wasser nicht mit Gl. (5) ermittelt werden, weil die HCl-Moleküle in der Lösung protolysieren und dabei H_3O^+- und Cl^--Ionen entstehen (s. auch „Protolyse" im Kap. 6, S. 104). Der Chlorwasserstoff liegt somit in zwei Formen vor: undissoziiert in der Gasphase und dissoziiert in der Lösung.

Gut anwendbar ist Gl. (5) dagegen z. B. auf Lösungen von H_2, O_2 und N_2 in Wasser.

3.4 Mischungen von Flüssigkeiten

Vollständige und begrenzte Mischbarkeit. Bei Zimmertemperatur können Wasser und Alkohol oder Toluol und Hexan in jedem beliebigen Verhältnis miteinander vermischt werden. Solche Flüssigkeitspaare nennt man **vollständig** oder **unbegrenzt mischbar.** Gibt man aber z. B. Phenol oder 1-Butanol zu Wasser, so tritt bei einer bestimmten Mischungszusammensetzung Sättigung ein, was man daran erkennt, daß sich zwei Phasen ausbilden. Diese Flüssigkeiten sind mit Wasser also nur **begrenzt mischbar.** Wasser und Öl lösen sich hingegen so gut wie gar nicht ineinander.

Zwei Flüssigkeiten sind in der Regel unbegrenzt mischbar, wenn die Moleküle beider Mischungspartner ein permanentes Dipolmoment besitzen, wie z. B. im System Wasser/Alkohol, oder wenn beide Flüssigkeiten aus unpolaren Molekülen bestehen, wie z. B. beim System Toluol/Hexan. Wird hingegen eine Flüssigkeit mit Dipolmolekülen und eine Flüssigkeit mit unpolaren Molekülen zusammengebracht, wie z. B. bei Wasser/Toluol oder Wasser/Hexan, so tritt meist nur begrenzte Mischbarkeit ein.

Als Faustregel kann man sich merken:

> Flüssigkeiten mit ähnlichen physikalischen Eigenschaften sind in der Regel unbegrenzt mischbar, Flüssigkeiten mit stärker abweichenden Eigenschaften mischen sich nur begrenzt oder gar nicht.

Entmischung. Oberhalb 67,5 °C sind Wasser und Phenol unbegrenzt mischbar. Bei Atmosphärendruck und 50 °C jedoch ist Wasser mit Phenol bereits gesättigt, wenn der Massenanteil an Phenol in der Mischung 14 % beträgt (Mischphase I). Nimmt man umgekehrt Phenol als Lösungsmittel und vermischt es mit Wasser, so tritt die Sättigung unter denselben äußeren Bedingungen bei einem Massenanteil von 36 % Wasser ein (Mischphase II).

Gibt man beide Partner in ungefähr gleichen Anteilen zusammen (Massenverhältnis $m_{\text{Wasser}} : m_{\text{Phenol}} \approx 1$), so entstehen die genannten Mischphasen ganz von selbst, d. h. das Wasser sättigt sich mit Phenol und das Phenol mit Wasser. Beide Mischungen setzen sich klar erkennbar voneinander ab. Diesen Vorgang bezeichnet man als **Entmischung** (s. Abb. 3.5).

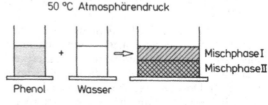

50°C und 1013 hPa	Massenanteil (%)		in Abb. 3.6
	Wasser	Phenol	
Mischphase I	86	14	Punkt A
Mischphase II	36	64	Punkt B

Abb. 3.5 Prinzip der Entmischung

> Als Entmischung bezeichnet man den Zerfall eines vermengten Stoffsystems in zwei Mischphasen unterschiedlicher Zusammensetzung.

Bei konstantem Druck ist die Zusammensetzung der entstehenden Mischphasen nur von der Temperatur abhängig. Diese Abhängigkeit ist in Abb. 3.6 für das System Wasser/Phenol graphisch dargestellt. (Abb. 3.6 ist aber nur ein Ausschnitt aus dem gesamten Zustandsdiagramm dieses Systems.) Das dunkel gezeichnete Gebiet bezeichnet man als **Mischungslücke,** weil sich die beiden Stoffe unter den dort vorliegenden Bedingungen entmischen. Die Zusammensetzungen der dabei entstehenden Mischphasen können aus den zugehörigen Schnittpunkten der Isothermen mit der Grenzkurve abgelesen werden (bei 50 °C sind es die Punkte A und B, s. Abb. 3.6).

> Ein Gebiet im Zustandsdiagramm eines Stoffsystems, in dem dieses in zwei Phasen unterschiedlicher Zusammensetzung entmischt, wird als Mischungslücke bezeichnet.

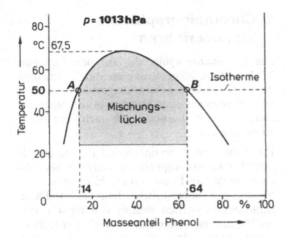

Abb. 3.6 Zustandsdiagramm Wasser/Phenol

Im Verteilungsgleichgewicht ist das Verhältnis der Konzentrationen eines auf zwei benachbarte Phasen verteilten Stoffes konstant:

$$\frac{c_S (\text{Phase I})}{c_S (\text{Phase II})} = k \qquad (6)$$

Die Konstante k wird **Nernstscher Verteilungskoeffizient** genannt. Ihr Wert hängt davon ab, wie gut der Stoff S unter den vorliegenden Bedingungen in beiden Phasen löslich ist. Die Größe von k ist jedoch (zumindest annähernd) unabhängig von der Ausgangskonzentration des Stoffes S in A. Der gelöste Stoff muß aber in beiden Phasen in gleicher Form (z. B. undissoziiert) vorliegen.

Unter den Bedingungen außerhalb der Mischungslücke entsteht beim Vermengen nur eine einzige, homogene Mischung. Bei 50 °C kann also Phenol in Wasser bis zu einem Massenanteil von 14 % gelöst werden, ohne daß Entmischung eintritt. Oberhalb 67,5 °C sind Wasser und Phenol sogar unbegrenzt mischbar. Diese Temperatur wird als **kritische Entmischungstemperatur** bezeichnet.

4. Verteilungssatz von Nernst

Gesetzmäßigkeit. In einer Flüssigkeit A sei ein Stoff S gelöst. Wird diese Lösung mit einer Flüssigkeit B überschichtet, die sich mit A nicht mischt, in der aber S ebenfalls löslich ist, so wird sich der ursprünglich nur in A gelöste Stoff im Laufe der Zeit auch auf B verteilen. Am Schluß liegen die Mischphasen A + S (Phase I) und B + S (Phase II) im Gleichgewicht nebeneinander vor (s. Abb. 3.7). In diesem **Verteilungsgleichgewicht** ändern sich die Konzentrationen von S in beiden Phasen zeitlich nicht mehr. **Nernst** stellte fest:

Praktische Bedeutung. Auf der unterschiedlich guten Verteilung von Stoffen zwischen zwei aneinandergrenzenden Phasen beruhen alle **Extraktionsverfahren.** Will man einen Stoff z. B. aus einer flüssigen Lösung extrahieren, so schüttelt man diese mit einer zweiten, mit dieser Lösung nicht-mischbaren Flüssigkeit, dem **Extraktionsmittel,** aus. Im Extraktionsmittel sollte der Stoff jedoch möglichst gut löslich sein. Durch das Ausschütteln kommt es zu einer großflächigen Berührung der beiden Phasen und damit zu einer schnelleren Einstellung des Verteilungsgleichgewichts, als wenn das System ganz sich selbst überlassen bliebe.

Der Extraktionseffekt kann erheblich erhöht werden, wenn man jedesmal das „beladene" Extraktionsmittel abtrennt und den Ausschüttelvorgang mehrfach mit frischer Extraktionsflüssigkeit wiederholt. Dabei erweist es sich als günstiger, die Lösung mehrfach mit einer geringen Flüssigkeitsmenge (V_1, V_2, ...) auszuschütteln, als nur einmal die gleiche Gesamtmenge ($V_{ges} = V_1 + V_2 + ...$) zu verwenden. (Die Konzentration in der Ausgangslösung nimmt nach den Gesetzen einer geometrischen Folge ab.) Die durch Extraktion gereinigte Flüssigkeit heißt **Raffinat,** der herausgezogene Stoff wird **Extrakt** genannt.

Besonders häufige Anwendung findet die Extraktion in der präparativen organischen Chemie, um Stoffe aus wäßrigen Lösungen oder Suspensionen herauszuziehen. Als Extraktionsmittel wird dabei häufig Ether verwendet; daher

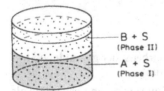

Abb. 3.7 Verteilungsgleichgewicht

hat sich hier auch der Name „**Ausethern**" eingebürgert.

Rechenbeispiel. In 1 l Wasser seien 0,2 g Iod gelöst. Wieviel Gramm Iod enthält die Lösung noch, wenn sie zweimal mit 50 ml Tetrachlorkohlenstoff bei 20 °C ausgeschüttelt wurde?

Der Verteilungskoeffizient von Iod zwischen CCl_4 und H_2O bei 20 °C beträgt $k = 83$.

Lösung: Wenn nach dem ersten Ausschütteln die Masse x an Iod im Wasser verbleibt, dann haben sich in den 50 ml CCl_4 $(0,2\ g - x)$ Iod gelöst. Die Konzentrationen betragen dann:

$$c_{I_2}(CCl_4) = \frac{0,2\ g - x}{0,05\ l} \quad \text{und}$$

$$c_{I_2}(H_2O) = \frac{x}{1\ l}.$$

Nach Nernst folgt somit:

$$\frac{c_{I_2}(CCl_4)}{c_{I_2}(H_2O)} = \frac{(0,2\ g - x) \cdot 1\ l}{0,05\ l \cdot x} = 83.$$

Daraus ergibt sich:

$0,2\ g - x = 83 \cdot 0,05 \cdot x \quad$ oder

$x = 0,0388\ g \quad (\hat{=} 38,8\ mg)$

Nach dem ersten Ausschütteln enthält die wäßrige Lösung 0,0388 g Iod.

Nach dem zweiten Ausschütteln soll sich dann die im Wasser enthaltene Masse Iod auf y verringert haben. Von den zweiten 50 ml CCl_4 wurden somit $(0,0388\ g - y)$ Iod aufgenommen. Daher gilt:

$$\frac{(0,0388\ g - y) \cdot 1\ l}{0,05\ l \cdot y} = 83$$

und daraus ergibt sich

$y = 0,0075\ g$

Nach dem zweiten Ausschütteln enthält das Wasser nur noch 0,0075 g ($\hat{=}$ 7,5 mg) Iod.

Wäre die ursprüngliche wäßrige Iod-Lösung nur einmal, aber mit 100 ml Tetrachlorkohlenstoff ausgeschüttelt worden, so wären darin 0,0215 g Iod verblieben – anstelle von 0,0075 g nach zweimaligem Ausschütteln mit je 50 ml CCl_4. Vielleicht versuchen Sie einmal, dieses Ergebnis rechnerisch nachzuvollziehen.

5. Chromatographische Trennverfahren

Die **Chromatographie**, die auf den Biologen **M. Tswett** zurückgeht, ist eine Standardmethode der Chemie, um Substanzgemische zu trennen, zu reinigen oder Mischungszusammensetzungen sowohl qualitativ wie auch quantitativ zu bestimmen.

Das Trennprinzip beruht darauf, daß die einzelnen Mischungskomponenten von einer **beweglichen (mobilen) Phase** unterschiedlich schnell durch eine **unbewegliche (stationäre) Phase** transportiert werden, weil sie von der stationären Phase verschieden stark festgehalten (adsorbiert) werden oder weil sie sich unterschiedlich auf die mobile und stationäre Phase verteilen (s. auch Abschn. 4, S. 43 f.).

Bevor wir die einzelnen chromatographischen Verfahren behandeln, gehen wir noch kurz auf das Wesen der Adsorption ein.

Das Wesen der Adsorption. Während die Teilchen im Innern einer Phase allseitig von Nachbarn umgeben sind, fehlt denjenigen an der Oberfläche ein Partner (s. Abb. 3.8). Deshalb sind die Oberflächenteilchen in der Lage, Teilchen einer angrenzenden Phase festzuhalten. Diesen Vorgang bezeichnet man als **Adsorption.**

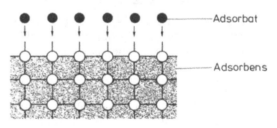

Abb. 3.8   Adsorption

> Die Bindung von Teilchen an der Oberfläche eines anderen Stoffes bezeichnet man als Adsorption.

Der Stoff, der den anderen bindet, heißt **Adsorptionsmittel** oder **Adsorbens**, der gebundene Stoff wird **Adsorbat** genannt.

Adsorption wird häufig zwischen Feststoffen als Adsorbens und Flüssigkeiten oder Gasen als

Adsorbat beobachtet. Das Adsorbens kann allerdings auch eine Flüssigkeit sein, aber niemals ein Gas, da diese keine festen Oberflächen ausbilden.

Die durch Adsorption hervorgerufene Bindung an der Oberfläche kann physikalischer oder chemischer Natur sein; es kommen aber auch Übergänge zwischen diesen beiden Grenzfällen vor. Bei der Adsorption mit physikalischer Bindung handelt es sich um ein reines Festhalten ohne chemische Veränderungen der beteiligten Stoffe (**Physisorption**). Entstehen dagegen an der Oberfläche neue chemische Verbindungen, so spricht man von **Chemisorption**.

Bei jeder Temperatur werden vom Adsorbens nicht nur Teilchen des Adsorbats festgehalten, sondern auch bereits adsorbierte Teilchen wieder freigesetzt (**Desorption**). Wird das System von außen nicht gestört, so stellt sich jeweils ein Gleichgewicht zwischen Adsorption und Desorption ein. Bei tiefen Temperaturen überwiegen bis zur Einstellung dieses Gleichgewichts die Adsorptionsvorgänge, mit zunehmender Temperatur treten die Desorptionsvorgänge mehr und mehr in den Vordergrund. Von einer bestimmten Menge Adsorbens wird also bei je-

der Temperatur nur eine ganz bestimmte Menge eines Adsorbats „aufgenommen". Die **Adsorptionskapazität**, also die von einer bestimmten Menge Adsorbens höchstens adsorbierbare Stoffmenge, hängt außer von der Temperatur auch von der Art des Adsorbats und besonders auch von der Oberflächengröße des Adsorbens ab. Je größer die Oberfläche ist, umso mehr Teilchen gibt es, die in der Lage sind, das Adsorbat an sich zu binden. Als Adsorptionsmittel kommen daher nur sehr oberflächenreiche Stoffe (wie z. B. Aktivkohle, Silicagel) in Frage.

Einteilungsmöglichkeiten chromatographischer Verfahren. Die chromatographischen Verfahren können nach den unterschiedlichsten Kriterien eingeteilt werden: nach dem Arbeitsverfahren, dem Trennprinzip, der Arbeitstechnik und den Aggregatzuständen von stationärer und mobiler Phase. Einen Überblick über die verschiedenen Einteilungsmöglichkeiten gibt Tab. 3.1.

5.1 Säulenchromatographie

Unter dem Begriff **Säulenchromatographie** faßt man allgemein alle Chromatographieverfahren zusammen, bei denen die Trennstrecke mit der stationären Phase die Form einer mehr oder weniger langen Säule besitzt.

Obwohl Trennsäulen auch bei der Gaschromatographie, der Ionenaustauschchromatographie oder der Gelchromatographie verwendet werden, behandeln wir diese Verfahren in eigenen Abschnitten, weil sie völlig unterschiedliche Anwendungsgebiete besitzen und sich deshalb auch als eigenständige Chromatographieverfahren etabliert haben.

Die Säulenchromatographie im engeren Sinn wird meistens dazu benutzt, um eine oder mehrere Komponenten aus einer flüssigen Mischung abzutrennen. Als Trennsäule verwendet man ein Glasrohr geeigneter Größe, das mit einem Sorptionsmittel (z. B. Al_2O_3, $CaCO_3$, SiO_2) gefüllt ist. Zur Trennung des Substanzgemisches gibt es verschiedene Arbeitstechniken.

Frontaltechnik. Man gibt das Gemisch kontinuierlich am Säuleneingang auf und läßt es durch die Säule laufen (s. Abb. 3.9). Die Mischung ist also selbst die mobile Phase. Ihre Komponenten werden unterschiedlich stark an das Adsorbens gebunden. Diejenige Kompo-

Tab. 3.1 Einteilungsmöglichkeiten chromatographischer Trennverfahren

Einteilung nach dem Arbeitsverfahren	Säulenchromatographie Gaschromatographie Ionenaustauschchromatographie Gelchromatographie Dünnschichtchromatographie Papierchromatographie
Einteilung nach dem Trennprinzip	Adsorption Verteilung Ionenaustausch Siebwirkung
Einteilung nach dem Aggregatzustand von mobiler/ stationärer Phase	flüssig/fest (LSC) flüssig/flüssig (LLC) gasförmig/fest (GSC) gasförmig/flüssig (GLC) L: liquid = flüssig S: solid = fest G: gas = gasförmig C: Chromatographie
Einteilung nach der Arbeitstechnik	Frontaltechnik Elutionstechnik Verdrängungstechnik

nente, die am geringsten von der stationären Phase adsorbiert wird, kann die Säule am schnellsten verlassen, während sich im Adsorbens die stärker gebundenen Mischungskomponenten immer mehr anreichern. Am Ausgang der Säule kann man also solange einen reinen Mischungsbestandteil abnehmen, bis die Adsorptionskapazität der Säule für eine andere Mischungskomponente überschritten ist und dann auch dieser Stoff nachdrängt.

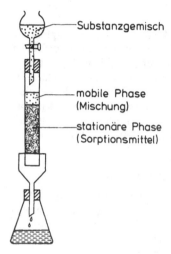

Abb. 3.9   Säulenchromatographie

Eluiertechnik (Ausspültechnik). Bei der Eluiertechnik gibt man nur eine begrenzte Probenmenge am Eingang der Trennsäule auf. Diese soll vollständig vom Adsorptionsmittel aufgenommen werden. Um die Mischungskomponenten zu trennen, leitet man einen Strom eines inerten flüssigen oder gasförmigen Lösungsmittels (mobile Phase) durch die Säule. Diese mobile Phase soll von der stationären Phase möglichst nicht adsorbiert werden.

Einerseits sind die Mischungskomponenten an der stationären Phase unterschiedlich stark adsorbiert, andererseits besitzen sie in der mobilen Phase eine verschieden große Löslichkeit. Das ständige Wechselspiel von Adsorption und In-Lösung-gehen führt dazu, daß die verschiedenen Mischungskomponenten von der mobilen Phase unterschiedlich schnell durch die Säule geführt, also **selektiv ausgespült** werden. Diesen Vorgang bezeichnet man als **Elution**; das Lösungsmittel wird **Elutionsmittel** genannt.

Bei der Elutionstechnik ist stets zu beachten, daß die getrennten Substanzen zusammen mit dem Elutionsmittel austreten.

Verdrängungstechnik. Von der Verdrängungstechnik spricht man dann, wenn die mobile Phase von der stationären Phase stärker adsorbiert wird als die Komponenten des vorher aufgebrachten Gemisches. Dann werden die ursprünglich absorbierten Mischungskomponenten je nach ihrer Bindungsstärke zum Adsorptionsmittel von der mobilen Phase verschieden stark verdrängt und vor deren Front hergeschoben (s. Abb. 3.10). Der Nachteil der Verdrängungstechnik ist, daß eine scharfe Trennung der Mischungskomponenten nicht gelingt.

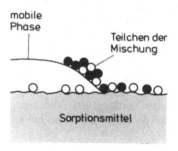

Abb. 3.10   Verdrängungstechnik

5.2 Gaschromatographie

Die Gaschromatographie nimmt heute unter allen säulenchromatographischen Trennverfahren sicherlich die Spitzenstellung ein. Sie ermöglicht eine schnelle Trennung von Gasmischungen oder von flüssigen Substanzgemischen, die sich bis ca. 400 °C verdampfen lassen. Mit Hilfe des Chromatogramms läßt sich die qualitative und quantitative Zusammensetzung der Mischung analysieren.

Prinzipieller Aufbau eines Gaschromatographen. In Abb. 3.11 ist der Aufbau eines Gaschromatographen schematisch dargestellt. Einer Gasflasche (1) wird ein **inertes Trägergas** (meist Wasserstoff oder aus Sicherheitsgründen auch Helium) entnommen und kontinuierlich durch den Chromatographen geleitet. Die Strömungsgeschwindigkeit dieses Gases muß während des Chromatographierens konstant gehalten wer-

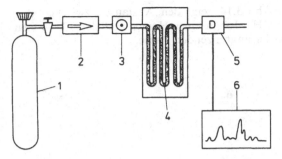

Abb. 3.11 Prinzipieller Aufbau eines Gaschromatographen

den und wird deshalb mit dem **Strömungsmesser** (2) kontrolliert.

Das zu trennende flüssige oder gasförmige Substanzgemisch wird dem Trägergas durch den **Einspritzblock** (3) mit Hilfe einer Injektionsspritze beigemengt. Der Einspritzblock ist beheizt, so daß auch flüssige Proben in den dampfförmigen Zustand überführt werden. Zusammen mit dem Trägergas (mobile Phase) wird die Mischung zur ebenfalls beheizten **Trennsäule** (4) transportiert. Die Trennsäule ist ein meist spiralförmig gewickeltes, dünnes Rohr von ca. 1 m bis 4 m Länge und 2 mm bis 10 mm Durchmesser, das entweder eine feste (**Adsorptionssäule**) oder flüssige stationäre Phase (**Verteilungssäule**) enthält.

Zum Durchsetzen dieser Säule benötigen die Mischungskomponenten unterschiedlich lange Zeiten, weil sie verschieden stark an das Adsorptionsmittel gebunden werden bzw. weil ihre Verteilung auf die stationäre und mobile Phase unterschiedlich ist. Daher gelangen sie zeitversetzt auf den **Detektor** (5) und erzeugen hier ein ihrer Menge proportionales Meßsignal. Die Aufzeichnung aller im Laufe der Zeit erhaltenen Meßsignale ergibt das **Chromatogramm** des Gemisches, das von einem **Schreiber** (6) aufgezeichnet wird.

Für eine gute Trennung sind sowohl die Versuchsparameter (wie die Säulentemperatur und die Strömungsgeschwindigkeit des Trägergases) als auch die richtige Auswahl des Säulenmaterials von großer Bedeutung.

Gaschromatogramm. Aus dem Gaschromatogramm läßt sich sowohl die qualitative wie auch

quantitative Zusammensetzung der Probe ermitteln. Bei festen Versuchsbedingungen (konstante Gasströmungsgeschwindigkeit, bestimmtes Trennmaterial und Trägergas, gleichbleibende Säulentemperatur) sind die Zeiten t_{rA}, t_{rB}, ..., nach denen jeweils eine bestimmte **Substanzbande** erscheint (s. Abb. 3.12), charakteristisch für die betreffenden Mischungskomponenten. t_{rA}, t_{rB}, ... werden **Retentionszeiten** genannt, was „Verweilzeiten" bedeutet.

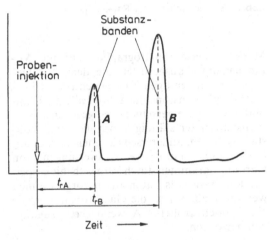

Abb. 3.12 Gaschromatogramm

Zur qualitativen Analyse des Probengemisches vergleicht man die erhaltenen Retentionszeiten mit den Retentionszeiten von bekannten Testgemischen (**Standards**). Übereinstimmende Retentionszeiten lassen auf gleichartige Mischungskomponenten schließen.

Die **Bandenflächen** sind dagegen ein Maß für die Konzentrationen der betreffenden Komponenten im Probengemisch. Die Bestimmung dieser Flächen kann z. B. durch **Ausplanimetrieren** oder durch **Ausschneiden und Abwägen** der Banden erfolgen. Zur einfachen rechnerischen Ermittlung ersetzt man die tatsächliche Bande durch ein Rechteck, dessen Höhe der **Peakhöhe** h und dessen Breite der **Peakbreite** $b_{1/2}$ auf halber Peakhöhe entspricht (s. Abb. 3.13). Die Bandenfläche ist dann in guter Näherung gleich dem Produkt $F = h \cdot b_{1/2}$. Gibt es eine Eichkurve für den Zusammenhang zwischen Bandenfläche und Konzentration, so läßt sich angeben, wie sich die Probe quantitativ zusammensetzt.

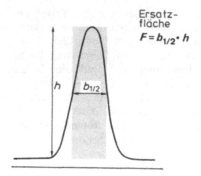

Abb. 3.13 Ermittlung der Peakfläche

Moderne Gaschromatographen sind mit **Mikrocomputern** ausgerüstet, die dem Benutzer viele der notwendigen Tätigkeiten beim Chromatographieren abnehmen. Mit Hilfe des Computers werden einerseits die eingegebenen Versuchsparameter ständig kontrolliert und konstant gehalten, andererseits können auch qualitative und quantitative Auswertungen von Chromatogrammen durch Vergleich mit gespeicherten Standards automatisch vorgenommen werden. Dadurch ist die Gaschromatographie einem noch größeren Anwenderkreis zugänglich geworden.

5.3 Ionenaustauschchromatographie

Ionenaustauscher sind möglichst oberflächenreiche Stoffe, die ihre eigenen Ionen bereitwillig gegen die Ionen einer angrenzenden, flüssigen Phase austauschen. Bekannte anorganische Austauscherstoffe sind die Natrium- oder Calciumsilicate, die auch als **Zeolithe** bezeichnet werden. In der Chromatographie werden heute jedoch meistens mikroporöse, hochpolymere **Austauscherharze** verwendet.

Man unterscheidet zwischen **Kationen-** und **Anionenaustauschern**. Kationenaustauscher sind z. B. mit H^+-Ionen beladene Harze, wobei die H^+-Ionen gegen andere positiv geladene Ionen (Kationen) aus der angrenzenden, mobilen Phase ausgetauscht werden können. Abb. 3.14 zeigt den Austausch von H^+- durch Na^+-Ionen.

Bei den Anionenaustauschern, z. B. bei einem mit OH^--Ionen beladenen Harz, werden negativ geladene Ionen (Anionen) zwischen der stationären und mobilen Phase ausgetauscht.

Abb. 3.14 zeigt den Austausch zwischen den OH^--Ionen eines Harzes und den Cl^--Ionen der angrenzenden Phase.

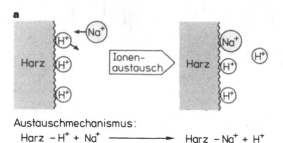

Austauschmechanismus:

$$Harz - H^+ + Na^+ \longrightarrow Harz - Na^+ + H^+$$

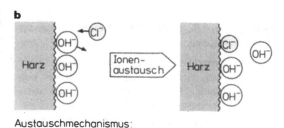

Austauschmechanismus:

$$Harz - OH^- + Cl^- \longrightarrow Harz - Cl^- + OH^-$$

Abb. 3.14   Ionenaustausch,
a Kationenaustauscher, **b** Anionenaustauscher

Das Prinzip der Ionenchromatographie beruht darauf, die Ionen eines Gemisches aufgrund ihrer unterschiedlich großen Affinität zum Tauschermaterial voneinander zu trennen. Abb. 3.15 erläutert dieses Prinzip am Beispiel der Trennung und Detektion eines Gemisches mit Cl^-- und NO_3^--Ionen: Die Probe (z. B. eine $NaCl/NaNO_3$-Lösung) wird zusammen mit einem Elutionsmittel auf die Trennsäule, die mit einem Anionen- und einem Kationentauscher gefüllt ist, gegeben. Da die Chlorid-Ionen eine geringere Affinität zum Austauscherharz (Harz-OH^-) besitzen als die Nitrat-Ionen, werden sie vom Elutionsmittel schneller durch den Anionentauscher gespült als diese (Trennung). Cl^-- und NO_3^--Ionen gelangen somit zeitlich versetzt in den Kationentauscher (Harz-H^+), wo die ebenfalls im Probengemisch enthaltenen Na^+- gegen H^+-Ionen ausgetauscht werden. Am Ausgang der Trennsäule tritt daher zuerst eine HCl und zu einem späteren Zeitpunkt eine HNO_3-Lösung aus, die jeweils einen deutlichen Leitfähigkeitsanstieg in der nachfolgenden Meßzelle verursachen (s. Peakfolge im Chromatogramm der Abb. 3.15).

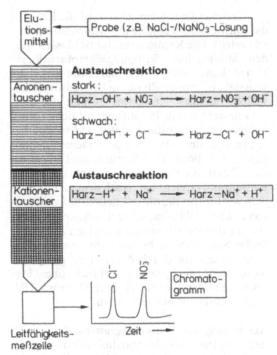

Abb. 3.15   Prinzip der Ionenaustauschchromatographie

5.4 Gelchromatographie

Als Gelchromatographie bezeichnet man eine spezielle Art der Säulenchromatographie, bei der die Komponenten eines Gemisches aufgrund der **unterschiedlichen Molekülgröße** voneinander getrennt werden.

Die stationäre Phase besteht dabei aus den Perlen eines Gels (z. B. Kieselgel), die im gequollenen Zustand von Kanälen unterschiedlich großen Durchmessers durchsetzt sind.

Wird das Substanzgemisch am Säuleneingang aufgegeben und mit einem Fließmittel durch die stationäre Phase gespült, so dringen die kleinen Moleküle durch die Poren in die Kanäle des Gels ein und werden daher länger in der stationären Phase gehalten als die großen Moleküle, die nur außen an den Gelperlen vorbeiwandern können, weil sie für die Kanäle zu groß sind.

Die größten Moleküle werden somit die Trennsäule zuerst verlassen, während die kleineren wegen ihres längeren Weges durch die Kanäle erst zu späterer Zeit nachdrängen. Das Gemisch wird daher in seine Komponenten nach unterschiedlicher Molekülgröße aufgetrennt

(s. Abb. 3.16). Die **Gelchromatographie** wird wegen ihres Siebeffekts auch als **Gelfiltration** oder als **Molekülsiebung** bezeichnet. Die stationäre Phase, also das Gel, ist das **Molekülsieb**.

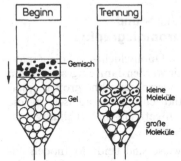

Abb. 3.16   Prinzip der Gelchromatographie

5.5 Hochdruck-Flüssigkeits-Chromatographie (HPLC)

In der letzten Zeit hat die Flüssig-Säulenchromatographie durch die Entwicklung besonders leistungsfähiger Apparaturen einen erneuten Aufschwung erfahren. Eine der neuen Varianten trägt die Abkürzung **HPLC** oder vollständig: **High-Pressure-Liquid-Chromatography**, was übersetzt „Hochdruck-Flüssigkeits-Chromatographie" bedeutet.

Während das Elutionsmittel bei der normalen Flüssig-Säulenchromatographie sich selbst überlassen mehr oder weniger langsam durch die Säule fließt, wird es bei der HPLC unter **hohem Druck** durch eine kapillarartige, meist einige Meter lange Trennsäule gepumpt. Dadurch wird die zuvor injizierte, flüssige Mischung wesentlich schneller, aber auch schärfer aufgetrennt als bei der herkömmlichen Säulenchromatographie.

Am Ausgang der Säule wird z. B. die Lichtabsorption oder die Refraktion jeder Mischungskomponente gemessen und dadurch das Chromatogramm erstellt.

Ähnlich wie bei modernen Gaschromatographen helfen auch hier Computer bei der Kontrolle der Versuchsparameter und bei der Auswertung der Chromatogramme.

Die Hochdruck-Flüssigkeits-Chromatographie ist der Gaschromatographie von der Technik her sehr ähnlich. Sie hat aber den großen Vorteil, daß die Gemische vor ihrer Trennung nicht verdampft werden müssen und deshalb auch solche Mischungen untersucht werden können, die sich nur sehr schwer verdampfen lassen oder sich beim Verdampfen zersetzen würden.

5.6 Dünnschicht- und Papierchromatographie

Arbeitsweise. Die Dünnschicht- und die Papierchromatographie werden dann eingesetzt, wenn geringe Mischungsmengen ohne großen apparativen Aufwand chromatographisch in die Komponenten aufgetrennt und qualitativ analysiert werden sollen.

In der Arbeitsweise sind beide Methoden nahezu gleich; sie unterscheiden sich jedoch in der Art der stationären Phase. Daher lassen sich mit der Dünnschicht- und Papierchromatographie unterschiedliche Substanzgemische unterschiedlich gut trennen.

Wir beschränken uns hier auf die Beschreibung der häufiger durchgeführten Dünnschichtchromatographie (DC).

Auf einer Platte (meist aus Glas oder Kunststoff) ist eine dünne Adsorptionsmittelschicht (stationäre Phase) aufgebracht. Diese Anordnung wird **DC-Karte** genannt. (Bei der Papierchromatographie ist die stationäre Phase ein Streifen aus Filterpapier.)

Auf der Adsorptionsschicht der DC-Karte wird die **Startlinie** markiert. Dort bringt man dann einen kleinen Tropfen der zu analysierenden Lösung auf und läßt ihn eintrocknen (s. Abb. 3.17).

Zur Trennung des Gemisches wird die Karte in die **Entwicklungskammer** mit dem Elutionsmittel gestellt. Die Kammer muß verschlossen werden, damit sich der Sättigungsdampfdruck einstellen kann. Durch Kapillarkräfte wird die Flüssigkeit (mobile Phase) in der Adsorptionsschicht hochgesaugt. Dabei kommt das Elutionsmittel auch in Berührung mit dem vorher aufgetragenen Substanztropfen und zerlegt diesen beim weiteren Hochsteigen in seine Komponenten (Elution). Der Versuch wird abgebrochen, bevor die Lösungsmittelfront den oberen Plattenrand erreicht hat. Nach dem Herausnehmen wird sofort die obere Fließmittelfront markiert. Man läßt die Karte trocknen und bestimmt dann die Lage der einzelnen Substanzflecke. Sind diese nicht von vorn herein farbig, können sie meist durch Aufsprühen geeigneter Reagentien (die spezielle Farbreaktionen hervorrufen) oder auch durch Bestrahlen mit UV-Licht sichtbar gemacht werden.

Auswertung des Chromatogramms. Man stellt den Abstand L von der Startlinie zur oberen Lösungsmittelfront und den Abstand a von der Startlinie zu einem Substanzfleck A fest (s. Abb. 3.18). Der Quotient aus a und L ist bei einem bestimmten Chromatographiesystem (Adsorptionsschicht, Elutionsmittel, Temperatur) eine charakteristische Größe für die betreffende Substanz. Er wird als R_f-**Wert** bezeichnet:

$$R_f = \frac{a}{L} \tag{7}$$

Durch Vergleich der experimentell bestimmten R_f-Werte mit den R_f-Werten von Testsubstanzen können die Mischungskomponenten analysiert werden.

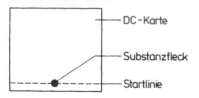

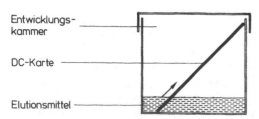

Abb. 3.17   Dünnschichtchromatographie

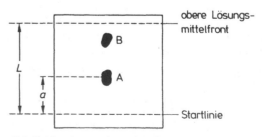

Abb. 3.18   Auswertung des Chromatogramms

Wichtige Hinweise: Die experimentell bestimmbaren R_f-Werte hängen von einigen Einflußfaktoren, wie der Dicke der Adsorptionsschicht, der Vorbehandlung der DC-Karte oder dem Sättigungszustand in der Entwicklungskammer ab, die nur sehr schwer oder gar nicht kontrollierbar sind. Für eine exakte und objektive Analyse ist es daher ratsam, im gleichen Versuch eine oder mehrere **Vergleichssubstanzen** (Standards), die man in der Mischung vermutet, mitlaufen zu lassen. Der Vergleich der R_f-Werte von Mischungskomponente und Standard läßt dann eine genauere Analyse zu.

Mitunter wird durch einmaliges Chromatographieren noch keine genügend gute Trennung erzielt. In solchen Fällen führt man meist eine **zweidimensionale Chromatographie** durch. Dazu stellt man die bereits einem Trennungsvorgang unterworfene DC-Karte erneut, aber um 90° gedreht in die Entwicklungskammer und verwendet im allgemeinen auch ein anderes Elutionsmittel. Dadurch werden die bereits teilweise getrennten Substanzen nun abermals, aber in der anderen Richtung der DC-Karte (2. Dimension, s. Abb. 3.19) zerlegt.

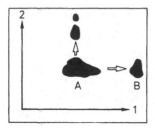

Abb. 3.19 Zweidimensionale Dünnschichtchromatographie

6. Diffusion und Osmose

Diffusion als Ursache für das Entstehen von Mischphasen. Stellt man, wie in Abb. 3.20 gezeigt, einen mit Brom-Dampf und einen mit Luft gefüllten Standzylinder mit ihren Öffnungen übereinander, so kann man beobachten, daß die bräunliche Färbung des Broms in den mit Luft gefüllten Zylinder eindringt und sich schließlich auf das gesamte Volumen verteilt.

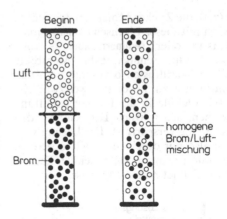

Abb. 3.20 Selbständige Durchmischung

Ebenso durchsetzt aber auch die Luft den Bromdampf. In der Fachsprache sagt man: „Die Gase diffundieren ineinander" und bezeichnet diesen selbständig ablaufenden Durchmischungsvorgang als **Diffusion**. Ursache dieser Diffusion sind die anfänglichen **Konzentrationsunterschiede beider Stoffe** im Mischungsvolumen. Erst wenn diese ausgeglichen sind und eine homogene Stoffverteilung vorliegt, kommt die Diffusion – äußerlich gesehen – zum Stillstand.

Selbständig ablaufende Vermischungen kann man auch bei verschiedenen Flüssigkeiten – sofern diese überhaupt mischbar sind – oder zwischen unterschiedlich konzentrierten, flüssigen Lösungen beobachten. Ebenso können Gasteilchen in Feststoffe eindiffundieren.

Wir halten fest:

Den unter dem Einfluß von Konzentrationsunterschieden stattfindenden Teilchentransport bezeichnet man als Diffusion.

Diffusion durch eine semipermeable Membran. Bringt man eine flüssige Lösung mit dem reinen Lösungsmittel zusammen (z. B. eine wäßrige Zuckerlösung mit Wasser), so vermischen sich beide Flüssigkeiten infolge der gegenseitigen Diffusion völlig miteinander.

Die völlige Durchmischung wird jedoch verhindert, wenn die Lösung und das reine Lösungsmittel durch eine Membran getrennt sind, die zwar die Lösungsmittelmoleküle (z. B. die Wasser-Moleküle), nicht aber die größeren gelösten

Teilchen (z. B. die Zucker-Moleküle) durchläßt. Membranen mit dieser Eigenschaft nennt man teildurchlässig oder **semipermeabel** (s. Abb. 3.21). Durch eine semipermeable Membran läuft die Teilchendiffusion bevorzugt vom reinen Lösungsmittel zur Lösung ab, weil zwar Lösungsmittelmoleküle in die Lösung eindiffundieren können, den gelösten Teilchen aber der umgekehrte Weg versperrt ist. Die Lösung verdünnt sich also nur durch zusätzlich in sie eindiffundierende Lösungsmittelmoleküle. Diesen Vorgang bezeichnet man als **Osmose**.

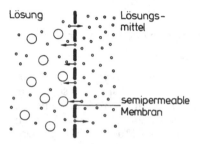

Abb. 3.21 Osmose

Sind zwei Lösungen mit unterschiedlichen Konzentrationen durch eine semipermeable Membran getrennt, so diffundiert das Lösungsmittel bevorzugt von der verdünnteren in die konzentriertere Lösung ein. Dadurch gleichen sich die Konzentrationen einander an.

Merken Sie sich:

> Die durch eine semipermeable Membran bevorzugt in Richtung der konzentrierteren Lösung ablaufende Lösungsmitteldiffusion heißt Osmose.

Die Osmose kann anschaulich auch so interpretiert werden, daß jeweils von der konzentrierteren Lösung ein „Sog" ausgeht, der zusätzliches Lösungsmittel in sie hineinzieht. Die Osmose führt somit immer zur Verdünnung der konzentrierteren Lösung und der Sog kennzeichnet das Verdünnungsbestreben.

Osmotischer Druck. Pergamentpapier, Cellophanpapier oder tierische Häute wirken für viele wäßrige Lösungen als semipermeable Membranen; sie lassen nur die Wasser-Moleküle durch. Wird ein Glasrohr an einem Ende mit einer solchen Membran verschlossen, so entsteht auf einfache Weise eine **osmotische Zelle** (s. auch Abb. 3.22). Wird diese Zelle z. B. mit einer Zucker-Lösung gefüllt und dann in reines Wasser gestellt, so steigt der Flüssigkeitsspiegel im Rohr an, weil Wasser durch die Membran in die Lösung eindringt. Die wachsende Flüssigkeitssäule übt aber auf der Seite der Lösung einen zunehmenden Druck auf die Membran aus. Dadurch wird das Eindiffundieren von Wassermolekülen in wachsendem Maße verhindert und kommt – äußerlich gesehen – schließlich ganz zum Stillstand, weil zu jeder Zeit ebenso viele Wasser-Moleküle in die Lösung eindringen, wie umgekehrt wieder in das Wasser zurückgedrängt werden. Diesen Zustand bezeichnet man als das **osmotische Gleichgewicht**. Im Gleichgewicht verändert sich die Höhe der Flüssigkeitssäule nicht mehr. Die Differenz der hydrostatischen Drücke auf beiden Seiten der Membran ($p = \varrho \cdot g \cdot h$) bezeichnet man als den **osmotischen Druck** π der Lösung. Ist der osmotische Druck groß, so mußte bis zum Erreichen des osmotischen Gleichgewichts viel Lösungsmittel in die Zelle eindiffundieren. Die Lösung hatte dann ein großes „Verdünnungsbestreben".

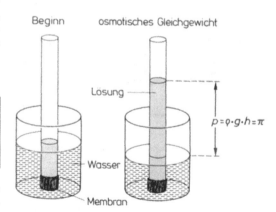

Abb. 3.22 Zur Erklärung des osmotischen Drucks

> Der osmotische Druck einer Lösung ist die Druckdifferenz zwischen der Lösung und dem reinen Lösungsmittel im osmotischen Gleichgewicht. Je größer der osmotische Druck einer Lösung, desto größer ist ihr Verdünnungsbestreben.

Sind zwei Lösungen mit unterschiedlichen osmotischen Drücken π_1 und π_2 durch eine semipermeable Membran getrennt, so „saugt" die Lösung mit dem größeren osmotischen Druck Lösungsmittel aus der anderen Lösung zu sich hinüber, weil sie das größere Verdünnungsbestreben besitzt (s. Abb. 3.23).

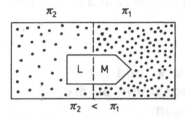

Abb. 3.23 Zwei Lösungen mit unterschiedlichem osmotischen Druck

Die Gleichung von van't Hoff. Der niederländische Chemiker van't Hoff leitete aus experimentellen Befunden das folgende Gesetz ab:

> Der osmotische Druck verdünnter Lösungen ist der Konzentration der gelösten Teilchen proportional.

Die experimentellen Befunde von van't Hoff ergaben weiter, daß sich die osmotischen Drücke verdünnter Lösungen (bis zu Konzentrationen von ca. 0,1 mol/l) wie Gasdrücke berechnen lassen und für solche Lösungen auch unabhängig von der Art der gelösten Teilchen sind.

Ist v die in Lösung gebrachte Stoffmenge, V das Lösungsvolumen und T die Absoluttemperatur, so gilt:

$$\pi = \frac{v}{V} \cdot R \cdot T = c \cdot R \cdot T \qquad (8)$$

Gl. (8) gilt nicht für kolloidale Lösungen. Ihr osmotischer Druck ist bedeutend kleiner als sich aus Gl. (8) ergeben würde.

Bei verdünnten Lösungen dissoziierender Stoffe ist die Teilchenkonzentration durch den Ausdruck der Gl. (2) (s. S. 39) zu ersetzen. Es gilt dann:

$$\pi = c \cdot [1 + (n-1) \cdot \alpha] \cdot R \cdot T.$$

Da die Lösungen dissoziierender Stoffe mehr Teilchen als Lösungen undissoziierter Stoffe von gleicher Konzentration c enthalten, besitzen sie auch einen größeren osmotischen Druck.

Rechenbeispiel. Wie groß ist der osmotische Druck einer Zucker-Lösung mit $c = 0,05 \,\text{mol} \cdot \text{l}^{-1}$ bei 293 K?

Lösung: Die Zucker-Moleküle dissoziieren nicht. Mit Gl. (8) ergibt sich:

$$\pi = 50 \,\frac{\text{mol}}{\text{m}^3} \cdot 8,31 \,\frac{\text{N} \cdot \text{m}}{\text{mol} \cdot \text{K}} \cdot 293 \,\text{K}$$

$$= 121\,740 \,\frac{\text{N}}{\text{m}^2} \approx 1,2 \cdot 10^5 \,\text{Pa}$$

(Das ist mehr als Atmosphärendruck.)

Osmose in pflanzlichen Zellen und im Blut. Die Osmose ist für alle Lebensvorgänge von großer Bedeutung, da die Zellwände tierischer und pflanzlicher Gewebe semipermeabel sind und deshalb den Stoffwechsel ermöglichen.

Legt man z. B. Blumenblätter in eine Kochsalz-Lösung, so welken sie, weil die Lösung im Innern der Zellen einen geringeren osmotischen Druck besitzt als die umgebende Kochsalzlösung und den Zellen deshalb Wasser entzogen wird. Aus demselben Grund beginnt auch jeder Rettich nach dem Einsalzen zu „schwitzen".

Auch Blutkörperchen können als osmotische Zellen aufgefaßt werden. Die **physiologische Kochsalz-Lösung**, die bei Operationen als Blutersatz gespritzt wird, muß denselben osmotischen Druck besitzen wie das Blut, damit die Blutkörperchen nicht durch Eindringen bzw. Entzug von Wasser platzen bzw. schrumpfen. Da der osmotische Druck des Bluts $7,75 \cdot 10^5$ Pa bei 37 °C beträgt, muß die Kochsalz-Lösung eine Konzentration von 0,15 mol/l (ca. 1%ig) haben. Bei der Berechnung dieser Konzentration muß berücksichtigt werden, daß Natriumchlorid nahezu vollständig ($\alpha \approx 1$) in Na^+- und Cl^--Ionen zerfällt ($n = 2$) und daher die Gleichung für dissoziierende Stoffe angewendet werden muß. (Vielleicht versuchen Sie einmal, diese Rechnung durchzuführen.)

Umgekehrte Osmose. Bei der freiwillig ablaufenden Osmose diffundiert das Lösungsmittel stets in die konzentriertere Lösung. Die Richtung der Osmose läßt sich jedoch umkehren, wenn auf der Seite dieser Lösung künstlich ein so großer Überdruck ausgeübt wird, daß das Lösungsmittel durch die Membran zurückgepreßt wird. Diesen Vorgang bezeichnet man als umgekehrte Osmose. Die Lösung, die eigentlich das Bestreben hat sich zu verdünnen, wird dadurch immer konzentrierter und im Extremfall bleibt nur das Gelöste übrig.

Wir folgern also:

> Durch umgekehrte Osmose lassen sich Gelöstes und Lösungsmittel voneinander trennen.

Das Verfahren der umgekehrten Osmose (auch Reversosmose genannt) wird zur Herstellung von Trinkwasser aus Meerwasser und zur Entsalzung von Wasser angewendet.

Dialyse. Die Poren mancher Membranen sind so groß, daß zwar die Teilchen echter Lösungen, nicht aber die wesentlich größeren Kolloidteilchen durchgelassen werden. Mit solchen Membranen können kolloidale Lösungen von niedermolekularen Stoffen gereinigt werden (z. B. eine Eiweißlösung von gelösten Salzen). Dieses Reinigungsverfahren bezeichnet man als Dialyse.

Die Dialysekammer mit der verunreinigten kolloidalen Lösung wird dazu in destilliertes Wasser gestellt (s. Abb. 3.24). Da ein Konzentrationsausgleich zu beiden Seiten der Membran angestrebt wird, diffundieren die niedermolekularen Teilchen in das reine Wasser, während den Kolloidteilchen dieser Weg versperrt ist. Wird das Wasser ständig erneuert, so bleibt im Idealfall eine von anderen gelösten Stoffen völlig ge-

reinigte (aber verdünnte) kolloidale Lösung zurück.

> Mit Hilfe der Dialyse können höher- und niedermolekulare Stoffe aus gemeinsamer Lösung getrennt werden.

In der Medizin wird die Dialyse zur Blutreinigung ausgenutzt.

7. Dampfdruck- und Siedediagramme binärer Mischungen

Mischungen und Lösungen aus zwei Komponenten heißen **binär**. Für die Stoffmengenanteile binärer Mischungen gelten folgende Zusammenhänge:

$$x_1 + x_2 = 1 \quad \text{oder} \quad x_1 = 1 - x_2 \quad \text{bzw.}$$
$$x_2 = 1 - x_1.$$

7.1 Binäre Mischungen mit nur einer flüchtigen Komponente

In den folgenden Abschnitten setzen wir voraus, daß nur eine der beiden Mischungskomponenten einen merklichen Dampfdruck besitzt, während der Dampfdruck der anderen Komponente vernachlässigbar klein ist. Das trifft z. B. auf verdünnte Lösungen von Feststoffen in Flüssigkeiten recht gut zu.

7.1.1 Dampfdruckerniedrigung

Experiment. Benzoesäure (C_6H_5COOH) kristallisiert in glänzenden Blättchen oder Nadeln. In Ether sind sie sehr gut löslich. Ether ist dabei die flüchtige Komponente.

Zwei Reagenzgläser sind über ein Manometer miteinander verbunden. In das eine läßt man reinen Ether und in das andere die etherische Benzoesäure-Lösung einströmen. Nachdem beide Gläser verschlossen wurden, kann man am Manometer erkennen, daß sich auf der Seite des reinen Ethers (Lösungsmittel) ein Überdruck gegenüber der Lösung einstellt. Der Druckunterschied kommt zustande, weil das Lösungsmittel und die Lösung unterschiedlich große Dampfdrücke besitzen (s. Abb. 3.25).

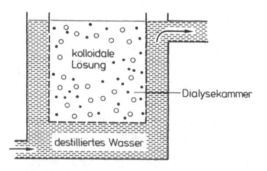

Abb. 3.24   Dialyse

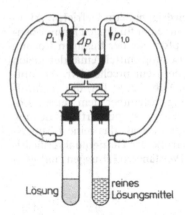

Abb. 3.25   Dampfdruckerniedrigung

Allgemein gilt:

> Der Dampfdruck einer Lösung, in der das Lösungsmittel die einzige flüchtige Komponente ist, ist gegenüber dem Dampfdruck des reinen Lösungsmittels erniedrigt.

Daher liegt die Dampfdruckkurve solcher Lösungen auch stets unterhalb der des reinen Lösungsmittels (vgl. hierzu auch Abb. 3.26).

Gesetz von Raoult. Im Folgenden geben wir dem Lösungsmittel in der Lösung den Index 1, dem gelösten Stoff den Index 2 und der Lösung den Index L. Das reine Lösungsmittel (ohne gelösten Stoff) kennzeichnen wir durch einen zusätzlich angehängten Index 0.

Die Differenz der Dampfdrucke von reinem Lösungsmittel $p_{1,0}$ und der Lösung p_L bezeichnet man als **Dampfdruckerniedrigung** Δp.

$$\Delta p = p_{1,0} - p_L \qquad (9)$$

Der französische Chemiker **François Marie Raoult** konnte nachweisen, daß die **relative Dampfdruckerniedrigung** einer **verdünnten Lösung** $\Delta p/p_{1,0}$ gleich dem Stoffmengenanteil x_2 des darin gelösten, nichtflüchtigen Stoffes ist (**Raoultsches Gesetz**):

$$\frac{\Delta p}{p_{1,0}} = x_2 \qquad (10)$$

Liegt der gelöste Stoff in höherer Konzentration vor, so treten Abweichungen von Gl. (10) auf.

Wegen $\Delta p = x_2 \cdot p_{1,0}$ läßt sich das Raoultsche Gesetz auch folgendermaßen formulieren:

> Die Dampfdruckerniedrigung ist um so größer, je größer der Stoffmengenanteil des gelösten, nichtflüchtigen Stoffes ist.

Durch Einsetzen von Gl. (10) ergibt sich weiterhin:

$$p_{1,0} - p_L = x_2 \cdot p_{1,0} \quad \text{oder}$$
$$p_L = (1 - x_2) \cdot p_{1,0} = x_1 \cdot p_{1,0} .$$

Von den Mischungskomponenten übt nur das Lösungsmittel (Komponente 1) einen Dampfdruck aus. Daher kann der Dampfdruck der Lösung p_L durch den Dampfdruck p_1, den die Komponente 1 über der Lösung ausübt, ersetzt werden. Man erhält dann:

$$p_1 = x_1 \cdot p_{1,0} \qquad (11)$$

Das bedeutet in Worten:

> Der Dampfdruck, den die flüchtige Mischungskomponente über der Lösung ausübt, ist ihrem Stoffmengenanteil in der Lösung proportional.

7.1.2 Siedepunkterhöhung und Gefrierpunkterniedrigung

Siedepunkterhöhung. In Abb. 3.26 ist die Dampfdruckkurve eines reinen Lösungsmittels (als gestrichelte Linie) dargestellt. Wird in diesem Lösungsmittel ein nichtflüchtiger Stoff gelöst, so ergibt sich – wegen des geringeren Dampfdrucks über der Lösung – eine tiefer gelegene Dampfdruckkurve (in Abb. 3.26 als durchgezogene Linie dargestellt). Man erkennt daraus, daß die Lösung einen höheren Siedepunkt besitzt als das reine Lösungsmittel (am Siedepunkt ist der Dampfdruck der flüssigen Phase gleich dem äußeren Druck). Die Differenz der Siedetemperaturen von Lösung und reinem Lösungsmittel bezeichnet man als Siedepunkterhöhung ΔT_S (s. Abb. 3.26). Die Siedepunkterhö-

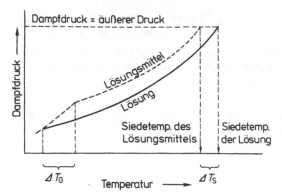

Abb. 3.26 Siedepunkterhöhung T_S und Gefrierpunkterniedrigung T_G

hung ist um so größer, je größer die Dampfdruckerniedrigung war. In guter Näherung gilt: $\Delta T_S \sim \Delta p$.

Weil die Dampfdruckerniedrigung nach Raoult dem Anteil des gelösten Stoffes (Komponente 2 der Mischphase) proportional ist, muß diese Proportionalität demzufolge auch für die Siedepunkterhöhung gelten. Es ist in diesem Zusammenhang jedoch üblich, den Anteil des gelösten Stoffes durch die Molalität b_2 (s. Abschnitt 2, S. 38 f.) anzugeben. Tritt beim Lösen kein Zerfall in kleinere Bestandteile ein, so gilt für die **Siedepunkterhöhung verdünnter Lösungen**:

$$\Delta T_S = K_E \cdot b_2 \qquad (12)$$

In dieser Gleichung gibt der Proportionalitätsfaktor K_E die Siedepunkterhöhung bezogen auf eine 1-molale Lösung an (s. Tab. 3.2). K_E wird als **„ebullioskopische Konstante"** bezeichnet. Ihr Wert hängt nur von der Art des Lösungsmittels, nicht aber von der Art des gelösten Stoffes ab.

Tab. 3.2 Kryoskopische und ebullioskopische Konstanten

Lösungsmittel	K_E ($K \cdot kg \cdot mol^{-1}$)	K_K ($K \cdot kg \cdot mol^{-1}$)
Wasser	0,513	1,86
Cyclohexan	2,75	20,20
Chloroform	3,80	4,90
Kampfer	6,10	40,0

Gefrierpunkterniedrigung. Am Gefrierpunkt einer Lösung mit nur einer flüchtigen Komponente sind die Dampfdrücke der flüssigen Lösung und des festen Lösungsmittels einander gleich (Schnittpunkt der entsprechenden Dampfdruckkurven, s. Abb. 3.26). Da der Dampfdruck der Lösung gegenüber dem reinen Lösungsmittel erniedrigt ist, gefriert die Lösung bei tieferer Temperatur als das reine Lösungsmittel. Für die Größe der **Gefrierpunkterniedrigung** ΔT_G gilt **bei verdünnten Lösungen** analog zu Gl. (12):

$$\Delta T_G = K_K \cdot b_2 \qquad (13)$$

Der Proportionalitätsfaktor K_K heißt **„kryoskopische Konstante"**; er gibt die Gefrierpunkterniedrigung bezogen auf eine 1-molale Lösung an. Wie die ebullioskopische Konstante, so ist auch die kryoskopische Konstante nur von der Art des Lösungsmittels abhängig. Die kleine Auswahl in Tab. 3.2 zeigt, daß für dasselbe Lösungsmittel die Konstante K_K stets größer als K_E ist.

Wir fassen zusammen:

> Die Dampfdruckerniedrigung bewirkt immer eine Siedepunkterhöhung bzw. Gefrierpunkterniedrigung; deren Größe ist von der Art des Lösungsmittels und von der Menge des gelösten Stoffes abhängig.

Kryoskopie und Ebullioskopie. Die Bestimmung molarer Massen von gelösten Stoffen durch Messung der Gefrierpunkterniedrigung bzw. der Siedepunkterhöhung bezeichnet man als Kryoskopie bzw. als Ebullioskopie. Meist wird die Kryoskopie durchgeführt, weil sich Gefrierpunkte genauer bestimmen lassen als Siedepunkte.

Ist in der Lösungsmittelmasse m_1 die Stoffmenge ν_2 eines Stoffes gelöst, so beträgt die Molalität dieser Lösung:

$$b_2 = \frac{\nu_2}{m_1}.$$

Wegen

$$\nu_2 = \frac{m_2}{M_2}$$

ergibt sich daraus

$$b_2 = \frac{m_2}{M_2 \cdot m_1}.$$

Mit Gl. (13) erhält man für die Gefrierpunkterniedrigung

$$\Delta T_G = K_K \cdot \frac{m_2}{M_2 \cdot m_1}.$$

Die Auswertegleichung bei der Kryoskopie lautet also:

$$M_2 = K_K \cdot \frac{m_2}{\Delta T_G \cdot m_1} \qquad (14)$$

Zu messen sind:

- die Masse des Lösungsmittels und des darin gelösten Stoffes sowie
- die Differenz der Gefrierpunkte von reinem Lösungsmittel und der Lösung.

Die kryoskopischen Konstanten entnimmt man einem Tafelwerk (z. B. von Küster-Thiel-Fischbeck[a] oder D'Ans Lax[b]).

Siedepunkterhöhung und Gefrierpunkternidrigung bei dissoziierenden Stoffen. Zerfällt der nicht-flüchtige Stoff beim Lösen in mehrere, freie Bestandteile, so erhöht sich seine Molalität gegenüber der eines undissoziierten Stoffes entsprechend Gl. (2) (s. S. 39) auf $b_2[1 + (n-1)\alpha]$. Für verdünnte Lösungen dissoziierender Stoffe ergibt sich deshalb

- für die Siedepunkterhöhung

$$\Delta T_S = K_E \cdot b_2[1 + (n-1)\alpha], \qquad (15)$$

- für die Gefrierpunkternidrigung

$$\Delta T_G = K_K \cdot b_2[1 + (n-1)\alpha]. \qquad (16)$$

So ist z. B. die Gefrierpunkternidrigung bei einer verdünnten Kochsalz-Lösung doppelt so groß wie bei einer Lösung eines undissoziierten Stoffes von gleicher Molalität, weil das Kochsalz vollständig in freie Na^+- und Cl^--Ionen zerfällt ($\alpha \approx 1$, $n = 2$). Solche und ähnliche ex-

[a] Küster, F. W., Thiel, A., Fischbeck, K., Logarithmische Rechentafeln, Walter de Gruyter Verlag, Berlin, New York.
[b] D'Ans lax, Taschenbuch für Chemiker und Physiker, Springer Verlag, Berlin.

perimentellen Befunde waren für den schwedischen Physikochemiker **S. Arrhenius** der Anlaß, die **Ionenlehre** zu entwickeln.

Kältemischungen. Auf dem Effekt der Gefrierpunkternidrigung beruhen alle Kältemischungen. Gibt man z. B. Viehsalz und Eis zusammen, so entsteht eine Salzlösung, deren Gefrierpunkt tiefer liegt als der des reinen Eises. Beim Lösen des Salzes schmilzt das Eis und das System kühlt sich ab, weil ihm Schmelzwärme entzogen wird.

7.2 Binäre Mischungen zweier flüchtiger Komponenten

7.2.1 Ideale, binäre Mischungen

Eine Mischung heißt **ideal**, wenn

- sich die Komponenten in jedem Verhältnis miteinander mischen lassen,
- beim Mischen weder Erwärmung noch Abkühlung auftritt,
- sich das Mischungsvolumen additiv aus den Teilvolumina der Komponenten zusammensetzt und
- das Raoultsche Gesetz im gesamten Konzentrationsbereich gültig ist.

Flüssige Mischphasen, die wir hier in den Vordergrund der Betrachtungen stellen wollen, kommen den genannten Anforderungen mitunter recht nahe. Dies gilt insbesondere dann, wenn die Mischungspartner einander ähnlich sind (z. B. Xylol/Toluol).

Dampfdruckdiagramm. Sind beide Stoffe eines binären Mischsystems flüchtig, so übt jede Mischungskomponente einen ihrem Anteil in der Mischphase proportionalen Dampfdruck aus. Nach Gl. (11) gilt:

$$p_1 = x_1 \cdot p_{1,0} \qquad (17a)$$

und

$$p_2 = x_2 \cdot p_{2,0} \qquad (17b)$$

Dabei sind $p_{1,0}$ und $p_{2,0}$ die Dampfdrücke der reinen Komponenten 1 und 2. Sieht man den Dampf über der flüssigen Mischphase als ideale Gasmischung an, so gilt nach Dalton für den Gesamtdampfdruck p_M:

$$p_M = p_1 + p_2 = x_1 \cdot p_{1,0} + x_2 \cdot p_{2,0}$$
$$= x_1 \cdot p_{1,0} + (1 - x_1) \cdot p_{2,0} \qquad (18)$$

Die Darstellung des Gesamtdampfdrucks als Funktion der Mischungszusammensetzung ergibt bei konstanter Temperatur eine Gerade. (Der Dampfdruck jeder einzelnen Komponente nimmt linear mit deren Anteil in der Mischphase zu. Den Gesamtdampfdruck erhält man jeweils durch Addition der zusammengehörigen Teildampfdrücke p_1 und p_2.) Darstellungen dieser Art werden als **isotherme Dampfdruckdiagramme** bezeichnet (s. Abb. 3.27).

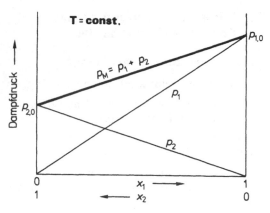

Abb. 3.27 Isothermes Dampfdruckdiagramm einer idealen binären Mischung

Zusammensetzung des Dampfes über der Mischphase

Wir wollen nun zeigen, daß der Dampf, der mit der flüssigen Mischphase im Gleichgewicht steht, stets etwas mit der leichter flüchtigen Komponente angereichert ist. Das ist diejenige Komponente, die den größeren Dampfdruck und den tieferen Siedepunkt besitzt.

Die folgenden Ausführungen bilden eine wichtige Grundlage für das Verständnis der Destillation.

Stoffmengenanteil der leichter flüchtigen Komponente im Dampf. Wir nehmen an, daß die Komponente 1 die leichter flüchtige Komponente ist ($p_{1,0} > p_{2,0}$). Ist x_1 ihr Stoffmengenanteil in der Mischphase, so übt sie den Dampfdruck $p_1 = x_1 \cdot p_{1,0}$ aus. Im Dampf sei ihr Stoffmengenanteil gleich y_1. Ist p_M der Gesamtdampfdruck über der Mischung, so gilt demzufolge

auch $p_1 = y_1 \cdot p_M$ und es folgt:

$$x_1 \cdot p_{1,0} = y_1 \cdot p_M \qquad (19)$$

Wegen Gl. (18) ergibt sich daraus:

$$y_1 = \frac{x_1 \cdot p_{1,0}}{x_1 \cdot p_{1,0} + (1 - x_1) \cdot p_{2,0}}$$

$$= \frac{x_1 \cdot \dfrac{p_{1,0}}{p_{2,0}}}{x_1 \cdot \dfrac{p_{1,0}}{p_{2,0}} + 1 - x_1} \qquad (20)$$

Das Verhältnis der Dampfdrücke der reinen Komponenten wird in der Destillationstechnik als **idealer Trennfaktor** α_0 bezeichnet (nicht zu verwechseln mit dem Dissoziationsgrad α):

$$\alpha_0 = \frac{p_{1,0}}{p_{2,0}} \qquad (21)$$

Der Stoffmengenanteil der Komponente 1 im Dampf ist somit

$$y_1 = \frac{x_1 \cdot \alpha_0}{x_1 \cdot (\alpha_0 - 1) + 1} \qquad (22)$$

Aus dieser Gleichung erkennt man:

– Ist $\alpha_0 > 1$, d.h. $p_{1,0} > p_{2,0}$, so ist $y_1 > x_1$. Der Dampf ist dann gegenüber der flüssigen Mischphase mit der leichter flüchtigen Komponente 1 angereichert.

– Ist $\alpha_0 = 1$, so besitzen Dampf und flüssige Mischphase dieselbe Zusammensetzung.

Gleichgewichtskurve am Beispiel Benzol/Toluol. Die Dampfdrücke von reinem Benzol (Index 1) und Toluol (Index 2) bei 20 °C betragen: $p_{1,0} = 100$ hPa und $p_{2,0} = 30$ hPa. In Mischungen aus beiden ist somit Benzol die flüchtigere Komponente.

Tab. 3.3 gibt den Stoffmengenanteil dieser

Tab. 3.3 Stoffmengenanteile von Benzol in Mischungen mit Toluol: (x_1) in der flüssigen Mischung, (y_1) im Dampf über der Mischung bei 20 °C

x_1	0	0,20	0,40	0,60	0,80	1,00
y_1	0	0,45	0,69	0,83	0,93	1,00

Komponente in der flüssigen Mischphase (x_1) und im Dampf (y_1) bei 20 °C wieder. Die Werte für y_1 wurden mit Gl. (22) berechnet; dabei wurde für den Trennfaktor

$$\alpha_0 = \frac{p_{1,0}}{p_{2,0}} = \frac{100}{30} = 3,33$$

eingesetzt.

In Abb. 3.28 ist die Abhängigkeit $y_1 = f(x_1)$ dargestellt. Die dabei entstehende Kurve wird **isotherme Gleichgewichtskurve** genannt.

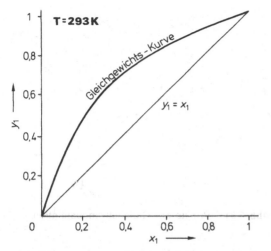

Abb. 3.28 Isotherme Gleichgewichtskurve für das System Benzol/Toluol

Hätten der Dampf und die flüssige Mischphase dieselbe Zusammensetzung, so ergäbe sich die ebenfalls eingezeichnete Gerade $y_1 = x_1$. Die Gleichgewichtskurve ist gegenüber dieser Geraden nach oben gewölbt. Das zeigt, daß der Dampf gegenüber der Mischung mit der leichter flüchtigen Komponente – hier Benzol – angereichert ist.

Siedediagramm

Wie der Dampfdruck so ist auch die Siedetemperatur von der Zusammensetzung der Mischphase abhängig. Die **Siedekurve** gibt diesen Zusammenhang graphisch wieder. Ihr prinzipieller Verlauf für eine ideale, binäre Mischung ist in Abb. 3.29 dargestellt. Dabei ist konstanter, äußerer Druck vorausgesetzt.

Der Dampf, der bei der jeweiligen Siedetemperatur mit der flüssigen Mischung im **Gleichge-**

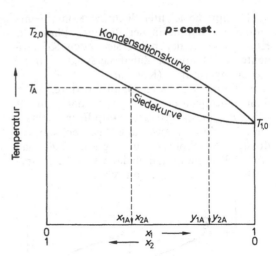

Abb. 3.29 Siedediagramm einer idealen binären Mischung

wicht steht, ist mit der leichter flüchtigen Komponente angereichert. Die Dampfzusammensetzung kann aus der **Kondensationskurve** (auch **Taukurve** genannt) abgelesen werden (s. Abb. 3.29). Zum Beispiel siedet die Mischung mit der Zusammensetzung (x_{1A}, x_{2A}) bei der Temperatur T_A. Der zugehörige Gleichgewichtsdampf, oder die daraus beim Kondensieren entstehende Flüssigkeit, hat die Zusammensetzung (y_{1A}, y_{2A}).

Die gesamte, lanzettartige Figur in Abb. 3.29 heißt **Siedediagramm**.

> Die Siedekurve gibt die Abhängigkeit der Siedetemperatur einer Mischung von deren Zusammensetzung bei konstantem äußeren Druck wieder. Die Kondensationskurve zeigt die Zusammensetzung des zugehörigen Dampfes an.

Völliges Verdampfen eines binären Gemisches

Bei einer reinen Flüssigkeit bleibt die Temperatur während des Verdampfens (Siedens) konstant (s. Kap. 2, S. 30). Bei Mischungen ist das anders.

Eine flüssige Mischung, in der die niedriger siedende Komponente (Siedetemperatur $T_{1,0}$) den Stoffmengenanteil x_{1A} besitzt, beginnt bei der Temperatur T_A zu sieden (s. Abb. 3.30). Da sich im Dampf die leichter flüchtige Komponente anreichert, nimmt in der flüssigen Phase die Konzentration der höher siedenden Komponente zu. Mit dieser Zunahme steigt auch die Siedetemperatur (Kurventeil $A \rightarrow B$ in Abb. 3.30). Wenn kein Dampf verloren geht, dann muß nach dem völligen Verdampfen der Mischung die entstandene dampfförmige Phase dieselbe Zusammensetzung besitzen wie die flüssige Mischphase zu Beginn. Wie man Abb. 3.30 entnimmt, muß dazu aber die Temperatur von T_A auf T_B erhöht werden.

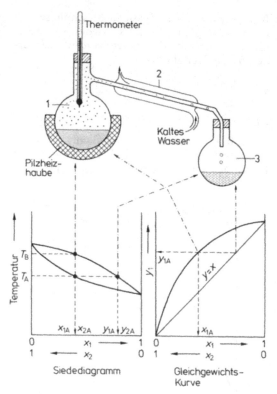

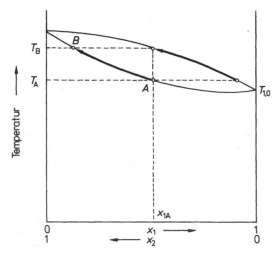

Abb. 3.30   Völliges Verdampfen eines binären Gemisches

Abb. 3.31   Prinzip der Gleichstromdestillation

> Reine Flüssigkeiten verdampfen bei konstanter Siedetemperatur; zum völligen Verdampfen einer Mischung muß die Temperatur während des Verdampfungsvorgangs erhöht werden.

Prinzip der Destillation

Bei der einfachen Destillation – auch **Gleichstromdestillation** genannt – wird die flüssige Mischung mit der Zusammensetzung (x_{1A}, x_{2A}) in der **Destillationsblase** (1) auf die Siedetemperatur T_A erhitzt. Der aufsteigende Dampf wird im **Kühler** (2) kondensiert. Das **Kondensat**, das dieselbe Zusammensetzung wie der Dampf besitzt, wird in der **Vorlage** (3) aufgefangen (s. Abb. 3.31). Die Zusammensetzung des Kondensats (y_{1A}, y_{2A}) kann aus der Kondensations-

kurve des Siedediagramms bzw. der Gleichgewichtskurve abgelesen werden. Allerdings gilt dies nur als **ideale Näherung**, weil sich die Flüssigkeitszusammensetzung während der Destillation verändert (s. auch den voranstehenden Abschnitt).

Die Destillation sollte abgebrochen werden, bevor die Siedetemperatur der verbleibenden Mischung die Temperatur T_B (s. Abb. 3.31) erreicht hat, weil dann die Zusammensetzung des Dampfes der ursprünglichen Flüssigkeitszusammensetzung entspricht.

Hält man sich daran, so enthält die Vorlage am Ende der Destillation vorwiegend die leichter flüchtige, die Blase die höher siedende Mischungskomponente. Die Trennwirkung ist umso besser, je weiter die Siedetemperaturen der reinen Substanzen ($T_{1,0}$ und $T_{2,0}$) auseinander liegen.

Eine bessere Trennung kann man erzielen, wenn der Destillationsvorgang mit dem aufgefangenen Kondensat mehrere Male wiederholt wird. Dieses Verfahren heißt **Rektifikation**. In einer **Destillationskolonne** kann die Rektifikation in einem Arbeitsgang erledigt werden, wobei man außerdem den aufsteigenden Dampf und die kondensierte Flüssigkeit ständig gegeneinander strömen läßt. Dadurch wird erreicht, daß beide in guten Stoffaustausch miteinander kommen. Den schematischen Aufbau einer **Rektifizierkolonne** mit sog. **Glockenböden** zeigt Abb. 3.32. Die Kolonne besteht aus einer Destillationsblase und mehreren übereinander angeordneten **Böden**, wobei jeder für sich als eine eigene, kleine Destillationsblase angesehen werden kann. Damit kein Dampf direkt in einen höheren als in den nächsten Boden gelangen kann, ist jede Ebene, wie in Abb. 3.32 zu sehen, mit einer Glocke abgedeckt (daher auch der Name **Glockenbodenkolonne**). Außerdem besitzt jeder Boden ein **Überlaufrohr**, durch das das Kondensat in die darunter liegende Ebene zurücktropft (**Rücklauf**). Aufsteigender Dampf und herabrieselnde Flüssigkeit strömen also gegeneinander und stehen somit in permanentem Austausch miteinander.

Wird eine Mischung, in der die Komponente 1 den Stoffmengenanteil x_{1A} besitzt, auf ihre Siedetemperatur erhitzt, so entsteht ein Dampf, in dem der Stoffmengengehalt y_{1A} beträgt (s. Gleichgewichtskurve). Beim Kondensieren dieses Dampfes auf dem 1. Boden ergibt sich eine flüssige Mischung mit derselben Zusammensetzung ($y_{1A} = x_{1B}$). Beim Sieden liefert dieses Kondensat einen Dampf, in dem sich die niedriger siedende Komponente abermals anreichert und nun den Stoffmengenanteil y_{1B} besitzt. Bei der Kondensation auf dem 2. Boden entsteht eine Flüssigkeit mit derselben Zusammensetzung ($y_{1B} = x_{1C}$) etc. Man erkennt, daß der Anteil der leichter flüchtigen Komponente von Boden zu Boden zunehmen muß.

Der Trennvorgang bei der Rektifikation wird also ideal durch den in der Gleichgewichtskurve eingezeichneten **Treppenzug** beschrieben. Um am Ausgang der Kolonne ein Destillat bestimmter Reinheit (z. B. der Zusammensetzung x_{1E}; s. Abb. 3.32) abnehmen zu können, muß der Treppenzug eine bestimmte Anzahl von Stufen besitzen. Die **Stufenzahl** legt die theoretisch notwendige Bodenzahl fest. In der Praxis ist eine größere als die theoretisch notwendige Bodenzahl erforderlich, weil die oben genannte Kon-

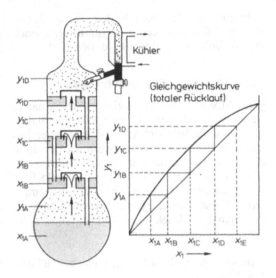

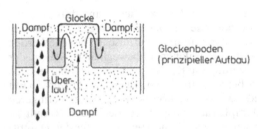

Abb. 3.32   Rektifikation

densation auf den Böden nicht vollständig stattfindet. Zum anderen stellt der in die Gleichgewichtskurve der Abb. 3.32 eingezeichnete Treppenzug die Rektifikation nur bei **totalem Rücklauf** dar, d. h. wenn wirklich das gesamte Kondensat in die Kolonne zurückfließt. In der Praxis jedoch wird am Kolonnenkopf Destillat entnommen.

Neben den Bodenkolonnen werden vornehmlich noch **Füllkörperkolonnen** eingesetzt. Ihre Säulen sind mit sehr oberflächenreichen, inerten Körperchen (z. B. mit Raschig-Ringen) beschickt. Dadurch erreicht man, daß das von den Füllkörperchen herabrieselnde Kondensat und der aufsteigende Dampf sehr großflächig in Berührung kommen und somit ein guter Stoffaustausch stattfindet (Anreicherung des Dampfes mit der leichter flüchtigen Komponente). Die Zusammensetzung des Dampfes ändert sich also kontinuierlich mit der Höhe der Säule und nicht nur auf diskreten Böden. In der Praxis werden Füllkörperkolonnen gern verwendet, weil sie billiger als Bodenkolonnen sind.

7.2.2 Reale binäre Mischungen

Beim Mischen von Flüssigkeiten treten häufig Abweichungen vom idealen Mischverhalten auf. Diese äußern sich im Auftreten einer Mischungswärme, in Abweichungen von der einfachen Volumenadditivität der Mischungskomponenten, in der Größe des Dampfdrucks über der Mischung oder in der Höhe der Siedetemperatur. Diese Abweichungen werden durch die zwischen den Molekülen der Mischung wirkenden Kräfte hervorgerufen.

Dampfdruck- und Siedediagramme bei völliger Mischbarkeit

Wir nehmen hier zunächst an, daß sich die Komponenten in jeder beliebigen Zusammensetzung miteinander vermischen lassen. Werden dabei die Teilchen unbeweglicher, weil in der Mischung die Kräfte zwischen Nachbarteilchen größer sind als in den reinen Substanzen, so übt jede Mischungskomponente einen geringeren Dampfdruck aus, als es ideal nach Raoult zu erwarten wäre. Die Herabsetzung der Dampfdrücke wird bei einer bestimmten Zusammensetzung der Mischung sogar so groß, daß sich ein **Minimum** im Gesamtdampfdruck p_M ergibt (s. Abb. 3.33a). Das Siedediagramm besitzt bei dieser Zusammensetzung ein **Maximum**. Sind umgekehrt die Wechselwirkungskräfte zwischen den Teilchen der Mischung geringer als in den reinen Komponenten, so kommt es zu einem Maximum im Dampfdruck- und zu einem Minimum im Siedediagramm (s. Abb. 3.33b).

Ferner fällt auf, daß es bei binären, realen Mischungen mit unbegrenzter Mischbarkeit im allgemeinen eine bestimmte Zusammensetzung gibt, bei der die Siede- und die Kondensationskurve wie bei reinen Flüssigkeiten zusammenfallen. Das Gemisch und der zugehörige Gleichgewichtsdampf besitzen also dieselbe Zusammensetzung. Das Siedeverhalten solcher Mischungen gleicht daher dem von reinen Stoffen: Sie verdampfen bei konstanter Siedetemperatur und verändern dabei – im Gegensatz zu sonstigen Mischungen – ihre Zusammensetzung nicht. Sie können deshalb auch durch Destillation nicht weiter getrennt werden. Flüssigkeits-

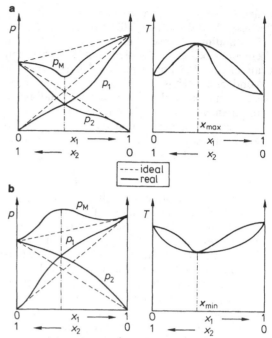

Abb. 3.33 Dampfdruck- (links) und Siedediagramme (rechts) realer binärer Mischungen bei völliger Mischbarkeit

gemische mit dieser speziellen Zusammensetzung werden **azeotrope Mischungen** genannt.

> Binäre, azeotrope Gemische liegen vor, wenn die flüssige Mischphase und die zugehörige Dampfphase dieselbe Zusammensetzung besitzen. Sie sieden bei konstanter Temperatur und können (bei konstantem Druck) destillativ nicht getrennt werden.

Destillation realer, flüssiger Mischungen

Bei der Destillation realer, binärer Mischungen erhält man ideal immer nur eine reine Komponente und ein azeotropes Gemisch. Wir zeigen dies an zwei verschiedenen Beispielen.

Das Siedediagramm des Systems Wasser/Salpetersäure, das Abb. 3.34 von seinem schematischen Verlauf zeigt, weist ein Maximum bei einem Massenanteil von 68 % HNO_3 auf (azeotrope Zusammensetzung).

Wird eine HNO_3-Lösung geringerer Konzentration rektifiziert, z. B. mit einem Massenanteil

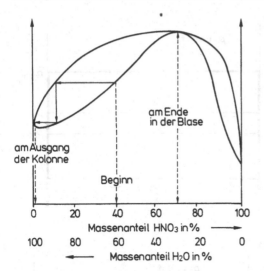

Abb. 3.34 Siedediagramm H_2O/HNO_3 (schematisch)

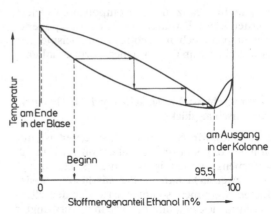

Abb. 3.35 Siedediagramm Ethanol/Wasser (schematisch)

von 40 % HNO_3, so erhält man am Ausgang der Kolonne die niedriger siedende Komponente Wasser, während in der Destillationsblase eine Salpetersäure-Lösung mit azetroper Zusammensetzung (höher siedender Anteil) zurückbleibt. Der in Abb. 3.34 eingezeichnete Treppenzug zeigt an, wie sich die Zusammensetzung des Destillats von Boden zu Boden ändert. Da Wasser übergeht, reichert sich die verbleibende Mischung bis zur azeotropen Zusammensetzung mit HNO_3 an.

Das Siedediagramm des Systems Ethanol/ Wasser besitzt ein Minimum (s. Abb. 3.35). Das Azeotrop liegt bei einem Stoffmengenanteil von 95,5 % Ethanol vor. Wird eine verdünnte, wäßrige Ethanol-Lösung rektifiziert, so erhält man am Ausgang der Kolonne die azeotrope Mischung (s. eingezeichneter Treppenzug), während sich die Mischung im Kolben mehr und mehr mit Wasser anreichert. In der Blase bleibt also wiederum die höher siedende Komponente zurück.

Binäre, azeotrope Gemische können nur durch einen Umweg weiter destillativ getrennt werden. Man gibt dazu in das Azeotrop eine dritte Flüssigkeit, die man in der Fachsprache als **Schlepper** bezeichnet. Im Falle des Ethanol-Wasser-Azeotrops wird z. B. Benzol als Schlepper verwendet. Bei der Destillation des neuen, **nicht-azeotropen Dreikomponentensystems** gehen zunächst alle drei Bestandteile über, bis schließlich ein Stoff des ursprünglichen, binären Azeotrops, im Beispiel das Wasser, völlig entfernt ist (s. Abb. 3.36). Damit bleibt eine nicht-azeotrope Zweistoff-Mischung zurück, die durch weitere

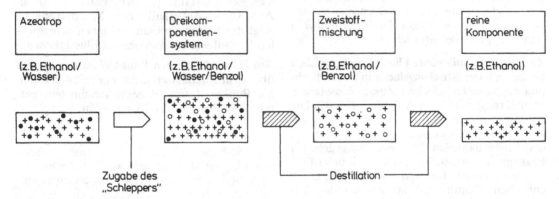

Abb. 3.36 Destillation azeotroper Gemische

Destillation ganz in ihre Komponenten zerlegt werden kann. Dadurch wird eine Komponente des ursprünglichen Azeotrops, im Beispiel der Alkohol, in annähernd reiner Form erhalten.

Nichtmischbare Flüssigkeiten und Mischungen mit Mischungslücke

Der Dampfdruck reiner Flüssigkeiten ist nur von der Temperatur, nicht aber von der Flüssigkeitsmenge abhängig (s. Kap. 2, S. 32). Bringt man zwei **nicht miteinander mischbare Flüssigkeiten** zusammen, so übt jede für sich denselben Dampfdruck $p_{1,0}$ und $p_{2,0}$ wie in unvermengter Form aus. Der Gesamtdampfdruck des Gemenges p_{Gem} beträgt daher

$$p_{Gem} = p_{1,0} + p_{2,0} \qquad (23)$$

und ist wie die Teildampfdrücke unabhängig von den Mengenanteilen der einzelnen Komponenten. Daher sieden Gemenge aus zwei nichtmischbaren Flüssigkeiten unabhängig von ihrer Zusammensetzung immer bei derselben Temperatur. Ihre Siedekurven sind deshalb stets waagerecht verlaufende Geraden (s. Abb. 3.37).

Wird das Dampfgemisch über dem Flüssigkeitsgemenge abgekühlt, so kondensiert beim Erreichen des Punktes B auf der Kondensationskurve die reine Komponente 2 (s. Abb. 3.37). Dadurch nimmt der Stoffmengenanteil der Komponente 1 im Dampf zu. Beim weiteren Abkühlen ändert sich also die Dampfzusammensetzung (siehe Pfeil in Abb. 3.37) bis der Punkt H auf der Kondensationskurve erreicht ist. Hier kondensieren beide Komponenten 1 und 2 nebeneinander. Der Punkt H heißt **heteroazeotroper Punkt**. Am heteroazeotropen Punkt ist der Dampf gleichzeitig mit den reinen Komponenten 1 und 2 des Gemenges (Punkte A und B in Abb. 3.37) im Gleichgewicht.

Zwei **begrenzt mischbare Flüssigkeiten** zerfallen im Bereich der **Mischungslücke** in zwei Mischphasen unterschiedlicher Zusammensetzung. (Erinnern Sie sich? – S. Abschn. 3.4, S. 42) Die entmischten Phasen üben bestimmte Dampfdrücke aus, die bei konstanter Temperatur von den Mengenanteilen der zusammengegebenen Flüssigkeiten unabhängig sind, weil beim Entmischen immer dieselben zwei Mischphasen entstehen. Damit sind im Bereich der Mischungslücke sowohl der Gesamtdampfdruck

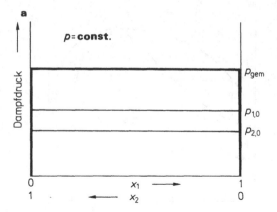

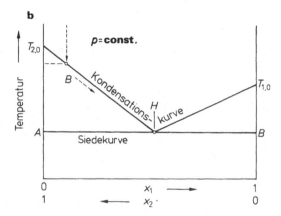

Abb. 3.37 (a) Dampfdruck- und (b) Siedediagramm bei völliger Unmischbarkeit

als auch (bei festem äußeren Druck) die Siedetemperatur des heterogenen Zweiphasen-Gemenges konstant (s. Kurventeil A–B in Abb. 3.38). Außerhalb der Mischungslücke zeigt das Siedediagramm denselben prinzipiellen Verlauf wie bei mischbaren Flüssigkeiten.

Am heteroazeotropen Punkt H ist der Dampf über dem Zweiphasen-Gemenge mit den durch die Punkte A und B gekennzeichneten, entmischten Phasen im Gleichgewicht.

> Bei völliger Unmischbarkeit oder im Bereich einer Mischungslücke zeigen sowohl die Dampfdruck- wie auch die Siedekurve waagerechten Verlauf.

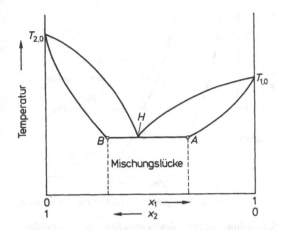

Abb. 3.38 Siedediagramm eines Systems mit Mischungslücke

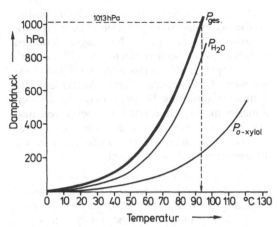

Abb. 3.39 Dampfdruckkurven von reinem Wasser und reinem o-Xylol sowie die Gesamtdampfdruckkurve

Wasserdampfdestillation

Bei der Wasserdampfdestillation wird H_2O-Dampf in die zu destillierende Flüssigkeit geleitet. Die Flüssigkeit und das Wasser dürfen sich aber nicht mischen. Da der Dampfdruck dieses Gemenges größer als der der Flüssigkeit allein (s. Gl. (23)) ist, kann die Flüssigkeit bereits unterhalb ihres eigentlichen Siedepunkts überdestilliert werden.

Beispiel. Ein Gemenge aus o-Xylol und Wasser soll bei einem Druck von 1013 hPa destilliert werden. Bei welcher Temperatur siedet das Gemenge?

Lösung: Wasser und o-Xylol sind so gut wie nicht mischbar. Daher gilt entsprechend Gl. (23) für den Gesamtdampfdruck des Gemenges:

$$p_{ges} = p_{H_2O} + p_{o\text{-}Xylol}$$

Die Dampfdruckkurven von Wasser und o-Xylol, sowie die daraus durch Addition entstehende Kurve des Gesamtdampfdrucks sind in Abb. 3.39 dargestellt. Da beim Sieden des Gemenges der Dampfdruck gleich dem äußeren Druck (1013 hPa) ist, gilt bei der Siedetemperatur:

$$p_{H_2O} + p_{o\text{-}Xylol} = 1013 \text{ hPa}.$$

Aus Abb. 3.39 entnimmt man, daß die Siedetemperatur bei ca. 94 °C liegen muß (Zeichengenauigkeit). Die Siedetemperatur des reinen o-Xylol bei 1013 hPa läge dagegen bei 144 °C.

Die Wasserdampfdestillation kann also zur **schonenden Reinigung** von Flüssigkeiten dienen. Sie wird unter anderem zur Gewinnung und Reinigung organischer Stoffe, wie z. B. ätherischer Öle, eingesetzt. Aber auch bei der Trennung von Substanzen findet die Wasserdampfdestillation Verwendung. Ein Paradebeispiel dafür ist die Trennung von o- und p-Nitrophenol. o-Nitrophenol ist wasserdampfflüchtig, weil es sich mit Wasser nicht mischt, und geht bei der Destillation mit dem Wasserdampf über, während das in Wasser lösliche p-Nitrophenol in der Blase verbleibt.

8. Schmelzdiagramme binärer Stoffsysteme

Schmelzdiagramme sind Zustandsschaubilder, die die Zusammensetzungen aller **festen und flüssigen Phasen** eines Stoffsystems als Funktion der Temperatur wiedergeben.

Man kann solche Diagramme erstellen, wenn man die **Abkühlungskurven** von Schmelzproben mit unterschiedlichen Zusammensetzungen aufnimmt (Messung der Temperatur als Funktion der Zeit). Solange beim Abkühlen keine Phasenumwandlungen eintreten, nimmt die Temperatur jeder Probe kontinuierlich ab. Ändert die Probe jedoch ihren Aggregatzustand und ihre Zusammensetzung, weil z. B. etwas auskristallisiert, das eine andere Zusammensetzung besitzt als die Schmelze, so ergeben sich in der Abkühlungskurve abrupte **Neigungsänderungen** (Knickpunkte), weil während der Phasenumwandlungen Erstarrungs- oder Modifikationswärmen frei werden. Zum Aufstellen des Schmelzdiagramms benötigt man die zu den Knickpunkten gehörenden Temperaturen und die Zusammensetzungen der Proben. Dieses von **G. Tamman** entwickelte Verfahren wird als **Thermische Analyse** bezeichnet.

> Die thermische Analyse ist ein Verfahren, mit dem das Schmelzdiagramm (Zustandsdiagramm) eines Stoffsystems durch Aufnahme von Abkühlungskurven erstellt werden kann.

Wir erläutern dieses Verfahren am Beispiel des Zweikomponentensystems Zinn/Blei.

8.1 Schmelzdiagramm des Systems Zinn/Blei

Wie sich Phasenumwandlungen auf den Verlauf der Abkühlungskurven auswirken, erklären wir an Sn/Pb-Proben mit nachfolgenden Zusammensetzungen:

Probe-Nr.	1	2	3	4	5
Massenanteil Sn (%)	100	75	62	33	0
Massenanteil Pb (%)	0	25	38	67	100

Abkühlungskurven der reinen Komponenten. Läßt man reines, geschmolzenes Zinn (Probe 1) abkühlen, so beginnt es bei 505 K zu erstarren. Während des Übergangs in die feste Phase bleibt die Temperatur trotz Wärmeabfuhr konstant. Die Abkühlungskurve zeigt hier also horizontalen Verlauf (**Haltetemperatur**). Die Temperatur fällt erst wieder ab, wenn die gesamte Probe erstarrt ist.

Einen analogen Verlauf zeigt die Abkühlungskurve von reinem Blei (Probe 5). Die Haltetemperatur liegt aber bei 600 K (s. Abb. 3.40).

> Die Erstarrungs- bzw. Schmelztemperatur einer reinen Komponente entspricht der Haltetemperatur in der Abkühlungskurve.

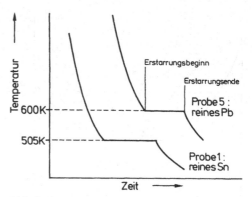

Abb. 3.40 Abkühlungskurven reiner Komponenten

Abkühlungskurve des eutektischen Gemischs. Die Abkühlungskurve der Schmelze mit einem Massenanteil von 62% Sn und 38% Pb (Probe 3) gleicht denjenigen von reinen Stoffen: Sie weist ebenfalls nur eine Haltetemperatur auf.

> Gemische, die sich beim Abkühlen bzw. Schmelzen wie ein reiner Stoff verhalten, werden eutektische Gemische genannt.

Eutektische Gemische sind das Analogon zu den azeotropen Mischungen beim Sieden.

Die Haltetemperatur entspricht der Gefrier- bzw. Schmelztemperatur des eutektischen Gemisches. Aus der Schmelze kristallisiert dann ein Gemenge aus Zinn und Blei in eutektischer Zusammensetzung aus. Die Zusammensetzung der Schmelze ändert sich dabei nicht. **Eutektische Gemische besitzen** stets eine **niedrigere Erstarrungs- bzw. Schmelztemperatur als** die **reinen Komponenten** (s. Gefrierpunkterniedrigung im Abschn. 7.1.2, s. S. 55); beim eutektischen Sn/Pb-Gemisch liegt sie bei 456 K (s. Abb. 3.41).

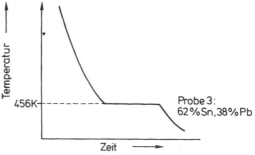

Abb. 3.41 Abkühlungskurve eines eutektischen Gemisches

Abkühlungskurven anderer Gemische (ohne Mischkristall- oder Verbindungsbildung). Läßt man die Schmelze mit den Massenanteilen von 75 % Sn und 25 % Pb (Probe 2) abkühlen, so beginnt zunächst **Zinn** bei 474 K **allein** auszukristallisieren (**Primärkristallisation**). Mit Beginn dieser Primärkristallisation wird Wärme frei. Gleichzeitig reichert sich die Schmelze mit Blei an, weil ständig festes Sn aus ihr ausscheidet. Mit steigender Blei-Konzentration erniedrigt sich aber auch laufend der Gefrierpunkt der Schmelze. Daher besitzt die Abkühlungskurve während der Primärkristallisation keine Haltetemperatur, sondern lediglich eine geringere Neigung als vorher (s. Abb. 3.42).

> Beginnt eine Komponente aus einem Schmelzgemisch auszukristallisieren (Primärkristallisation), so tritt ein Knick in der Abkühlungskurve auf. Während der Primärkristallisation verläuft die Kurve aber nicht horizontal.

Wenn ständig Zinn auskristallisiert, so entsteht schließlich eine mit Blei gesättigte Zinn-Schmelze. Aus dieser kristallisieren bei 456 K Zinn und Blei nebeneinander aus, und zwar immer so viel, daß die Sättigungskonzentration erhalten bleibt. Von da an ändert sich also an der Zusammensetzung des Schmelzgemisches trotz ständi-

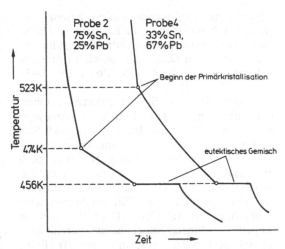

Abb. 3.42 Abkühlungskurven verschiedener Sn/Pb-Mischungen

ger Kristallisation nichts mehr; es besitzt dann eutektische Zusammensetzung und verhält sich deshalb beim weiteren Abkühlen wie ein reiner Stoff. Die Abkühlungskurve besitzt also bei 456 K ein parallel zur Zeitachse verlaufendes Geradenstück (Haltetemperatur).

Eine analoge Interpretation gilt für die Abkühlungskurve des Gemisches mit einem Massenanteil von 33 % Sn und 67 % Pb (Probe 4). Sie ist ebenfalls in Abb. 3.42 dargestellt. Primär kristallisiert hier jedoch Blei aus.

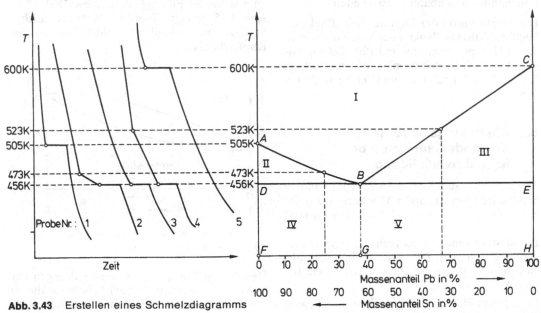

Abb. 3.43 Erstellen eines Schmelzdiagramms

Übertragung der Ergebnisse in das Schmelzdiagramm. Überträgt man die Knick- und Haltepunkte mit den zugehörigen Probenzusammensetzungen in ein Diagramm, so erhält man die **Schmelzkurve** des Systems Sn/Pb (s. Abb. 3.43).

Erläuterungen zum Schmelzdiagramm. Oberhalb der Kurve *ABC* liegt eine homogene Schmelze aus Zinn und Blei vor; hier sind Zinn und Blei in jedem Verhältnis miteinander mischbar (Gebiet I). Der Linienzug *ABC* wird auch als **Liquiduslinie** (Grenzlinie des flüssigen Zustands) bezeichnet. Unterhalb der Liquiduslinie ist immer zumindest ein Teil des Stoffsystems auskristallisiert. Im Gebiet II (*ABD*) liegt ein Zinn-Blei-Schmelzgemisch neben bereits auskristallisiertem Zinn vor, im Gebiet III (*BCE*) das Schmelzgemisch und erstarrtes Blei.

Unterhalb der Waagerechten *DBE* ist das Stoffsystem fest. Diese Kurve nennt man deshalb **Soliduslinie** (Grenzlinie des festen Zustands). Im Gebiet IV (*BDGF*) liegen reines, festes Zinn und das eutektische Kristallgemenge aus Zinn und Blei nebeneinander vor, im Gebiet V (*GBEH*) sind reines, kristallines Blei und ebenfalls das eutektische Kristallgemenge entmischt nebeneinander vorhanden.

Im festen Zustand sind die Komponenten des Systems Sn/Pb nicht mischbar. Das Diagramm ähnelt daher dem Siedediagramm zweier nichtmiteinander mischbarer Flüssigkeiten.

Der tiefste Punkt der Liquiduslinie (Punkt *B*) heißt **eutektischer Punkt**. Hier liegen die reinen, festen Komponenten (Sn und Pb), das eutektische Gemisch (**Eutektikum**) und der gesättigte Dampf über der Schmelze im Gleichgewicht nebeneinander vor.

8.2 Abkühlungskurve und Zustandsdiagramme bei Mischkristallbildung

Im Gegensatz zum System Sn/Pb bilden andere Stoffpaare beim Erstarren **Mischkristalle** (feste Lösung), d. h. sie sind auch im festen Zustand völlig molekular vermischt, ohne dabei in einem festen, stöchiometrischen Verhältnis aneinander gebunden zu sein. (Die Gitterplätze sind abwechselnd mit den Teilchen beider Stoffe besetzt.)

In der Abkühlungskurve machen sich Beginn

und Ende der Mischkristallbildung jeweils durch einen Knick bemerkbar (s. Abb. 3.44). Zwischen beiden Knickpunkten tritt die Erstarrung der Schmelzprobe ein.

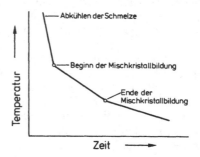

Abb. 3.44   Verlauf der Abkühlungskurve bei Mischkristallbildung

> Erstarrt eine Probe unter Mischkristallbildung, so tritt am Anfang und am Ende ein Knick in der Abkühlungskurve auf. Während der Mischkristallbildung verläuft die Abkühlungskurve nicht waagerecht.

Bildet das Stoffsystem im gesamten Konzentrationsbereich Mischkristalle aus (völlige Mischbarkeit), so besitzt das Schmelzdiagramm dieselbe Form wie das Siedediagramm zweier völlig mischbarer Flüssigkeiten. Dieser Fall ist in Abb. 3.45 gezeigt. Typische Vertreter solcher Stoffsysteme sind Gold/Silber oder Kupfer/Nickel.

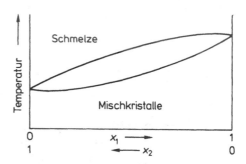

Abb. 3.45   Schmelzdiagramm bei Mischkristallbildung (völlige Mischbarkeit)

Das System Kupfer/Silber vermag dagegen nur in einem begrenzten Bereich Mischkristalle zu bilden. Es besitzt bei der Temperatur des Eutektikums (bei 1051 K) eine Mischungslücke, die von einem Massenanteil von 8,2% Ag bis zu 92% Ag reicht (*E* bis *D* in Abb. 3.46).

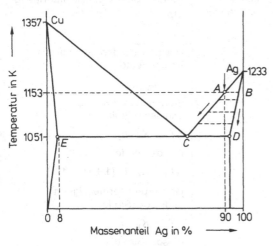

Abb. 3.46   Schmelzdiagramm von Cu/Ag

Läßt man z.B. eine Schmelze mit einem Massenanteil von 90% Silber abkühlen, so scheiden sich bei 1153 K (Punkt *A*) Cu/Ag-Mischkristalle aus, deren Zusammensetzung durch den Punkt *B* auf der Soliduslinie festgelegt ist. Läßt man die Probe weiter abkühlen, so ändert sich die Zusammensetzung der Schmelze gemäß dem Verlauf der Liquiduslinie von *A* nach *C*, während die Zusammensetzung der Mischkristalle durch die Kurve *BD* vorgegeben ist. Bei 1051 K erstarrt dann die restliche Schmelze als Eutektikum.

8.3 Zustandsdiagramm bei Verbindungsbildung

Manche Mischsysteme bilden bei einer bestimmten Zusammensetzung sowohl im flüssigen wie auch im festen Zustand eine Verbindung aus. Eine Verbindung verhält sich beim Schmelzen wie ein elementarer, reiner Stoff. Jeder Zusatz einer anderen Komponente führt daher zu einer Schmelzpunkterniedrigung. Im Schmelzdiagramm kommt somit eine **Verbindungsbildung** durch ein (zwischen zwei Eutektika liegendes) **Maximum auf der Liquiduslinie** zum Ausdruck.

In Abb. 3.47 ist ein Zustandsdiagramm bei Verbindungsbildung mit Kennzeichnung der verschiedenen Zustandsgebiete dargestellt. Denkt man sich das Diagramm an der Stelle des Maximums zerschnitten, so entstehen zwei einfache Schmelzdiagramme mit Eutektikum.

> Bilden die Komponenten einer binären Mischung eine Verbindung, so ergibt sich im Schmelzdiagramm bei der betreffenden Zusammensetzung ein Maximum auf der Liquiduslinie.

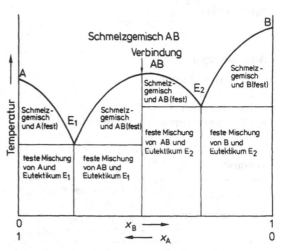

Abb. 3.47   Schmelzdiagramm eines Systems mit Verbindungsbildung

9. Formelsammlung

Löslichkeit in flüssiger Phase

Löslichkeit von Feststoffen

$$l = \frac{m_S}{m_{LM}}$$

Löslichkeit von Gasen   Druckabhängigkeit

$$L = \frac{V_G}{V_{LM}} \qquad L = A \cdot p_G \text{ (Gasphase)}$$

Nernstscher Verteilungssatz

$$\frac{c_S \text{(Phase I)}}{c_S \text{(Phase II)}} = k$$

Anwendungen

– Kristallzüchtung
– Fällungen
– Extraktionen
– Chromatographische Trennverfahren

Osmose

osmotischer Druck	undissoziierter Stoffe $\pi = c \cdot R \cdot T$
	dissoziierender Stoffe $\pi = c[1 + (n-1)\alpha]RT$

Anwendungen

– Vorgänge an semipermeablen Membranen
– Reinigung und Trennung von Lösungen (Dialyse)

Dampfdruck binärer Mischungen

1 flüchtige Komponente	relative Dampfdruckerniedrigung $\dfrac{\Delta p}{p_{1,0}} = x_2$
	Dampfdruck des flüchtigen Komponente $p_1 = x_1 \cdot p_{1,0}$
	Siedepunkterhöhung undissoz. Stoffe $\Delta T_S = K_E \cdot b_2$
	dissoz. Stoffe $\Delta T_S = K_E \cdot b_2[1 + (n-1)\alpha]$
	Gefrierpunkterniedrigung undissoz. Stoffe $\Delta T_G = K_K \cdot b_2$
	dissoz. Stoffe $\Delta T_G = K_K \cdot b_2[1 + (n-1)\alpha]$

Anwendungen

– Bestimmung molarer Massen gelöster Stoffe
– Bestimmung von Dissoziationsgrad und Lösungskonzentration

2 flüchtige Komponenten	Dampfdruck der Mischung $p_M = x_1 p_{1,0} + (1 - x_1)p_{2,0}$
	Stoffmengenanteil der leichter flüchtigen Komponente im Dampf $y_1 = \dfrac{x_1 \alpha_0}{x_1(\alpha_0 - 1) + 1}$
	idealer Trennfaktor $\alpha_0 = \dfrac{p_{1,0}}{p_{2,0}}$

Anwendungen

– Destillationen

Kapitel 4
Energiebilanz chemischer Reaktionen

„Warum verläuft die Reaktion überhaupt so?"
„Muß bei der Reaktion erhitzt oder vielleicht
gekühlt werden?"

Solche und ähnliche Fragen stellen sich im Laboralltag ständig und auch der Technologe der
chemischen Industrie hat sich mit ihnen ausein-
anderzusetzen.

Wir wollen in diesem Kapitel Kriterien zusammentragen, die es gestatten, in einem gewissen
Rahmen Antworten auf diese Fragen zu geben.
Dabei spielen energetische Betrachtungen die
entscheidende Rolle. In diesem Zusammenhang
werden wir die Begriffe Reaktionsenergie und
Reaktionsenthalpie oder die Bildungsenthalpie
einführen und den Satz von Hess behandeln.
Wir werden die Reaktionsentropie als ein mit-
entscheidendes Kriterium für den freiwilligen
Ablauf chemischer Reaktionen kennenlernen
und schließlich die freie Reaktionsenthalpie einführen. Die genannten Größen sind alle mehr
oder weniger stark von der Temperatur und
vom Druck abhängig. In diesem Buch legen wir
bei allen Betrachtungen und Berechnungen
Standardbedingungen zugrunde.

Zum Schluß werden wir uns noch mit der Aktivierungsenergie und der Wirkungsweise von
Katalysatoren befassen.

1. Physikalische Grundlagen

Innere Energie.

> Die insgesamt in einem System enthaltene
> Energie bezeichnet man – unabhängig von
> ihrer Art – als innere Energie U.

Bei den meisten Systemen setzt sich die innere
Energie aus verschiedenen Energieformen zusammen. Bei Gasen mit mehratomigen Molekülen sind dies z. B. die **Translationsenergie** (die
Moleküle bewegen sich zwischen zwei Zusam-
menstößen geradlinig), die **Rotationsenergie** (die
Gasmoleküle drehen sich um bestimmte Ach-

sen) und die **Schwingungsenergie** (die Atome im
Molekül schwingen gegeneinander; s. auch
Abb. 4.1). Bei Feststoffen setzt sich die innere
Energie unter anderem aus den Schwingungs-
und **Bindungsenergien** aller enthaltenen Teilchen
zusammen.

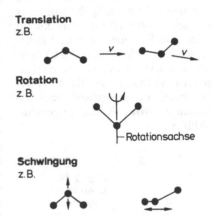

Abb. 4.1 Beiträge zur inneren Energie eines
Gases

Die innere Energie gibt also den energetischen
Zustand des Systems an. Sie ist – wie der Druck,
die Temperatur oder das Volumen – eine **Zu-
standsgröße.**

Systeme, die nicht im Energieaustausch mit der
Umgebung stehen, bezeichnet man als **abgeschlossen.** Für sie gilt der **Energieerhaltungssatz;**
er besagt:

> Die innere Energie eines abgeschlossenen
> Systems ist konstant.

In einem abgeschlossenen System kann also keine Energie verloren gehen und genauso wenig
kann sich die innere Energie von selbst vermeh-
ren.

Der erste Hauptsatz der Wärmelehre. Die innere
Energie eines Systems kann sich nur verändern,

wenn es Energie mit der Umgebung austauscht. Wird nur Wärme umgesetzt und mechanische Arbeit verrichtet, so gilt für die Änderung der im System enthaltenen Energie der **1. Hauptsatz der Wärmelehre**. Dieser besagt:

> Die Änderung der inneren Energie ΔU eines Systems ist gleich der Summe aus umgesetzter Wärme ΔQ und der am System bzw. vom System verrichteten Arbeit ΔW:
>
> $$\Delta U = \Delta Q + \Delta W \qquad (1)$$

Durch Energiezufuhr erhöht sich die innere Energie des Systems; Energieabgabe führt zur Erniedrigung des Energieinhalts. Zur klaren Unterscheidung von Energieabgabe und Energieaufnahme gilt in der Physikalischen Chemie folgende **Vereinbarung**: Wird einem System Energie **zugeführt**, so ist diese **positiv**. Vom System an die Umgebung **abgegebene** Energien werden durch ein **negatives Vorzeichen** gekennzeichnet (s. Abb. 4.2).

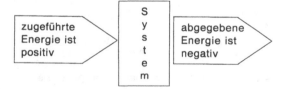

Abb. 4.2   Vorzeichenvereinbarung

2. Energieumsatz bei chemischen Reaktionen

2.1 Exotherme und endotherme Reaktionen

Experimente. Gibt man in ein mit etwas Calciumoxid (CaO) gefülltes Reagenzglas ein wenig Wasser, so stellt man eine starke Erwärmung des Glases fest. Bei der Reaktion

$$CaO + H_2O \rightarrow Ca(OH)_2$$

(Löschen von gebranntem Kalk) wird also Wärmeenergie an die Umgebung abgegeben. Erhitzt man danach das getrocknete Calciumhydroxid, so ist der Umkehrvorgang beobachtbar: Es bilden sich Wasserdampf und Calciumoxid. Um die Reaktion

$$Ca(OH)_2 \rightarrow CaO + H_2O$$

ablaufen zu lassen, muß also Wärmeenergie von außen zugeführt werden.

Folgerungen und Bezeichnungen. Was bei diesen einfachen Experimenten zu beobachten ist, kann man als allgemein gültiges Gesetz formulieren:

> Alle chemischen Reaktionen sind mit einem Energieumsatz verbunden.

Die bei Reaktionen umgesetzte Energie kann in Form von Wärme, als elektrische Energie, Strahlungsenergie oder auch in Form von mechanischer Arbeit auftreten. In diesem Kapitel beschränken wir uns auf den Wärmeumsatz und die Volumenänderungsarbeit (Hubarbeit) bei chemischen Reaktionen.

Es gelten folgende Bezeichnungen:

> – Die bei einem chemischen Vorgang frei werdende oder verbrauchte Wärmeenergie heißt Reaktionswärme (früher auch als Wärmetönung der Reaktion bezeichnet).
> – Reaktionen, die unter Wärmeabgabe ablaufen, nennt man exotherm, solche die einer Wärmezufuhr von außen bedürfen, heißen endotherm.

2.2 Reaktionsenergie

Durch chemische Reaktionen entstehen aus den Ausgangsstoffen neue Stoffe mit neuen Energieinhalten. Man definiert:

> Die durch eine chemische Umsetzung hervorgerufene Differenz der inneren Energien von Endprodukten und Ausgangsstoffen heißt Reaktionsenergie ΔU_R:
>
> $$\Delta U_R = U_E - U_A \qquad (2)$$
>
> U_E (Endprodukte)
> U_A (Ausgangsstoffe)

Besitzen die Ausgangsstoffe zusammen eine größere innere Energie als die Endprodukte, so verläuft die zugehörige Reaktion unter Energie-abgabe; die Reaktionsenergie ist dann negativ ($\Delta U_R < 0$). Die Reaktionsenergie ist positiv ($\Delta U_R > 0$), wenn zum Ablauf einer chemischen Reaktion Energie zuzuführen ist. In diesem Fall haben die Reaktionsprodukte einen größeren Energieinhalt als die Ausgangsstoffe zusammen.

Die Reaktionsenergie kann komplett als Wärmeenergie umgesetzt werden, sie kann sich aber auch auf einen Wärmeumsatz *und* auf Volumenarbeit verteilen. Dies zeigen wir in den folgenden Abschnitten.

2.3 Reaktionen bei konstantem Volumen und bei konstantem Druck

Besonders, wenn bei der Reaktion fester und flüssiger Stoffe ein Gas entsteht, wie z. B. bei

$$Zn + 2\,HCl \rightarrow ZnCl_2 + H_2\uparrow,$$

oder aber, wenn die Reaktionspartner selbst gasförmig sind und bei ihrem Umsatz Stoffmengenänderungen in der Gasphase auftreten, wie z. B. bei

$$N_2 + 3\,H_2 \leftrightarrows 2\,NH_3,$$

hängt die **Reaktionswärme** davon ab, ob der betreffende Vorgang in einem Raum mit konstantem Volumen oder aber unter konstantem Druck abläuft.

Bei den Erläuterungen in den folgenden Abschnitten nehmen wir an, daß die Temperatur im Reaktionsraum während des chemischen Vorgangs konstant bleibt.

2.3.1 Reaktionswärme bei isochor ablaufenden Prozessen

Wird eine Reaktion in einer verschlossenen Ampulle durchgeführt, deren Volumen sich nicht ändert (s. Abb. 4.3), so kann das Gas im Reaktionsraum auch bei einer Stoffmengenänderung keine Volumenarbeit verrichten ($\Delta W = 0$). Aus dem 1. Hauptsatz der Wärmelehre folgt daher für isochore Reaktionsprozesse

$$\Delta U_R = \Delta Q_V.$$

Der Index R deutet dabei an, daß die Änderung durch eine *R*eaktion hervorgerufen wurde, der

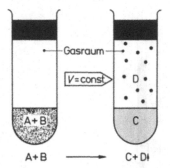

Abb. 4.3 Reaktion bei konstantem Volumen

Index *V* zeigt, daß dabei das *V*olumen konstant gehalten wurde.

In Worten bedeutet dies:

> Die Reaktionswärme isochor ablaufender chemischer Vorgänge ΔQ_V ist gleich der Reaktionsenergie $\Delta U_R = U_E - U_A$.

Beispiel

Bestimmung von Verbrennungswärmen. Verbrennungswärmen lassen sich besonders gut bestimmen, weil Verbrennungen im allgemeinen rasch, eindeutig und vollständig ablaufen. Damit die Verbrennungsprodukte, die meist gasförmig sind, nicht entweichen können, führt man die Umsetzung in drucksicheren **Kalorimeterbomben** (K.B, s. Abb. 4.4) aus. Der zu verbrennende **Stoff** (S) wird mit einem **Zünddraht** (Z) verbunden und in die Kalorimeterbombe gebracht. Die Bombe wird verschraubt und für die spätere Verbrennung solange mit Sauerstoff geflutet, bis die ganze Luft verdrängt ist. (Es wird mit einem Sauerstoffüberdruck gearbeitet.) Sodann wird sie fest verschlossen und in das **Kalorimetergefäß** (K) gestellt. Nun wird der Stoff über den Zünddraht gezündet. Die bei der Verbrennung frei werdende Wärme erhöht die Temperatur des im Kalorimeter befindlichen Wassers und des Gefäßes. Mit dem Rührer (R) wird das Wasser während des gesamten Vorgangs gut durchmischt.

Aus der gemessenen Temperaturerhöhung, der Masse des Wassers, sowie der Wärmekapazität des Kalorimeters und der Bombe läßt sich die Verbrennungswärme bestimmen. Da das Volumen der Bombe während des Verbrennungsvorgangs konstant bleibt, ist die so ermittelte Reaktionswärme gleich der **Verbrennungsenergie**.

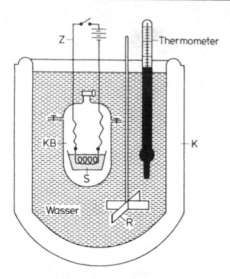

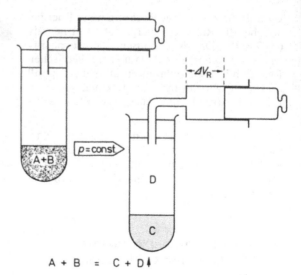

Abb. 4.4 Prinzipieller Aufbau einer Apparatur zur Bestimmung der Verbrennungswärme

Abb. 4.5 Isobar ablaufende Reaktion

2.3.2 Reaktionswärme bei isobar ablaufenden Prozessen

In der Praxis sind Reaktionen bei konstantem Druck häufiger, da chemische Umsetzungen doch meist in offenen Reaktionsgefäßen durchgeführt werden. Das Wort „offen" wollen wir dabei so verstehen, daß das Gas im Reaktionsraum – wenn nötig – sein Volumen so verändern kann, daß der Gasdruck jederzeit gleich dem äußeren Luftdruck ist. Dies läßt sich in einem offenen Reagenzglas genauso verwirklichen wie z. B. in einem durch einen frei beweglichen Kolben abgeschlossenen Reaktionsgefäß.

Vergrößert sich z. B. während einer chemischen Umsetzung die Molekülzahl in der Gasphase, so ist ein isobarer Reaktionsablauf nur dann gewährleistet, wenn sich auch der Gasraum vergrößern kann (s. Abb. 4.5). In diesem Fall hat das Stoffsystem während der Reaktion Expansionsarbeit zu verrichten. Verringert sich hingegen die Molekülzahl in der Gasphase, so muß der äußere Luftdruck den Gasraum zur Wahrung der Druckkonstanz auf ein geringeres Volumen zusammendrücken. In diesem Fall wird also am System Kompressionsarbeit verrichtet.

Die Expansions- und Kompressionsarbeit beträgt:

$$\Delta W_R = -p \cdot \Delta V_R = -p(V_E - V_A), \qquad (3)$$

wobei p der konstante Gasdruck und V_A bzw. V_E das Anfangs- bzw. das Endvolumen des Gasraums bedeuten.

Für die Reaktionswärme isobar ablaufender Reaktionen ΔQ_p ergibt sich daher aus Gl. (1):

$$\begin{aligned}\Delta Q_p &= \Delta U_R - \Delta W_R \\ &= \Delta U_R + p \cdot \Delta V_R\end{aligned} \qquad (4)$$

Sie wird – in Analogie zu anderen isobaren Vorgängen – als **Reaktionsenthalpie** ΔH_R bezeichnet.

> Die bei isobarer Prozeßführung umgesetzte Reaktionswärme heißt Reaktionsenthalpie ΔH_R. Sie unterscheidet sich von der Reaktionsenergie ΔU_R durch die zusätzlich verrichtete Volumenarbeit ΔW_R.

Die Volumenarbeit läßt sich unter der Annahme, daß es sich bei den gasförmigen Stoffen um ideale Gase handelt, leicht berechnen: Ist die Stoffmenge des Gases zu Beginn der Reaktion gleich v_A und am Ende gleich v_E und ist die Temperatur während des gesamten Ablaufs konstant gleich T, so folgt mit

$$p \cdot V_E = v_E \cdot R \cdot T \quad \text{und} \quad p \cdot V_A = v_A \cdot R \cdot T$$

für die Arbeit:

$$\Delta W_R = -p(V_E - V_A)$$
$$= -(v_E - v_A) \cdot R \cdot T \qquad (5)$$

Für $v_A > v_E$ ist ΔW_R positiv: Der äußere Luftdruck leistet dann am Gas im Reaktionsraum Kompressionsarbeit. Ist $v_E > v_A$, so ist ΔW_R negativ: Das Reaktionsgas dehnt sich aus und verrichtet dabei Expansionsarbeit. Damit ist auch unsere Vorzeichenvereinbarung erfüllt: positiv, wenn dem System Arbeit zugeführt wird und negativ, wenn das System selbst Arbeit leistet und dabei Energie an die Umgebung abgibt.

Wird Gl. (5) in Gl. (4) eingesetzt, so erhält man für die Reaktionsenthalpie:

$$\Delta H_R = \Delta U_R + (v_E - v_A) \cdot R \cdot T$$
$$= \Delta U_R + \Delta v_R \cdot R \cdot T \qquad (6)$$

Setzt sich die Gasphase zu Beginn und am Ende der Reaktion aus mehreren Einzelgasen zusammen, so sind für v_A und v_E jeweils die Summen der Einzelstoffmengen einzusetzen:

$v_A = v_{A1} + v_{A2} + \dots$ und

$v_E = v_{E1} + v_{E2} + \dots$

Sind die Stoffmengen der Gase zu Beginn und am Ende eines chemischen Vorgangs gleich groß ($\Delta v_R = 0$), so wird auch keine Volumenarbeit geleistet; die Reaktionsenthalpie ist dann gleich der Reaktionsenergie. Das gilt z. B. für Reaktionen ohne Gasentwicklung, also für Reaktionen, die in der festen und flüssigen Phase ablaufen.

2.3.3 Molare Reaktionsenthalpie unter Standardbedingungen

Die während einer Reaktion freigesetzte oder verbrauchte Wärmeenergie ist von den Ausgangsstoffen und Endprodukten, den insgesamt umgesetzten Stoffmengen und von den äußeren Bedingungen (Druck und Temperatur) abhängig. Um die Enthalpien verschiedener chemischer Umsetzungen miteinander vergleichen zu können, ist es deshalb notwendig, sowohl auf eine bestimmte, umgesetzte Menge als auch auf bestimmte äußere Bedingungen zu beziehen.

Man wählt (willkürlich):

– als Stoffmenge: 1 mol einer bestimmten Reaktionskomponente

– als Druck: 1013 hPa (760 Torr) und
– als Temperatur: 298 K (25 °C)

Die so gewählten Bezugsgrößen für Druck und Temperatur bezeichnet man als **Standardbedingungen**.

Wir definieren:

> Die molare Standardreaktionsenthalpie $\Delta H^0_{R,m}$ ist der auf 1 mol einer interessierenden Komponente bezogene Wärmeumsatz bei einer Reaktion unter Standardbedingungen.

Der Index m deutet hier den Bezug auf den Stoffumsatz von 1 mol an; die hochgestellte Null kennzeichnet den Bezug auf Standardbedingungen.

Die Angabe der molaren Reaktionsenthalpie ist nur in Verbindung mit der Reaktionsgleichung sinnvoll und gilt dabei für den Umsatz derjenigen Reaktionskomponenten, die in der Gleichung den **stöchiometrischen Faktor 1** besitzen.

Beispiel. Die Gleichung

$\frac{1}{2} CO_2 + 1\,Mg \rightarrow \frac{1}{2} C + 1\,MgO$ mit

$$\Delta H^0_{R,m} = -404 \frac{kJ}{mol}$$

drückt aus: Wenn man **1 mol** Magnesiumoxid aus Kohlendioxid und Magnesium herstellt, so wird unter Standardbedingungen eine Wärmeenergie von 404 kJ frei. Ebenso ließe sich sagen: Beim vollständigen Umsatz von **1 mol** Mg mit CO_2 werden 404 kJ frei.

Rechenbeispiel. In einer Kalorimeterbombe wurde Ethanol verbrannt:

$C_2H_5OH\,(fl) + 3\,O_2\,(g)$
$\rightarrow 2\,CO_2\,(g) + 3\,H_2O\,(fl)$

Dabei wurde für die **molare Verbrennungsenergie** unter Standardbedingungen der Wert $\Delta U^0_{R,m} = -1200\ kJ \cdot mol^{-1}$ ermittelt. Berechnen Sie die molare **Standardverbrennungsenthalpie** von Ethanol.

Lösung: Die molare Standardverbrennungsenthalpie $\Delta H^0_{R,m}$ unterscheidet sich von $\Delta U^0_{R,m}$ um die Volumenarbeit $\Delta W^0_{R,m}$; das ist diejenige Arbeit, die von oder aber an den gasförmigen

Komponenten verrichtet wird, wenn der Druck während der Reaktion konstant bleibt. Somit gilt:

$$\Delta H_{R,m}^0 = \Delta U_{R,m}^0 + \Delta v_{R,m} \cdot R \cdot T$$

In unserem Beispiel ist die auf 1 mol verbranntes Ethanol bezogene Stoffmengenänderung der gasförmigen Komponenten gleich

$$\Delta v_{R,m} = \frac{v_E - v_A}{1\,\text{mol}} = \frac{2\,\text{mol} - 3\,\text{mol}}{1\,\text{mol}} = -1$$

Merke: $\Delta v_{R,m}$ ist grundsätzlich eine einheitenlose Zahl, die sich aus der Differenz der stöchiometrischen Faktoren von den gasförmigen Reaktionsprodukten und den gasförmigen Ausgangsstoffen ergibt. (Im Beispiel: $2 - 3 = -1$, s. Reaktionsgleichung.)

Während der Verbrennung von Ethanol nimmt die Gasmenge im Reaktionsraum ab. Daher wird bei isobarem Versuchablauf an den Gasen Kompressionsarbeit verrichtet, die als zusätzliche Wärme abgegeben wird.

Mit $T = 298\,K$ und $R = 8{,}31\,J \cdot mol^{-1} \cdot K^{-1}$ ergibt sich dann:

$$\Delta H_{R,m}^0 = -1200\,\frac{kJ}{mol} - 1 \cdot 8{,}31\,\frac{J}{mol \cdot K} \cdot 298\,K$$

$$= -1202{,}5\,\frac{kJ}{mol}$$

Der Unterschied zwischen der molaren Verbrennungsenergie und der molaren Verbrennungsenthalpie beträgt also nur $2{,}5\,kJ \cdot mol^{-1}$. Dies ist relativ gering und liegt innerhalb der Fehlerbreite, die man bei der Ermittlung der Verbrennungsenergie annehmen muß.

2.4 Die Wegunabhängigkeit der Reaktionsenthalpie

Satz von Hess. Bereits 1840 konnte der russische Chemiker *G. H. Hess* nachweisen, daß die Reaktionsenthalpie bei gleichen äußeren Bedingungen nur von den Stoffsystemen am Anfang und am Ende der Reaktion abhängig ist, aber unabhängig davon, über welche Zwischenstufen die Endprodukte entstehen.

Das nach Hess benannte Gesetz läßt sich kurz auch folgendermaßen formulieren:

> Die bei einer Reaktion umgesetzte Wärme ist vom Reaktionsweg unabhängig.

Der Satz von Hess ist eine spezielle Form des Energieerhaltungssatzes.

Beispiel. Interpretieren wir den Satz von Hess am Beispiel der Hydrierung des Ethin (C_2H_2) zum Ethan (C_2H_6). Die Hydrierung kann einmal direkt gemäß

$$C_2H_2 + 2H_2 \rightarrow C_2H_6 \qquad (R)$$

erfolgen. Diese Reaktion verläuft exotherm; die molare Standardreaktionsenthalpie beträgt

$$\Delta H_{R,m}^0 = -311\,\frac{kJ}{mol}.$$

Die zweite Möglichkeit besteht darin, das Ethin zunächst zum Ethen (C_2H_4)

$$C_2H_2 + H_2 \rightarrow C_2H_4 \qquad (R1)$$

und dann weiter zum Ethan zu hydrieren.

$$C_2H_4 + H_2 \rightarrow C_2H_6 \qquad (R2)$$

Die molare Standardreaktionsenthalpie für die 1. Teilreaktion (R1) beträgt

$$\Delta H_{R1,m}^0 = -174{,}1\,\frac{kJ}{mol};$$

für den 2. Teilschritt (R2) erhält man

$$\Delta H_{R2,m}^0 = -137{,}2\,\frac{kJ}{mol}.$$

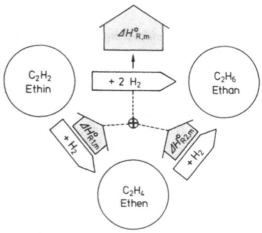

Abb. 4.6 Zur Veranschaulichung des Hessschen Satzes

Die beiden Teilenthalpien zusammen ergeben die Reaktionsenthalpie des Gesamtvorgangs (s. auch Abb. 4.6):

$$\Delta H^0_{R1,m} + \Delta H^0_{R2,m} = -174,1\,\frac{kJ}{mol} - 137,2\,\frac{kJ}{mol}$$

$$= -311,3\,\frac{kJ}{mol} = \Delta H^0_{R,m}.$$

Die insgesamt umgesetzte Wärme ist also unabhängig davon, ob die Hydrierung des Ethin zum Ethan direkt oder über Zwischenstufen erfolgt.

2.5 Molare Bildungs- und Zersetzungsenthalpie

Jede chemische Verbindung kann man sich unmittelbar durch Reaktion der enthaltenen Elemente entstanden denken (s. Abb. 4.7). Die dabei umgesetzte Wärme muß nach Hess unabhängig von den chemischen Zwischenstufen sein, über die die betreffende Verbindung entsteht. Daher ist es sinnvoll, jedem Stoff diejenige Wärmeenergie zuzuordnen, die bei seiner **Bildung aus den Elementen** frei bzw. verbraucht wird oder aber, wenn die Bildungsreaktion experimentell nicht durchführbar ist, theoretisch frei würde bzw. verbraucht würde. Diese bei konstantem Druck umgesetzte Wärme wird **Bildungsenthalpie** genannt.

> Unter der molaren Standardbildungsenthalpie $\Delta H^0_{B,m}$ versteht man den auf 1 mol und Standardbedingungen bezogenen Wärmeumsatz bei der Bildung eines Stoffes aus den Elementen. Den elementaren Stoffen wird willkürlich die Bildungsenthalpie Null zugeordnet.

Treten Elemente in verschiedenen Modifikationen auf, z. B. Schwefel in rhombischer Form (α-Schwefel) und in monokliner Form (β-Schwe-

fel), so erhält die bei Standardbedingungen stabile Form (bei Schwefel die rhombische Form) die Bildungsenthalpie Null.

Beispiel. Die molare Standardbildungsenthalpie von Wasser beträgt

$$\Delta H^0_{B,m} = -286\,\frac{kJ}{mol}.$$

Das heißt, bei der Bildung von 1 mol Wasser aus H_2 und O_2 werden 286 kJ frei. Die molare Standardbildungsenthalpie entspricht der molaren Standardreaktionsenthalpie des Vorgangs

$$H_2 + \tfrac{1}{2}O_2 \rightarrow H_2O\,(fl).$$

Die Bildungsenthalpien von Stoffen, die sich nicht direkt aus den Elementen herstellen lassen, können z. B. aus Verbrennungswärmen berechnet werden (s. Abschn. 2.6, S. 79).

In Tab. 4.1 sind die molaren Standardbildungsenthalpien einiger Stoffe zusammengestellt. Man ersieht daraus, daß die Bildungsenthalpien auch vom Aggregatzustand eines Stoffes abhängen. Für flüssiges H_2O gilt

$$\Delta H^0_{B,m} = -286\,\frac{kJ}{mol},$$

für H_2O-Dampf dagegen

$$\Delta H^0_{B,m} = -242\,\frac{kJ}{mol}.$$

Bei der Bildung von flüssigem Wasser wird mehr Wärme frei, weil die bei der Kondensation abgegebene Wärme mit hinzukommt. Tab. 4.1 zeigt auch noch einmal, daß die Bildungsenthalpien der elementaren Stoffe, wie z. B. N_2, H_2, O_2, definitionsgemäß Null sind. Das gilt auch für elementare, feste Stoffe, z. B. für C, Ca, etc.

Tab. 4.1 Molare Standardbildungsenthalpien

Stoff	$\Delta H^0_{B,m}$ (kJ mol^{-1})
CaO	−639,2
H_2O (fl)	−286
H_2O (g)	−242
N_2	0
H_2	0
O_2	0
C_2H_2	226,8
CO_2	−393

fl = flüssig
g = gasförmig

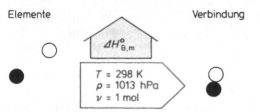

Abb. 4.7 Bildungsenthalpie unter Standardbedingungen

Die Wärmeenergie, die zur Zerlegung einer Verbindung in ihre Elemente unter Standardbedingungen aufgewendet werden muß oder aber frei wird, heißt **Standardzersetzungsenthalpie**.

Die molare Standardzersetzungsenthalpie $\Delta H_{Z,m}^0$ und die molare Standardbildungsenthalpie $\Delta H_{B,m}$ eines Stoffes sind betragsmäßig gleich groß, sie besitzen aber entgegengesetztes Vorzeichen: $\Delta H_{Z,m}^0 = -\Delta H_{B,m}^0$. Die Größe der Zersetzungsenthalpie ist ein Maß für die Stabilität einer chemischen Verbindung.

2.6 Anwendungen des Hessschen Satzes

Berechnung von Reaktionsenthalpien aus Bildungsenthalpien

Zur Berechnung der molaren Reaktionsenthalpie muß die Reaktionsgleichung zunächst so aufgestellt werden, daß die Reaktionskomponente, auf der der Stoffumsatz von 1 mol bezogen wird, den stöchiometrischen Faktor 1 besitzt. Der Einfachheit halber betrachten wir hier zunächst eine Reaktionsgleichung, in der alle Komponenten den Faktor 1 haben. Die Reaktion sei

$$AB + XY \rightarrow AX + BY. \qquad (R)$$

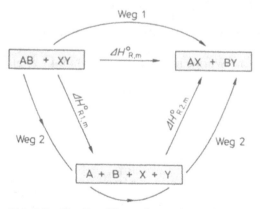

Abb. 4.8 Zur Ermittlung der molaren Reaktionsenthalpie

Diese Reaktion läßt sich in zwei Teilvorgänge zerlegen (s. Abb. 4.8):

1. Die Ausgangsstoffe AB und XY werden in die Elemente zerlegt:

$$AB + XY \rightarrow A + B + X + Y \qquad (R1)$$

Die molare Reaktionsenthalpie dieses Teilvorgangs beträgt:

$$\Delta H_{R1,m}^0 = \Delta H_{Z,m}^0(AB) + \Delta H_{Z,m}^0(XY)$$

Wegen $\Delta H_{Z,m}^0 = -\Delta H_{B,m}^0$ gilt auch:

$$\Delta H_{R1,m}^0 = -[\Delta H_{B,m}^0(AB) + \Delta H_{B,m}^0(XY)]$$

2. Aus den Elementen werden die Endprodukte AX und BY gebildet:

$$A + B + X + Y \rightarrow AX + BY \qquad (R2)$$

Hier ist die molare Reaktionsenthalpie gleich der Summe der entsprechenden Bildungsenthalpien:

$$\Delta H_{R2,m}^0 = \Delta H_{B,m}^0(AX) + \Delta H_{B,m}^0(BY)$$

Nach Hess („Die Reaktionsenthalpie ist auf beiden Wegen gleich") ergibt sich somit die **molare Standardreaktionsenthalpie des Bruttovorgangs** (R) zu:

$$\begin{aligned} \Delta H_{R,m}^0 &= \Delta H_{R2,m}^0 + \Delta H_{R1,m}^0 \\ &= \underbrace{[\Delta H_{B,m}^0(AX) + \Delta H_{B,m}^0(BY)]}_{\substack{\text{molare Bildungsenthal-}\\\text{pien der Endprodukte}}} \\ &\quad - \underbrace{[\Delta H_{B,m}^0(AB) + \Delta H_{B,m}^0(XY)]}_{\substack{\text{molare Bildungsenthal-}\\\text{pien der Ausgangsstoffe}}} \end{aligned}$$

Zusatzbemerkung. Besitzen nicht alle Komponenten in der Reaktionsgleichung den stöchiometrischen Faktor 1, so müssen diese Faktoren bei den entsprechenden molaren Bildungsenthalpien als Multiplikatoren berücksichtigt werden.

Zur Berechnung von molaren Reaktionsenthalpien aus Bildungsenthalpien sind also grundsätzlich folgende Teilschritte erforderlich:

1. Man stellt die Reaktionsgleichung so auf, daß die interessierende Komponente den stöchiometrischen Faktor 1 erhält.

2. Man bildet die Summe der mit den entsprechenden stöchiometrischen Faktoren multiplizierten, molaren Bildungsenthalpien aller Reaktionsprodukte und zieht davon die entsprechende Summe für die Ausgangsstoffe ab.

3. Die so gebildete Differenz entspricht der molaren Reaktionsenthalpie.

Rechenbeispiel. Wie groß ist die molare Standardreaktionsenthalpie für die Verbrennung von Ethin (Acetylen) zu Kohlendioxid und flüssigem Wasser?

Lösung: Die Reaktionsgleichung lautet:

$$1\,C_2H_2 + \tfrac{5}{2}O_2 \rightarrow 2\,CO_2 + H_2O\,(fl)$$

(Das Ethin besitzt in der Reaktionsgleichung den stöchiometrischen Faktor 1.)

Für die molare Standardreaktionsenthalpie erhält man somit:

$$\Delta H^0_{R,m} = 2 \cdot \Delta H^0_{B,m}(CO_2) + 1 \cdot \Delta H^0_{B,m}(H_2O)$$
$$- [\tfrac{5}{2} \cdot \Delta H^0_{B,m}(O_2) + 1 \cdot \Delta H^0_{B,m}(C_2H_2)]$$

Mit den aus Tab. 4.1 entnommenen Werten für die Bildungsenthalpien

$$\Delta H^0_{B,m}(CO_2) = -393\,\frac{kJ}{mol};$$

$$\Delta H^0_{B,m}(H_2O) = -286\,\frac{kJ}{mol}$$

$$\Delta H^0_{B,m}(O_2) = 0\,\frac{kJ}{mol} \quad \text{(elementarer Stoff!)}$$

$$\Delta H^0_{B,m}(C_2H_2) = +226{,}8\,\frac{kJ}{mol}$$

ergibt sich:

$$\Delta H^0_{R,m} = [2 \cdot (-393) - 286 - 226{,}8]\,\frac{kJ}{mol}$$

$$= 1298{,}8\,\frac{kJ}{mol} \approx 1300\,\frac{kJ}{mol}$$

Berechnung von Bildungsenthalpien aus Reaktionsenthalpien

Im vorhergehenden Abschnitt haben wir gezeigt, wie man die Reaktionsenthalpie bei Kenntnis der Bildungsenthalpien aller beteiligten Stoffe berechnen kann. Natürlich ist auch der Umkehrvorgang möglich: die Bestimmung von unbekannten Bildungsenthalpien aus bekannten Reaktionsenthalpien. Man wird dieses Verfahren vor allem immer dann anwenden, wenn sich ein Stoff nicht oder nur schlecht aus den Elementen synthetisieren läßt und deshalb die Bildungsenthalpie auf experimentellem Weg nicht direkt bestimmbar ist. Das folgende Rechenbeispiel soll das Vorgehen verdeutlichen.

Rechenbeispiel. Die molare Standardverbrennungsenthalpie von Butan (C_4H_{10}) beträgt

$$\Delta H^0_{R,m} = -2880\,\frac{kJ}{mol}.$$

Außerdem seien folgende molare Standardbildungsenthalpien bekannt:

$$\Delta H^0_{B,m}(H_2O_{fl}) = -286\,\frac{kJ}{mol},$$

$$\Delta H^0_{B,m}(CO_2) = -393\,\frac{kJ}{mol}.$$

(Diese Bildungsenthalpien entsprechen den molaren Verbrennungsenthalpien von Wasserstoff und Kohlenstoff:

$$H_2 + \tfrac{1}{2}O_2 \rightarrow H_2O; \quad C + O_2 \rightarrow CO_2.)$$

Wie groß ist die molare Standardbildungsenthalpie von Butan?

Lösung: Die Verbrennung von Butan erfolgt nach der Gleichung

$$C_4H_{10} + \tfrac{13}{2}O_2 \rightarrow 4\,CO_2 + 5\,H_2O\,(fl).$$

Für die molare Standardverbrennungsenthalpie ergibt sich somit

$$\Delta H^0_{R,m} = 4 \cdot \Delta H^0_{B,m}(CO_2)$$
$$+ 5 \cdot \Delta H^0_{B,m}(H_2O_{fl})$$
$$- \Delta H^0_{B,m}(C_4H_{10}).$$

(Die Bildungsenthalpie des elementaren Sauerstoff ist definitionsgemäß Null.)

Daraus ergibt sich für die molare Bildungsenthalpie des Butan:

$$\Delta H^0_{B,m}(C_4H_{10})$$
$$= \underbrace{4 \cdot \Delta H^0_{B,m}(CO_2) + 5 \cdot \Delta H^0_{B,m}(H_2O_{fl})}$$

mit den stöchiometrischen Faktoren multiplizierte molare Verbrennungsenthalpien der im Butan enthaltenen Elemente C und H

$$\underbrace{- \Delta H^0_{R,m}}$$

molare Verbrennungsenthalpie von Butan

Einsetzen der Zahlenwerte ergibt:

$\Delta H_{B,m}^{0}(C_4H_{10})$

$= [4(-393) + 5(-286) - (-2880)] \dfrac{kJ}{mol}$

$= -122 \dfrac{kJ}{mol}$

Dieses Beispiel läßt sich verallgemeinern:

> Die Bildungsenthalpie eines Stoffes läßt sich berechnen, indem man von den Verbrennungsenthalpien der in diesem Stoff enthaltenen Elemente die Verbrennungsenthalpie des Stoffes selbst abzieht (stöchiometrische Faktoren in der Reaktionsgleichung beachten!)

3. Kriterien für den selbständigen Ablauf chemischer Reaktionen

Von Ihrer Labortätigkeit her wissen Sie, daß manche Reaktionen unter den gegebenen Bedingungen ganz von selbst ablaufen, andere aber erst einer Einflußnahme von außen bedürfen, z. B. Temperatur- oder Drucksteigerung. In den nächsten Abschnitten sollen Sie lernen, wie sich dies voraussagen läßt.

3.1 Die These von Thomsen und Berthelot

Bei der Suche nach Kriterien für den selbständigen Ablauf von chemischen Umsetzungen denkt sicher jeder zuerst an die Reaktionsenthalpie. Es fällt nämlich auf, daß sehr viele unter normalen, äußeren Bedingungen freiwillig ablaufende Reaktionen mit einer mehr oder weniger großen Wärmeabgabe ($\Delta H_R < 0$) verbunden sind. Jeder Verbrennungsvorgang ist dafür ein anschauliches Beispiel.

Diese Feststellung muß wohl auch **Thomsen und Berthelot** Mitte des 19. Jahrhunderts zu der Behauptung bewogen haben, daß *nur* exotherme Vorgänge von selbst ablaufen können. Damit wäre also die Reaktionsenthalpie einzig und allein ein Maß für die „Triebkraft" einer chemischen Umsetzung.

Heute weiß man, daß diese Behauptung – so streng formuliert – nicht zutrifft. Es gibt nämlich ebenso freiwillig ablaufende, endotherme Reaktionen. Wenn man z. B. Sauerstoff bei ca. 300 °C über Quecksilber leitet, so reagieren beide Stoffe bereitwillig zu Quecksilberoxid (HgO). Wird jedoch die Temperatur auf ca. 500 °C erhöht, so tritt **ganz von selbst** die Gegenreaktion in den Vordergrund; d. h. das Quecksilberoxid zerfällt unter Wärmeaufnahme selbständig in Hg und O_2. Bei „tieferen" Temperaturen läuft also bevorzugt die exotherme, bei höheren Temperaturen die entgegengesetzte, endotherme Reaktion **freiwillig** ab. Diese Beobachtung kann man häufig machen.

Man erkennt daraus, daß eine negative Reaktionsenthalpie zwar häufig auf den selbständigen Ablauf eines Prozesses hinweist, aber dafür keineswegs allein entscheidend ist.

3.2 Entropiebegriff

Die Frage bleibt, was sonst noch entscheidenden Einfluß auf den Ablauf einer Reaktion nehmen kann. – Auffällig ist, daß bei vielen selbständig verlaufenden Reaktionen Gase als Endprodukte entstehen. Wofür kann aber das Entstehen von Gasen ein Hinweis sein? – Gase bedeuten einen Zustand großer stofflicher Unordnung (der Ort der Teilchen ist nicht bestimmbar). Offensichtlich ist der Ablauf einer chemischen Reaktion besonders begünstigt, wenn dabei ein Stoffsystem mit vermehrter, innerer Unordnung entstehen kann. Diese Vermutung erfährt durch den **2. Hauptsatz der Wärmelehre** eine allgemeine Bestätigung:

> In einem abgeschlossenen System führt jeder Vorgang zu einer Vergrößerung der inneren Unordnung.

Die Größe, mit der die Unordnung eines Systems oder eines Zustands erfaßt wird, heißt **Entropie**. Sie wurde bereits 1865 von *Clausius* aufgrund statistischer Überlegungen und Berechnungen eingeführt.

> Die Entropie S ist ein Maß für die Unordnung eines Zustands. Je größer die Entropie desto größer die Unordnung.

Gase besitzen also eine größere Entropie als Feststoffe (Zustand großer stofflicher Ordnung; s. Kap. 2, S. 20). Am absoluten Nullpunkt ist der ideale **Festkörper** sogar mit einem starren Gitter vergleichbar, in dem alle Teilchen ihre wohldefinierten Plätze einnehmen. (Von der Nullpunktschwingung sei abgesehen.) Dies starre Gitter entspricht dem Zustand größt möglicher stofflicher Ordnung, der als Bezugszustand gewählt wird und die Entropie Null erhält. Im Vergleich dazu kann man nun den Ordnungszustand aller anderen Stoffe – z. B. aus spektroskopischen Daten – bestimmen und ihnen so Werte für die Entropie zuweisen. Dabei ist zu beachten, daß die Ordnung normalerweise mit steigender Temperatur abnimmt (Wärmebewegung der Teilchen).

Bezogen auf die Stoffmenge 1 mol und auf Standardbedingungen ergeben sich die **molaren Standardentropien** S_m^0, die für einige Stoffe in Tab. 4.2 angegeben sind.

Tab. 4.2   Molare Standardentropien

Stoff	S_m^0 ($\mathrm{J \cdot mol^{-1} \cdot K^{-1}}$)
H_2O (g)	189,1
H_2O (fl)	70,1
C	5,7
CO_2	214,1
CO	198,1
O_2	206,3
$CaCO_3$	92,9
CaO	39,8
H_2	130,7

3.3 Reaktionsentropie

Reaktionen sind im allgemeinen mit einer Entropieänderung verbunden, weil sich die Stoffsysteme am Anfang und am Ende der chemischen Umsetzung unterscheiden. Diese Änderung wird **Reaktionsentropie** genannt.

> Die Reaktionsentropie ΔS_R ist gleich der Differenz aus den Entropien S_E aller Endprodukte und den Entropien S_A aller Ausgangsstoffe:
> $$\Delta S_R = S_E - S_A \qquad (7)$$

In abgeschlossenen Systemen sind nach dem 2. Hauptsatz der Wärmelehre alle Vorgänge mit einer Erhöhung der Gesamtentropie verbunden. Ein reagierendes Stoffsystem tauscht aber grundsätzlich Energie mit der Umgebung aus (Wärmeabgabe und -aufnahme) und stellt somit kein abgeschlossenes System dar. Deshalb kann die Reaktionsentropie auch jeden beliebigen Wert annehmen, also positiv, negativ oder Null werden.

Eine Entropiezunahme ist für den freiwilligen Ablauf einer Reaktion günstig. Eine große, positive Reaktionsentropie kann sogar ein entscheidender Hinweis für einen selbständig ablaufenden Stoffumsatz sein. Große Reaktionsentropien sind vor allem bei höheren Temperaturen zu erwarten, weil hierbei meist gasförmige Stoffe gebildet werden, oder aber wenn sich die Teilchenzahl bei der Reaktion vergrößert (vgl. typische Temperaturabhängigkeit von Eliminierungsreaktionen).

Die auf einen Stoffumsatz von 1 mol und auf Standardbedingungen bezogene Reaktionsentropie wird **molare Standardreaktionsentropie** $\Delta S_{R,m}^0$ genannt.

Rechenbeispiel. Berechne die molaren Standardreaktionsentropien für die Vorgänge:

$$C + \tfrac{1}{2}O_2 \rightarrow CO_2 \qquad (R1)$$

$$H_2 + \tfrac{1}{2}O_2 \rightarrow H_2O(fl) \qquad (R2)$$

Lösung: Für die Reaktion (R1) gilt (stöchiometrische Faktoren beachten):

$$\Delta S_{R1,m}^0 = S_m^0(CO_2) - [\tfrac{1}{2} \cdot S_m^0(O_2) + S_m^0(C)]$$

Mit den in Tab. 4.2 angegebenen Werten ergibt sich:

$$\Delta S_{R1,m}^0 = [214,1 - (\tfrac{1}{2} \cdot 206,3 + 5,7)] \frac{J}{mol \cdot K}$$

$$= +104,6 \frac{J}{mol \cdot K}$$

Die Entropiezunahme ist im wesentlichen auf die Zunahme der Gasmenge zurückzuführen.

Analog erhält man für die Reaktion (R2):

$$\Delta S_{R2,m}^0 = S_m^0(H_2O_{fl}) - [\tfrac{1}{2} \cdot S_m^0(O_2) + S_m^0(H_2)]$$

$$= [70,1 - (\tfrac{1}{2} \cdot 206,3 + 130,7)] \frac{J}{mol \cdot K}$$

$$= -164,3 \frac{J}{mol \cdot K}$$

Die Abnahme der Entropie ist darauf zurückzuführen, daß aus Gasen eine Flüssigkeit – also ein Zustand größerer Ordnung – entsteht.

3.4 Freie Reaktionsenthalpie

Gibbs und Helmholtz erkannten als erste, daß man die Reaktionsenthalpie ΔH_R, die Reaktionsentropie ΔS_R und die Temperatur T zu einer neuen Größe verknüpfen muß, wenn man die Frage nach der Freiwilligkeit eines chemischen Vorgangs stichhaltig beantworten möchte. Für isobar-isotherme Prozesse führten Sie deshalb die sog. **freie Reaktionsenthalpie** ΔG_R – auch **Gibbssche Energie** genannt – ein. Bezogen auf einen Stoffumsatz von 1 mol gilt für diese Größe:

$$\Delta G_{R,m} = \Delta H_{R,m} - T \cdot \Delta S_{R,m} \qquad (8)$$

Ist für einen chemischen Vorgang

- $\Delta G_{R,m} < 0$, so kann die Reaktion selbständig ablaufen. Man nennt sie dann **exergonisch**.

- $\Delta G_{R,m} > 0$, so läuft die Reaktion nicht freiwillig ab. Ihr Ablauf kann aber durch Energiezufuhr erzwungen werden. Solche Reaktionen heißen **endergonisch**.

- $\Delta G_{R,m} = 0$, so ist das Stoffsystem im chemischen Gleichgewicht (s. Kap. 5).

Über den zeitlichen Ablauf, d.h. über die Geschwindigkeit der Reaktion gibt die freie Reaktionsenthalpie allerdings keine Auskunft.

Bei tiefen Temperaturen (darunter wollen wir Temperaturen unter 100 °C verstehen) überwiegt in Gl. (8) meist die Reaktionsenthalpie $\Delta H_{R,m}$ gegenüber dem Term $T \cdot \Delta S_{R,m}$. Daher ist bei tiefen Temperaturen die Größe von $\Delta H_{R,m}$ meist allein dafür entscheidend, ob eine Reaktion selbständig ablaufen kann oder nicht. Bei negativen Reaktionsenthalpien erfolgt die chemische Umsetzung in solchen Fällen freiwillig.

Der Term $T \cdot \Delta S_{R,m}$ ist vor allem bei hohen Temperaturen und großen Reaktionsentropien zu beachten. Dabei muß aber berücksichtigt werden, daß sowohl die Reaktionsenthalpie als auch die Reaktionsentropie temperaturabhängig sind und bei hohen Temperaturen andere Werte besitzen als unter Standardbedingungen. Große Entropieänderungen treten auf, wenn sich bei der Reaktion fester und flüssiger Stoffe Gase entwickeln, oder bei Reaktionen mit großen Stoffmengenänderungen, wie z. B. bei Additions- oder Eliminierungsreaktionen.

Rechenbeispiel. Läuft die Zersetzung von Calciumcarbonat

$$CaCO_3 \rightarrow CaO + CO_2$$

unter Standardbedingungen selbständig ab?

Gegeben sind folgende molare Bildungsenthalpien und Entropien unter Standardbedingungen:

Stoff	$CaCO_3$	CaO	CO_2
$\Delta H^0_{B,m}\left(\dfrac{kJ}{mol}\right)$	$-1211,6$	$-639,2$	-393
$\Delta S^0_m\left(\dfrac{J}{mol \cdot K}\right)$	$92,9$	$39,8$	$214,1$

Lösung: Für die molare Standardreaktionsenthalpie ergibt sich

$$\Delta H^0_{R,m} = \Delta H^0_{B,m}(CaO) + \Delta H^0_{B,m}(CO_2)$$
$$- \Delta H^0_{B,m}(CaCO_3)$$
$$= [-639,2 - 393 + 1211,3]\frac{kJ}{mol}$$
$$= +179,1 \frac{kJ}{mol}.$$

Die molare Standardreaktionsentropie beträgt:

$$\Delta S^0_{R,m} = S^0_m(CaO) + S^0_m(CO_2) - S^0_m(CaCO_3)$$
$$= [39,8 + 214,1 - 92,9]\frac{J}{mol \cdot K}$$
$$= 160,8 \frac{J}{mol \cdot K}.$$

Daraus ergibt sich für die freie Reaktionsenthalpie unter Standardbedingungen

$$\Delta G^0_{R,m} = \Delta H^0_{R,m} - T \cdot \Delta S^0_{R,m}$$
$$= 179,1 \frac{kJ}{mol} - 298 \text{ K} \cdot 160,8 \frac{J}{mol \cdot K}$$
$$= (179,1 - 47,9)\frac{kJ}{mol} = 131,2 \frac{kJ}{mol}.$$

Folgerung: Die Zersetzung von $CaCO_3$ läuft unter Standardbedingungen nicht selbständig ab; es handelt sich um einen endergonischen Vorgang. (Standardbedingungen bedeutet hier, daß sich im Reaktionsbehälter bei 25°C $CaCO_3$, CaO und CO_2 mit einem Druck von $p = 1013$ hPa befinden.)

Das Beispiel zeigt auch noch einmal sehr deutlich, daß bei tiefen Temperaturen (hier 298 K) die Reaktionsenthalpie $\Delta H_{R,m}$ dominiert.

3.5 Freie Reaktionsenthalpie und chemische Affinität

Unter der **chemischen Affinität** versteht man das Bestreben zweier Stoffe, eine Verbindung miteinander einzugehen. Die „Triebkraft" für die dazu notwendige Reaktion ist die freie Reaktionsenthalpie. Deshalb ist die freie Reaktionsenthalpie auch ein Maß für die chemische Affinität:

> Je negativer die freie Reaktionsenthalpie des Bindungsvorgangs, desto größer ist die chemische Affinität der Bindungspartner.

Rechenbeispiel. Kann Kupferoxid (CuO) mit Eisenpulver zu Kupfer reduziert werden? Gegeben sind:

Stoff	CuO	Cu	Fe_3O_4	Fe	O_2
$\Delta H^0_{B,m}$ $\left(\dfrac{kJ}{mol}\right)$	$-154,9$	0	$-1116,5$	0	0
ΔS^0_m $\left(\dfrac{J}{mol \cdot K}\right)$	43,5	33,4	146,5	27,1	206,3

Lösung: Wir müssen überprüfen, ob Eisen oder Kupfer die größere Affinität zum Sauerstoff besitzt. Dazu berechnen wir die Werte von $\Delta G^0_{R,m}$ für folgende Reaktionen:

Reaktion	$Cu + \frac{1}{2}O_2 \rightarrow CuO$
$\Delta H^0_{R,m}$ $\left(\dfrac{kJ}{mol}\right)$	$-154,9$ (entspricht der molaren Bildungsenthalpie von CuO)
$\Delta S^0_{R,m}$ $\left(\dfrac{J}{mol \cdot K}\right)$	$43,5 - \frac{1}{2} \cdot 206,3 - 33,4 = -93,6$
$\Delta G^0_{R,m}$ $\left(\dfrac{kJ}{mol}\right)$	$-154,9 - 298\,(-0,094)$ $= \mathbf{-128,9}$

Reaktion	$Fe + \frac{2}{3}O_2 \rightarrow \frac{1}{3}Fe_3O_4$
$\Delta H^0_{R,m}$ $\left(\dfrac{kJ}{mol}\right)$	$\frac{1}{3} \cdot (-1116,5) = -372,1$ (entspricht einem Drittel der molaren Bildungsenthalpie von Fe_3O_4)
$\Delta S^0_{R,m}$ $\left(\dfrac{J}{mol \cdot K}\right)$	$\frac{1}{3} \cdot 146,5 - \frac{2}{3} \cdot 206,3 - 27,2 = -115,9$
$\Delta G^0_{R,m}$ $\left(\dfrac{kJ}{mol}\right)$	$-372,1 - 298\,(-0,12)$ $= \mathbf{-336,3}$

Eisen besitzt also die größere Affinität zum Sauerstoff. Daher kann Kupferoxid mit Eisenpulver reduziert werden (vgl. die Begriffe „edles" und „unedles" Metall).

4. Aktivierungsenergie

Hinweise. Wir stellen uns die Frage, ob die Reaktion

$$H_2 + \tfrac{1}{2}O_2 \rightarrow H_2O$$

unter Standardbedingungen selbständig ablaufen kann. Die Antwort erwarten wir aus dem Wert für die molare, freie Reaktionsenthalpie $\Delta G^0_{R,m}$ zu bekommen.

Die Reaktionenthalpie entspricht der Bildungsenthalpie des Wassers und beträgt somit

$$\Delta H^0_{R,m} = -286 \,\frac{kJ}{mol}.$$

Die molare Standardreaktionsentropie dieses Vorgangs haben wir bereits im Abschn. 3.3 (s. S. 81) berechnet. Dort fanden wir

$$\Delta S^0_{R,m} = -164{,}3 \; \frac{J}{mol \cdot K}.$$

Somit ergibt sich für die freie Reaktionsenthalpie unter Standardbedingungen:

$$\Delta G^0_{R,m} = \Delta H^0_{R,m} - T \cdot \Delta S^0_{R,m}$$

$$= -286 \frac{kJ}{mol} - 298 \, K \left(-164{,}3 \frac{J}{mol \cdot K} \right)$$

$$= -237 \frac{kJ}{mol}.$$

Da sich für $\Delta G_{R,m}$ ein negativer Wert ergibt, folgern wir: Die Reaktion zwischen Wasserstoff und Sauerstoff kann unter Standardbedingungen selbständig erfolgen.
Leiten wir aber Wasserstoff und Sauerstoff im geforderten Verhältnis zusammen, so werden wir enttäuscht. Nichts Merkliches geschieht! Woran mag das liegen? Unsere Berechnungen sind doch in Ordnung! (Und dennoch sollte man der Chemie nicht *nur* mit Rechner und Tafelwerken zuleibe rücken.)
Sie wissen natürlich, was nun zu tun ist: Ein kurzes Zünden des Gemisches mit der Flamme genügt, um eine heftige und im folgenden auch selbständig ablaufende Reaktion in Gang zu bringen, die sog. **Knallgasreaktion**. Für uns ist das ein Hinweis, daß man mitunter einen chemischen Vorgang erst einmal „anschieben" muß, damit er mit genügender Geschwindigkeit ablaufen kann.

Folgerung. Das obige Beispiel lehrt, daß die freie Reaktionsenthalpie zwar Auskunft über die Bereitschaft eines Stoffsystems zu Reaktion gibt, aber offensichtlich nichts über die Geschwindigkeit des Reaktionsablaufs auszusagen vermag. Häufig kann eine Reaktion überhaupt erst nach einer gewissen Energiezufuhr mit merklicher Geschwindigkeit ablaufen. Man sagt dazu: „Die Partner müssen erst einmal **aktiviert** werden, um reagieren zu können." Die dazu erforderliche Energie heißt **Aktivierungsenergie**.

> Die Aktivierungsenergie ist diejenige Energie, die man einem Stoffsystem zuführen muß, um es in die reaktionsfähigen Zustand zu versetzen.

Anschauliche Deutung. Wir wollen die Aktivierung an einem mechanisch/elektrischen Modell erläutern: Zwei Kugeln, die entgegengesetzt geladen sind, liegen in zwei leichten Mulden (s. Abb. 4.9). Da sich entgegengesetzte Ladungen bekanntlich anziehen, besteht zwischen ihnen grundsätzlich die Bereitschaft zu Vereinigung. Physikalisch-chemisch gesehen käme das durch einen negativen Wert für $\Delta G^0_{R,m}$ zum Ausdruck. Die eigene Energie der Kugeln reicht allerdings nicht aus, um den Trennwall zu überwinden. Bevor sie sich zu einem Paar zusammenlagern können, müssen sie erst einmal den kleinen Wall hinaufgerollt, d. h. „aktiviert" werden. Die dabei verrichtete Arbeit entspricht der Aktivierungsenergie. Oben angekommen, rollen die Kugeln schließlich selbständig und unter zunehmender Anziehungskraft in die Mulde, wo sie sich zum Kugelpaar (der Verbindung) zusammenlagern.

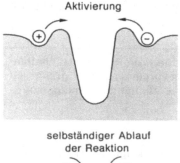

Aktivierung

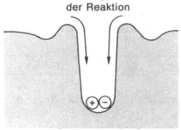

selbständiger Ablauf der Reaktion

Abb. 4.9 Modell zur Aktivierung

Bei exothermen Vorgängen genügt die bei der Vereinigung frei werdende Energie, um weitere Bindungspartner zu aktivieren. Exotherme Reaktionen verlaufen also nach einmaliger Aktivierung selbständig und insgesamt unter Wärmeabgabe weiter.

Bei endothermen Vorgängen (ein Modell zeigt Abb. 4.10) wird durch die Bildung der Verbindung nicht genügend Energie frei, um andere

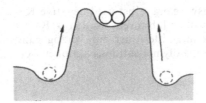

Abb. 4.10   Modell einer endothermen Reaktion

Reaktionspartner aktivieren zu können. Es muß deshalb dauernd Energie von außen zugeführt werden.

5. Katalysatoren

Mitunter sind zur Aktivierung einer chemischen Reaktion so hohe Temperaturen erforderlich, daß sich die Reaktionspartner bereits vor Einsetzen der gewünschten Reaktion zersetzen würden. In solchen Fällen kann man diesen Vorgang häufig dadurch bei tieferer Temperatur in Gang bringen, daß man ganz bestimmte Stoffe zusätzlich in den Reaktionsraum bringt, die aber am Endergebnis des eigentlichen Prozesses nichts verändern dürfen. Stoffe, mit denen dies möglich ist, nennt man **Katalysatoren.**

> Katalysatoren sind Stoffe, die die Aktivierungsenergie für einen chemischen Prozeß herabsetzen und dadurch seinen Ablauf beschleunigen. Nach der Reaktion liegen sie selbst unverändert vor.

Wirkungsweise. Um die Stoffe X und Y ohne Katalysator zur Verbindung XY vereinigen zu können, muß die Aktivierungsenergie ΔE_{a1} (s. Abb. 4.11) zugeführt werden. Dann läuft folgender Vorgang ab:

$$X + Y \xrightarrow{\substack{\text{Akti-}\\ \text{vierung}}} (X + Y)_{\text{akt.}} \xrightarrow{\substack{\text{Energie-}\\ \text{abgabe}}} XY$$

Die Wirkungsweise eines Katalysators (K) beruht darauf, daß er mit den umzusetzenden Stoffen X und Y eine „Zwischenverbindung" zu bilden vermag, zu deren Zustandekommen eine wesentlich geringere Aktivierungsenergie ΔE_{a2} erforderlich ist:

$$\underset{\text{Ausgang}}{X + Y + K} \xrightarrow{\substack{\text{Akti-}\\ \text{vierung}}} \underset{\substack{\text{aktivierter}\\ \text{Zustand}}}{(X + K)_{\text{akt.}} + Y} \longrightarrow \underset{\substack{\text{Zwischen-}\\ \text{zustand}}}{XK + Y}$$

Die Zwischenverbindung XK wiederum reagiert sofort unter geringem Aktivierungsaufwand zum Endprodukt XY weiter, wobei der Katalysator wieder freigesetzt wird:

$$\underset{\substack{\text{Zwischen-}\\ \text{zustand}}}{XK + Y} \xrightarrow{\substack{\text{Akti-}\\ \text{vierung}}} \underset{\substack{\text{aktivierter}\\ \text{Zustand}}}{(XK + Y)_{\text{akt.}}} \xrightarrow{\substack{\text{Energie-}\\ \text{abgabe}}} \underset{\substack{\text{End-}\\ \text{zustand}}}{XY + K}$$

Die „Zwischenverbindung" kann dabei eine wirkliche chemische Verbindung des betreffen-

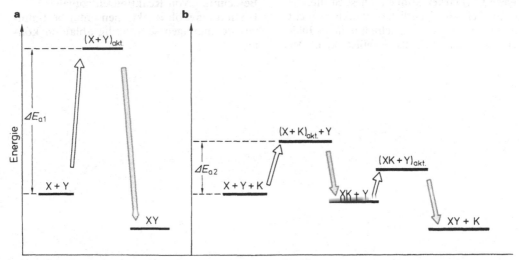

Abb. 4.11   Reaktionsablauf (**a**) ohne und (**b**) mit Katalysator

den Stoffes mit dem Katalysator sein, sie kann aber auch „nur" in einer Anlagerung (Adsorption) der Moleküle an der Katalysatoroberfläche bestehen.

Viele chemische Prozesse sind erst durch Verwendung von Katalysatoren großtechnisch interessant geworden. Bei der Schwefelsäure-Herstellung z. B. kommt die Katalyse in zwei verschiedenen Weisen zur Anwendung.

Beim **Bleikammerverfahren** vermittelt Stickstoffdioxid (NO_2), das zusammen mit Schwefeldioxid (SO_2) und Sauerstoff (O_2) in den Reaktionsraum geleitet wird, eine rasche Sauerstoff-Übertragung für die Oxidation des SO_2 zum Schwefeltrioxid (SO_3). Das NO_2 selbst wird dabei aber nicht verbraucht und besitzt somit für diesen Prozeß katalytische Wirkung.

Beim **Kontaktverfahren** wird Schwefeldioxid zusammen mit Sauerstoff über einen Oberflächenkatalysator, Vanadiumpentoxid (V_2O_5), geleitet und dadurch beschleunigt zum Trioxid oxidiert.

Auch bei vielen biochemischen Reaktionen ist die Katalyse von entscheidender Bedeutung. Die Rolle der Katalysatoren übernehmen dabei die Enzyme, das sind hochmolekulare Eiweißstoffe. Ohne sie wären die für die Energiegewinnung wichtigen Verbrennungsvorgänge in den Organismen nicht möglich.

Negative Katalyse und Inhibitoren. Katalysatoren beschleunigen eine Reaktion. Es gibt aber auch Stoffe, die auf einen chemischen Vorgang verzögernd einwirken können. Diese Stoffe, die wiederum bei der eigentlichen Reaktion nicht mit umgesetzt werden, bezeichnet man als **Inhibitoren**, mitunter auch als **Stabilisatoren**. Der

Verzögerungsvorgang selbst wird negative Katalyse genannt. Inhibitoren werden z. B. als Korrosionsschutzmittel oder zur Verzögerung unerwünschter Polymerisationsreaktionen verwendet.

6. Formelsammlung

1. Hauptsatz der Wärmelehre	$\Delta U = \Delta Q + \Delta W$
Reaktionsenergie	$\Delta U_R = U_E - U_A$
Reaktionsenthalpie	$\Delta H_R = \Delta U_R + \Delta W_R$ $= \Delta U_R + \Delta v_R \cdot R \cdot T$
molare Reaktionsenthalpie unter Standardbedingungen	$\Delta H_{R,m}^0 = \Delta U_{R,m}^0 + \Delta v_{R,m} \cdot R \cdot T$
molare Reaktionsenthalpie und Bildungsenthalpien	$\Delta H_{R,m}^0 = \Delta H_{B,m}^0$ (Produkt) $- \Delta H_{B,m}^0$ (Edukt)
Reaktionsentropie	$\Delta S_R = S_E - S_A$
molare freie Reaktionsenthalpie	$\Delta G_{R,m} = \Delta H_{R,m} - T \cdot \Delta S_{R,m}$

Anwendungen

- Berechnung von Reaktionswärmen und Bildungswärmen
- Berechnung von Reaktionsentropien
- Bestimmung, ob Reaktionen unter bestimmten Bedingungen selbständig ablaufen können

Kapitel 5
Das chemische Gleichgewicht

Es gibt eine Vielzahl chemischer Reaktionen, die äußerlich gesehen zu einem Ende kommen, noch bevor alle Ausgangsstoffe vollständig umgesetzt sind. Diesen Zustand, in dem die an der Reaktion beteiligten Stoffe in einem bestimmten, festen Mengenverhältnis vorliegen, bezeichnet man als das chemische Gleichgewicht.

Für den Technologen der chemischen Industrie stellen sich in diesem Zusammenhang zwei wichtige Fragen:

– Welcher Umsatz kann bei einer Gleichgewichtsreaktion erwartet werden?

– Wie muß man von außen auf den Reaktionsablauf Einfluß nehmen, damit sich der Umsatz zugunsten des gewünschten Produkts verschiebt?

Diese Fragen wollen wir in diesem Kapitel beantworten. Dazu werden wir zunächst auf die Grundlagen der Reaktionskinetik – soweit sie zum Verständnis des chemischen Gleichgewichtzustands erforderlich sind – eingehen. Wir werden aus kinetischen Betrachtungen das Massenwirkungsgesetz herleiten und zeigen, wie man den Umsatz bei einer Gleichgewichtsreaktion beeinflussen kann.

1. Einige Grundlagen aus der Reaktionskinetik

1.1 Die Stoßtheorie

Damit zwei Substanzen miteinander reagieren können, müssen ihre Teilchen zusammenstoßen. Zu einer chemischen Umsetzung kommt es beim Zusammenstoß allerdings nur dann, wenn die Teilchen die zur Reaktion erforderliche Energie (Aktivierungsenergie) besitzen (s. Kap. 4, S. 84).

> Voraussetzung für den Ablauf einer chemischen Reaktion ist der Zusammenstoß aktivierter Teilchen.

Aber auch dann, wenn aktivierte Teilchen zusammenstoßen, können sterische Umstände die Umsetzung verhindern. Bei vielen Molekülen kann nämlich der jeweilige Reaktionspartner nur an einer ganz bestimmten Stelle gebunden werden. In solchen Fällen findet die chemische Umsetzung nur dann statt, wenn die Teilchen mit ihren reaktionsfähigen Stellen zusammenstoßen, ansonsten bleiben die Stöße wirkungslos.

Besonders bei komplizierter aufgebauten Molekülen kann der Reaktionsablauf durch sterische Behinderungen deutlich beeinflußt werden. Von solchen Behinderungen wollen wir aber im folgenden absehen.

1.2 Mittlere Reaktionsgeschwindigkeit

Während einer chemischen Reaktion ändern sich im Laufe der Zeit die Konzentrationen aller beteiligten Stoffe. Ist die Konzentration eines Stoffes S zur Zeit t_1 gleich $c(t_1)$ und zu einem späteren Zeitpunkt gleich $c(t_2)$, so ist die Konzentrationsänderung von S gleich der Differenz

$$\Delta c_S = c(t_2) - c(t_1).$$

Δc_S ist für alle Stoffe, deren Konzentration im Laufe der Reaktion zunimmt (Reaktionsprodukte), positiv und negativ für diejenigen Stoffe, deren Konzentration während der Reaktion abnimmt (Ausgangsstoffe).

Beim Vorgang

$$A + B \rightarrow AB$$

sind die im Zeitraum $\Delta t = t_2 - t_1$ hervorgerufenen Konzentrationsabnahmen der Ausgangsstoffe A und B betragsmäßig gleich der Konzentrationszunahme des Reaktionsprodukts AB. Es gilt also

$$\Delta c_{AB} = -\Delta c_A = -\Delta c_B.$$

Will man wissen, wie schnell die Stoffe umgesetzt wurden, dann muß man diese Änderungen auf das Zeitintervall Δt, in dem sie hervorgerufen wurden, beziehen. Für die **mittlere Reaktionsgeschwindigkeit** $\bar{v}_R$ im betreffenden Zeitintervall gilt Gl. (1).

$$\bar{v}_R = \frac{\Delta c_{AB}}{\Delta t} = -\frac{\Delta c_A}{\Delta t} = -\frac{\Delta c_B}{\Delta t} \qquad (1)$$

> Die mittlere Reaktionsgeschwindigkeit in einem bestimmten Zeitintervall ist gleich dem Quotienten aus der Konzentrationsänderung eines Stoffes, der in der Reaktionsgleichung den stöchiometrischen Faktor 1 besitzt, und dem Zeitintervall, in dem diese Konzentrationsänderung hervorgerufen wurde.

Abhängigkeiten. Die Reaktionsgeschwindigkeit ist sowohl von den Konzentrationen der Ausgangsstoffe als auch von der Temperatur abhängig. Je höher die Konzentration ist, umso mehr Teilchen können in einer bestimmten Zeit zusammenstoßen, und mit steigender Temperatur nimmt die Anzahl aktivierter Teilchen zu.

Da die Konzentrationen der Ausgangsstoffe während der Umsetzung kleiner werden, ändert sich auch die Reaktionsgeschwindigkeit im Laufe der Zeit. Die Geschwindigkeit, mit der die Stoffe umgesetzt werden, ist also auch eine Funktion der Reaktionsdauer. Für ein endliches Zeitintervall läßt sich daher stets nur eine **mittlere Reaktionsgeschwindigkeit** angeben.

Zusatzbemerkungen. Reaktionen zwischen einem Festkörper und einer Flüssigkeit oder einem Gas, sog. **heterogene Reaktionen**, verlaufen weit komplizierter als es das einfache Stoßmodell zu beschreiben vermag. Die Umsetzung kann vor allem immer nur an der Grenzfläche zwischen den verschiedenen Phasen stattfinden. Daher nehmen Diffusions- und Adsorptionsvorgänge einen wesentlichen Einfluß auf die Reaktionsgeschwindigkeit.

In den nächsten Abschnitten beschränken wir uns aber auf **homogene Reaktionen**; das sind chemische Umsetzungen, die nur in einer einzigen Phase, also nur in der gasförmigen oder nur in der flüssigen Phase, ablaufen.

1.3 Konzentrationsabhängigkeit der Reaktionsgeschwindigkeit

In diesem Abschnitt wollen wir zeigen, wie die Geschwindigkeiten chemischer Umsetzungen von den Konzentrationen der Ausgangsstoffe abhängen können. Dabei werden wir feststellen, daß die Reaktionsgeschwindigkeiten für Umsetzungen mit vergleichbarem molekularen Ablauf (meistens) in derselben Weise von den Ausgangskonzentrationen abhängen, und daß Reaktionen mit unterschiedlicher Molekularität im allgemeinen auch unterschiedliche Konzentrationsabhängigkeiten zeigen. Dadurch ist es möglich, die große Zahl chemischer Reaktionen in wenige reaktionskinetische Ordnungen einzuweisen.

Reaktionen 1. Ordnung. Bei einer Zerfallsreaktion der Form

AB → Zerfallsprodukte

unterliegt jedes Teilchen des Stoffes AB bei gleichen äußeren Bedingungen derselben Zerfallswahrscheinlichkeit. Daher werden in einer bestimmten Zeit und in einem bestimmten Volumen um so mehr Teilchen AB zerfallen, je mehr Teilchen vorhanden sind, d. h. je höher deren Konzentration ist. Die Reaktionsgeschwindigkeit v_R und die Teilchenkonzentration c_{AB} zur Zeit t verhalten sich proportional zueinander:

$$v_R(t) \sim c_{AB}(t).$$

Da die Geschwindigkeit chemischer Reaktionen außerdem von der Temperatur abhängt, führt man noch einen temperaturabhängigen Proportionalitätsfaktor ein und erhält dann

$$v_R(t) = k(T) \cdot c_{AB}(t) \qquad (2)$$

Der Proportionalitätsfaktor $k(T)$ wird als **Geschwindigkeitskonstante der Reaktion** oder kurz als **Reaktionskonstante** bezeichnet. („Konstante" ist hier etwas irreführend, da der Wert des Proportionalitätsfaktors außer von T auch vom Stoffsystem abhängt.)

Allgemein gilt:

> Reaktionen, deren Reaktionsgeschwindigkeiten linear von der Konzentration eines einzigen Ausgangsstoffes abhängen, heißen Reaktionen 1. Ordnung.

Zu den Reaktionen 1. Ordnung gehören die radioaktiven Zerfallsvorgänge (die Geschwindigkeitskonstante nennt man hier **Zerfallskonstante**; sie ist von der Temperatur unabhängig) sowie verschiedene Umlagerungs- und Isomerisierungsreaktionen.

Reaktionen 2. Ordnung. Wir nehmen nun an, daß zum Zustandekommen einer chemischen Umsetzung jeweils zwei Teilchen zusammenstoßen müssen. Solche Reaktionen bezeichnet man als **bimolekular**. Bimolekulare Reaktionen unterliegen allgemein dem Mechanismus:

A + B → Reaktionsprodukte.

In einem bestimmten Reaktionsvolumen (s. Abb. 5.1) seien zunächst nur je ein Teilchen von A und B enthalten. Dann hat das Teilchen B nur eine Möglichkeit, mit einem Teilchen der Sorte A zusammenzustoßen.

Sind zwei Teilchen des Stoffes A und ebenfalls zwei von B vorhanden (s. Abb. 5.1), so hat das Teilchen B_1 schon 2 Möglichkeiten auf ein Teilchen der Sorte A zu stoßen. Da das gleiche aber auch für das Molekül B_2 gilt, ergeben sich insgesamt $2 \cdot 2$ Stoßmöglichkeiten.

Sind im Reaktionsvolumen n_A Teilchen vom Stoff A und n_B Teilchen der Sorte B enthalten, so hat jedes Molekül des Stoffes B genau n_A verschiedene Möglichkeiten mit dem Stoff A in Berührung zu kommen. Damit ergeben sich $n_A \cdot n_B$ verschiedene Stoßmöglichkeiten.

Die Zahl Z der tatsächlich in einer bestimmten Zeit und in einem bestimmten Volumen V stattfindenden Molekülzusammenstöße ist dieser

Stoßmöglichkeit proportional. Sind

$$c_A(t) = \frac{n_A(t)}{V \cdot N_A} \quad \text{und} \quad c_B(t) = \frac{n_B(t)}{V \cdot N_A}$$

N_A Avogadro-Konstante

die Konzentrationen der Stoffe A und B zur Zeit t, so gilt:

$$Z(t) \sim c_A(t) \cdot c_B(t).$$

Da die Reaktionsgeschwindigkeit proportional zur Stoßzahl ist, gilt auch:

$$v_R(t) \sim c_A(t) \cdot c_B(t).$$

Mit der Reaktionskonstanten $k(T)$ ergibt sich deshalb für bimolekulare Reaktionen das kinetische Gesetz:

$$v_R(t) = k(T) \cdot c_A(t) \cdot c_B(t) \tag{3}$$

Gleiche Überlegungen gelten für Reaktionen, zu deren Zustandekommen zwei gleichartige Moleküle zusammenstoßen müssen, also für Reaktionen der Art:

A + A → Reaktionsprodukte

bzw. 2 A → Reaktionsprodukte

Analog zu Gl. (3) ergibt sich dann:

$$\begin{aligned} v_R(t) &= k(T) \cdot c_A(t) \cdot c_A(t) \\ &= k(T) \cdot c_A^2(t) \end{aligned} \tag{4}$$

Der stöchiometrische Faktor in der Reaktionsgleichung taucht hier also als Exponent bei der Konzentration auf ($2A \ldots c_A^2$).

Die Gl. (3) und (4) haben ein gemeinsames Merkmal: Die Summe der Konzentrationsexponenten beträgt jeweils 2.

Bild	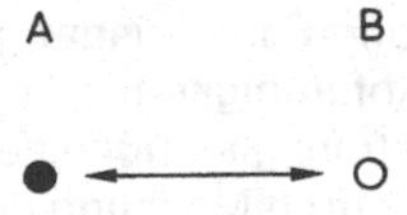 A	B	A	B	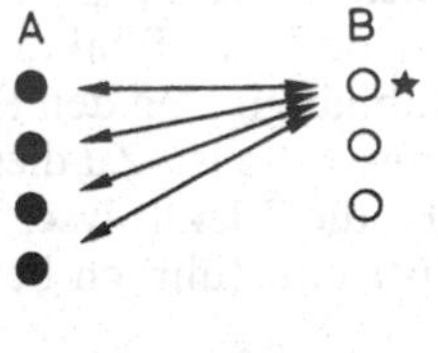 A	B
Anzahl der Teilchen	1	1	2	2	n_A	n_B
Stoßmöglichkeiten	$1 \cdot 1$		$2 \cdot 2$		$n_A \cdot n_B$	

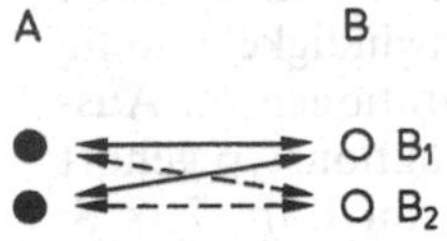

* der Übersichtlichkeit halber sind nur die Stoßmöglichkeiten von einem Teilchen des Stoffes B eingezeichnet

Abb. 5.1   Stoßmöglichkeiten

Reaktionen, deren Reaktionsgeschwindigkeiten zum Produkt zweier Einzelkonzen-
trationen oder zum Quadrat einer Einzel-
konzentration proportional sind, heißen
Reaktionen 2. Ordnung.

Im physikalisch-chemischen Praktikum wird als Beispiel für eine Reaktion 2. Ordnung häufig die Hydrolyse des Esters (**Esterverseifung**) untersucht. Die Verseifungsgeschwindigkeit, die dem Produkt der Konzentrationen von Ester und Lauge proportional ist, kann durch Messung der elektrischen Leitfähigkeit (s. Kap. 7, S. 143 ff.) ermittelt werden. Bei der Reaktion werden die beweglicheren OH^--Ionen durch die unbeweglichen Anionen des organischen Salzes ersetzt.

Die meisten chemischen Reaktionen sind von 2. Ordnung, obwohl dies durch die Reaktionsgleichung häufig nicht direkt zum Ausdruck kommt (s. Abschn. über „Reaktionsmolekularität und Reaktionsordnung").

Verallgemeinerung. Besitzt eine homogene Reaktion den molekularen Ablauf

xA + yB + zC + ... → Reaktionsprodukte,

so ergibt sich durch Anwenden der Stoßtheorie das Geschwindigkeitsgesetz:

$$v_R(t) = k(T) \cdot c_A^x(t) \cdot c_B^y(t) \cdot c_C^z(t)$$

Diese Reaktion wäre dann von $(x + y + z + ...)$-ter Ordnung.

Eine besondere Gruppe, die in dieser Verallgemeinerung nicht enthalten ist, bilden die **Reaktionen 0. Ordnung.** Sie zeichnen sich dadurch aus, daß die Reaktionsgeschwindigkeit völlig unabhängig von den Konzentrationen der Ausgangsstoffe ist. Zu diesem Reaktionstyp gehört z. B. die **Elektrolyse**, die wir im Kap. 7 (s. S. 116 ff.) ausführlich behandeln.

Reaktionsmolekularität und Reaktionsordnung. Um das richtige Geschwindigkeitsgesetz für eine homogene Reaktion aufstellen zu können, muß – wie in allen obigen Beispielen angenommen – ihr tatsächlicher molekularer Ablauf bekannt sein (z. B. S_N1- oder S_N2-Reaktion). Dieser Ablauf wird aber häufig nicht durch die zu-

gehörige Reaktionsgleichung wiedergegeben, da diese meist nur den Bruttovorgang, nicht aber alle molekularen Einzelschritte beschreibt. Häufig verlaufen Reaktionen jedoch nicht in einem Schritt, sondern über mehrere Zwischenstufen. Dann ist der langsamste aller Einzelvorgänge der geschwindigkeitsbestimmende Schritt für die Gesamtreaktion. Ist z. B. der langsamste Einzelvorgang eine bimolekulare Zwischenreaktion, so ist die Gesamtreaktion 2. Ordnung (z. B. S_N2-Reaktion).

Aber auch dann, wenn ein Stoff im großen Überschuß gegenüber den anderen Reaktionspartnern vorhanden ist und sich seine Konzentration durch die Reaktion so gut wie nicht ändert, ist die Reaktion häufig von anderer Ordnung als es die Molekularität ausdrückt. Ein Beispiel dafür ist die Rohrzuckerinversion:

$$C_{12}H_{22}O_{11} + H_2O \rightarrow C_6H_{12}O_6 + C_6H_{12}O_6$$

Rohrzucker   Glucose   Fructose

Invertzucker

(Die Reaktion wird durch Hydronium-Ionen katalysiert.)

Der Reaktionsgleichung entsprechend wäre der Vorgang zwar bimolekular, Versuche zeigen jedoch, daß die Reaktionsgeschwindigkeit nur von der Konzentration des Rohrzuckers abhängt. Daher liegt eine Reaktion 1. Ordnung vor.

Reaktionsmolekularität und Reaktionsordnung sind mitunter verschieden. Die Reaktionsordnung gibt die Abhängigkeit der Reaktionsgeschwindigkeit von den Konzentrationen der Ausgangsstoffe wieder. Diese Abhängigkeit ist nicht immer aus der
Reaktionsgleichung ersichtlich, sondern
muß durch Messung der Konzentration als
Funktion der Zeit bestimmt werden. Die
Reaktionsmolekularität drückt hingegen
den tatsächlichen molekularen Ablauf einer chemischen Umsetzung aus.

Im folgenden nehmen wir jedoch an, daß das Geschwindigkeitsgesetz einer Reaktion stets direkt aus der gegebenen Reaktionsgleichung aufgestellt werden kann.

1.4 Temperaturabhängigkeit der Reaktionsgeschwindigkeit

Aus Ihrer Labortätigkeit wissen Sie, daß man Reaktionen, die unter normalen äußeren Bedingungen nur sehr langsam ablaufen, häufig durch vorsichtiges Erwärmen beschleunigen kann.

Durch Versuche fand **Arrhenius**, daß die Geschwindigkeitskonstante $k(T)$ einer Reaktion exponentiell mit der Temperatur zusammenhängt.

$$k(T) = A \cdot e^{-\Delta E_a / RT} \qquad (5)$$

A   vom Stoffsystem und von der Temperatur abhängiger Faktor
ΔE_a Aktivierungsenergie für die betreffende Reaktion
R molare Gaskonstante
T absolute Temperatur
(graphische Darstellung s. Abb. 5.2).

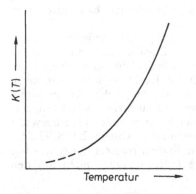

Abb. 5.2 Temperaturabhängigkeit der Geschwindigkeitskonstanten einer Reaktion (schematisch)

Die Reaktionsgeschwindigkeit nimmt also i.a. exponentiell mit der Temperatur zu. In einem beschränkten Temperaturbereich um 20 °C herum und bei durchschnittlicher Aktivierungsenergie kann Gl. (5) häufig in guter Näherung durch die aus praktischer Erfahrung gewonnene Regel von **Van't Hoff** ersetzt werden. Sie besagt:

> Bei vielen Reaktionen verdoppelt sich in etwa die Reaktionsgeschwindigkeit, wenn man die Temperatur um 10 °C erhöht.

Wie man Gl. (5) entnehmen kann, läßt sich die Geschwindigkeit chemischer Reaktionen aber nicht nur durch Temperaturerhöhung sondern auch durch Herabsetzen der Aktivierungsenergie ΔW_a vergrößern. Diese Aufgabe übernehmen die Katalysatoren (s. Kap. 4, S. 85 f.).

2. Die Behandlung des chemischen Gleichgewichts

2.1 Der Zustand des chemischen Gleichgewichts

Experiment. Iodwasserstoff ist ein farbloses Gas. Gibt man es in einen Kolben und verschließt und erwärmt diesen anschließend, so beginnt sich der Inhalt bei ca. 180 °C violett zu färben. Für den Chemiker ist das ein Hinweis, daß Iodwasserstoff in H_2 und I_2 zu zerfallen beginnt. Wird die Temperatur weiter auf 400 °C erhöht und danach konstant gehalten, so könnte man annehmen, daß nach gewisser Zeit der gesamte Iodwasserstoff zerfallen ist. Die Analyse des Kolbeninhalts ergibt jedoch, daß neben den Zersetzungsprodukten H_2 und I_2 auch stets noch unzerfallenes HI enthalten ist. Würde man umgekehrt bei 400 °C H_2 und I_2 zusammengeben, so könnte man ebenso feststellen; daß bei dieser Temperatur HI auch aus den Ausgangsgasen gebildet wird und nicht nur – wie oben gezeigt – zerfällt.

Reaktionsgleichung. Die Zersetzung des Iodwasserstoffes ist eine **umkehrbare Reaktion**

$$2\,HI \underset{\text{rück}}{\overset{\text{hin}}{\rightleftharpoons}} H_2 + I_2$$

Bei 400 °C entstehen also nicht nur die Zerfallsprodukte, es wird auch gleichzeitig Iodwasserstoff zurückgebildet.

Allgemein unterliegen umkehrbare Reaktionen dem Schema:

	Hin-reaktion	
Ausgangsstoffe	$\rightleftharpoons$	Reaktionsprodukte
	Rück-reaktion	

Reaktionskinetische Erklärung. Der HI-Zerfall wie auch die Rückbildung sind bimolekulare, homogene Reaktionen 2. Ordnung. Daher gilt für die Zersetzungs- ($v_{hin}(t)$) und die Rückbildungsgeschwindigkeit ($v_{rück}(t)$):

$$v_{hin}(t) = k_1(T) \cdot c_{HI}^2(t) \qquad (6a)$$

und

$$v_{rück}(t) = k_2(T) \cdot c_{H_2}(t) \cdot c_{I_2}(t) \qquad (6b)$$

Zu Beginn der Reaktion (zur Zeit $t = 0$) sind die Konzentrationen der H_2- und I_2-Moleküle jeweils Null; es läuft also zunächst nur die Zerfallsreaktion mit maximaler Geschwindigkeit ab. Mit wachsender Reaktionsdauer nimmt die HI-Konzentration ab, während die Konzentrationen von H_2 und I_2 zunehmen. Daher wird die Geschwindigkeit des HI-Zerfalls im Laufe der Zeit geringer, die Rückbildungsgeschwindigkeit aber nimmt zu. Nach einer bestimmten Zeit sind schließlich die Zerfalls- und Bildungsgeschwindigkeit gleich groß (s. Abb. 5.3):

$$v_{hin}(t) = v_{rück}(t)$$

Von nun an zerfallen zu jeder Zeit ebenso viele HI-Moleküle wie gleichzeitig aus Wasserstoff und Iod neu gebildet werden.

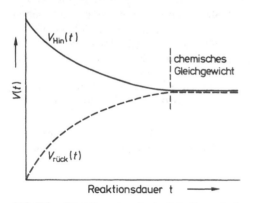

Abb. 5.3 Reaktionsgeschwindigkeiten bei umkehrbaren Reaktionen

Diesen Zustand bezeichnet man als **chemisches Gleichgewicht**.

Im chemischen Gleichgewicht ändern sich die Konzentrationen der beteiligten Stoffe nicht mehr. Das Gasgemisch im Kolben enthält deshalb neben Wasserstoff und Iod-Dampf stets auch noch unzerfallenen Iodwasserstoff.

Verallgemeinerung. Was wir exemplarisch am HI-Zerfall gezeigt haben, gilt für die meisten homogenen Reaktionen.

> Homogene Reaktionen sind häufig umkehrbare chemische Vorgänge, die in einem abgeschlossenen System immer zum Zustand des chemischen Gleichgewichts führen. Im Gleichgewicht sind die Geschwindigkeiten für die Hin- und die Rückreaktion gleich groß.

Das chemische Gleichgewicht ist also – wie das Verdampfungs- oder Lösungsgleichgewicht (s. Kap. 2, S. 32, bzw. Kap. 3, S. 39) – **ein dynamisches Gleichgewicht**, in dem sich an den Mengenverhältnissen der beteiligten Stoffe trotz ständiger Reaktion nichts mehr ändert. Dadurch kommt jede Gleichgewichtsreaktion rein äußerlich schon vor dem vollständigen Stoffumsatz zum Stillstand.

Zusatzbemerkung. Ein äußerlich im Stillstand befindliches Reaktionssystem muß aber nicht zwangsläufig auf ein chemisches Gleichgewicht hinweisen. Es könnte auch lediglich eine **Reaktionshemmung** vorliegen. Beide Zustände lassen sich mit einer entarretierten bzw. arretierten Waage vergleichen.

Wird eine im Gleichgewicht befindliche Reaktion z.B. durch Zugabe einer im Gleichgewichtsgemisch befindlichen Komponente gestört, so muß die Reaktion sofort wieder in Gang kommen und solange ablaufen, bis sich – ähnlich wie bei einer zusätzlich belasteten, entarretierten Waage – ein neues Gleichgewicht einstellt (s. hierzu auch Abschn. 2.3, S. 97 ff.).

Das gehemmte System reagiert dagegen – wie eine arretierte Balkenwaage – nicht auf den Stoffzusatz.

2.2 Massenwirkungsgesetz

Gleichgewichtskonstante $K_c(T)$. Wir wollen nun das Konzentrationsverhältnis der Endprodukte und Ausgangsstoffe im chemischen Gleichgewicht bestimmen. Man benötigt dazu die Kenntnis des **Massenwirkungsgesetzes** (kurz **MWG**), das bereits 1867 von **Guldberg und Waage** aufgestellt wurde. Wir kommen dazu noch einmal auf das Iodwasserstoff-Gleichgewicht zurück.

Wie in Abschn. 2.1 beschrieben, ändern sich im Gleichgewicht die Konzentrationen der beteiligten Reaktionskomponenten zeitlich nicht mehr. Daher kann bei allen Gleichgewichtskonzentrationen das Argument (t) entfallen. Für die Reaktion

$$2\,HI \rightleftarrows H_2 + I_2$$

führt somit die Bedingung $v_{hin} = v_{rück}$ auf die Gleichung:

$$k_1(T) \cdot c_{HI}^2 = k_2(T) \cdot c_{H_2} \cdot c_{I_2}$$

oder

$$\frac{k_1(T)}{k_2(T)} = \frac{c_{H_2} \cdot c_{I_2}}{c_{HI}^2} \tag{7}$$

Den Quotienten aus $k_1(T)$ und $k_2(T)$, dessen Wert nur von der Temperatur abhängt, faßt man zur **Gleichgewichtskonstanten $K_c(T)$** zusammen und erhält dann als **Massenwirkungsgesetz für den HI-Zerfall**:

$$K_c(T) = \frac{c_{H_2} \cdot c_{I_2}}{c_{HI}^2} \tag{8}$$

Leitet man das Massenwirkungsgesetz nicht kinetisch, sondern aus thermodynamischen Berechnungen her – worauf wir in diesem Buch jedoch verzichten wollen – so ergibt sich, daß man alle bis zum Gleichgewicht ablaufenden stofflichen Veränderungen auf bestimmte **Standardzustände** beziehen muß. Daher gehen in das Massenwirkungsgesetz keine Absolutgrößen, sondern stets einheitenlose **Relativgrößen** ein. Dadurch wird auch jede Gleichgewichtskonstante zu einer einheitenlosen Größe.

Als Standardkonzentration wird meist $c^0 = 1\ mol \cdot l^{-1}$ zugrundegelegt. Die in das MWG einzusetzende **relative Gleichgewichtskonzentration** einer Komponente i ist dann:

$$^*c_i = \frac{c_i}{c^0} = \frac{c_i}{1\ mol \cdot l^{-1}} \tag{9}$$

Für das HI-Gleichgewicht erhält man also statt Gl. (8):

$$^*K_c(T) = \frac{^*c_{H_2} \cdot {}^*c_{I_2}}{^*c_{HI}^2} \tag{10}$$

Vereinbarung. Wenn wir festlegen, daß

– im Zähler des MWG das Produkt der relativen Gleichgewichtskonzentrationen aller Endprodukte (rechte Seite der Reaktionsgleichung) und

– im Nenner das Produkt der relativen Gleichgewichtskonzentrationen aller Ausgangsstoffe (linke Seite der Reaktionsgleichung) stehen, und dabei

– die in der Reaktionsgleichung auftretenden stöchiometrischen Faktoren als Exponenten bei den betreffenden Gleichgewichtskonzentrationen berücksichtigt werden,

so ist der Wert der Gleichgewichtskonstanten $K_c(T)$ **ein Maß für die „Ausbeute" der Endprodukte**. Die Konzentrationen der Endprodukte im Gleichgewicht sind um so größer, je größer $^*K_c(T)$ ist. Besitzt die Gleichgewichtskonstante einen sehr kleinen Wert, so überwiegen die Ausgangsstoffe gegenüber den Reaktionsprodukten.

Verallgemeinerung

> Die Anwendung des Massenwirkungsgesetzes auf eine Reaktion der Form
>
> $$xA + yB + \dots \rightleftarrows rE + sF + \dots$$
>
> ergibt unter Berücksichtigung der getroffenen Vereinbarung:
>
> $$^*K_c(T) = \frac{^*c_E^r \cdot {}^*c_F^s}{^*c_A^x \cdot {}^*c_B^y} \tag{11}$$

Trotz aller Vereinbarung ist der für $^*K_c(T)$ erhaltene Ausdruck grundsätzlich noch von der Formulierung der Gleichgewichtsreaktion abhängig (z. B. „Was sind die Ausgangsstoffe und die Reaktionsprodukte?", „Welche stöchiometrischen Faktoren verwendet man?").

Beispiele. Wie lauten die Gleichgewichtskonstanten für die Reaktionen:

a) $CO + \frac{1}{2}O_2 \rightleftarrows CO_2$

b) $2\,CO + O_2 \rightleftarrows 2\,CO_2$

c) $2\,CO_2 \rightleftarrows 2\,CO + O_2$

und welche Werte ergeben sich, wenn angenommen wird, daß gilt:

$^*c_{CO} = 1$, $^*c_{O_2} = \frac{1}{2}$, $^*c_{CO_2} = 2$.

Lösung:

a) $^*K_c(T) = \dfrac{^*c_{CO_2}}{^*c_{CO}\,{}^*c_{O_2}^{1/2}} = \dfrac{2}{1 \cdot \sqrt{0,5}} = 2,83$

b) $^*K_c(T) = \dfrac{^*c_{CO_2}^2}{^*c_{CO}^2 \cdot {}^*c_{O_2}} = \dfrac{4}{1 \cdot 0,5} = 8,00$

c) $*K_c(T) = \dfrac{*c_{CO}^2 \cdot *c_{O_2}}{*c_{CO_2}^2} = \dfrac{1 \cdot 0{,}5}{4} = 0{,}13$

Obwohl es sich in allen drei Fällen um dasselbe Gleichgewicht handelt, ergeben sich je nach Formulierung der Reaktion unterschiedliche Werte für $*K_c(T)$.

> Die Angabe einer Gleichgewichtskonstanten ist nur in Verbindung mit der zugehörigen Reaktionsgleichung sinnvoll.

Gleichgewichtskonstante $*K_p(T)$. Sind im Gleichgewichtsgemisch nur Gase enthalten, so können in das Massenwirkungsgesetz anstelle der relativen Gleichgewichtskonzentrationen auch die **relativen Partialdrücke** der einzelnen Komponenten eingesetzt werden. Dies ist möglich, weil die Partialdrücke den jeweiligen Konzentrationen proportional sind:

$$p_i = \dfrac{v_i}{V} \cdot R \cdot T = c_i \cdot R \cdot T.$$

Als Bezugsdruck (**Standarddruck**) legt man i. a. den Wert $p^0 = 1013$ hPa zugrunde. Für den relativen Partialdruck der Komponente i gilt dann:

$$*p_i = \dfrac{p_i}{p^0} = \dfrac{p_i}{1013\ \text{hPa}} \qquad (12)$$

Bei Verwendung dieser relativen Drücke erhält man z. B. für das Ammoniakgleichgewicht

$$3\,H_2 + N_2 \rightleftarrows 2\,NH_3$$

die **temperaturabhängige Gleichgewichtskonstante** $K_p(T)$:

$$*K_p(T) = \dfrac{*p_{NH_3}^2}{*p_{H_2}^3 \cdot *p_{N_2}} \qquad (13)$$

Verallgemeinerung

> Die Gleichgewichtskonstante $*K_p(T)$ für ein Gasgleichgewicht der Form
>
> $$xA + yB + \ldots \rightleftarrows rE + sF + \ldots$$
>
> lautet:
>
> $$*K_p(T) = \dfrac{*p_E^r \cdot *p_F^s}{*p_A^x \cdot *p_B^y} \qquad (14)$$

Beachten Sie jedoch, daß die Konstanten $*K_c(T)$ und $*K_p(T)$ selbst bei gleicher Formulierung der Reaktionsgleichung und bei denselben äußeren Bedingungen unterschiedliche Werte besitzen können. Dies zeigen auch die Ausführungen des folgenden Abschnitts.

Zusammenhang zwischen den Gleichgewichtskonstanten $*K_c(T)$ und $*K_p(T)$

Die Konstante $*K_c(T)$ hat für das oben genannte Ammoniakgleichgewicht die Form

$$*K_c(T) = \dfrac{*c_{NH_3}^2}{*c_{H_2}^3 \cdot *c_{N_2}} \qquad (15)$$

Wegen

$$*c_i = \dfrac{c_i}{c^0}, \quad c_i = \dfrac{p_i}{R \cdot T} \quad \text{und} \quad p_i = *p_i \cdot p^0$$

lassen sich die relativen Gleichgewichtskonzentrationen auch durch

$$*c_i = *p_i \cdot \dfrac{p^0}{c^0 \cdot R \cdot T} \qquad (16)$$

ausdrücken.

Setzen wir diese Ausdrücke in Gl. (15) ein, so ergibt sich:

$$*K_c(T) = \dfrac{*p_{NH_3}^2}{*p_{H_2}^3 \cdot *p_{N_2}} \cdot \left(\dfrac{p^0}{c^0 \cdot R \cdot T}\right)^{(2-3-1)} \qquad (17)$$

In Gl. (17) kann der Quotient aus den relativen Partialdrücken auch durch die Gleichgewichtskonstante $*K_p(T)$ ersetzt werden (s. Gl. (13)). Daher ergibt sich beim Ammoniakgleichgewicht zwischen $*K_c(T)$ und $*K_p(T)$ der Zusammenhang:

$$*K_c(T) = *K_p(T) \cdot \left(\dfrac{p^0}{c^0 \cdot R \cdot T}\right)^{-2} \qquad (18)$$

Hier – wie bei allen anderen Gasgleichgewichten – ist der bei $[p^0/(c^0 \cdot R \cdot T)]$ auftretende Exponent gleich der Differenz aus den stöchiometrischen Faktoren von allen Endprodukten und allen Ausgangsstoffen zusammen (s. Reaktionsgleichung), also:

$$\Delta n = \underbrace{2}_{\substack{\text{Summe der} \\ \text{stöchiome-} \\ \text{trischen} \\ \text{Faktoren} \\ \text{aller} \\ \text{Endprodukte}}} - \underbrace{(3+1)}_{\substack{\text{Summe der} \\ \text{stöchiome-} \\ \text{trischen} \\ \text{Faktoren} \\ \text{aller} \\ \text{Ausgangsstoffe}}} = -2$$

Verallgemeinerung

Für das allgemein formulierte Gasgleichgewicht

$$xA + yB \rightleftarrows rE + sF$$

gilt zwischen den Gleichgewichtskonstanten $^*K_c(T)$ und $^*K_p(T)$ der Zusammenhang:

$$^*K_c(T) = {^*K_p(T)} \cdot \left(\frac{p^0}{c^0 \cdot R \cdot T} \right)^{\Delta n} \quad (19)$$

mit $\Delta n = (r+s) - (x+y)$.

Für $\Delta n = 0$, also für Reaktionen ohne Änderung der Gesamtstoffmenge, ist

$$\left(\frac{p^0}{c^0 \cdot R \cdot R} \right)^{\Delta n} = 1$$

und damit

$$^*K_c(T) = {^*K_p(T)}.$$

Gleichgewichtskonstante K_x. Neben der relativen Konzentration $^*c$ und dem relativen Partialdruck $^*p$ können auch die Stoffmengenanteile x_i der einzelnen Komponenten zur Formulierung einer Gleichgewichtskonstanten benutzt werden. Für die Reaktion

$$xA + yB \rightleftarrows rE + sF$$

erhält man dann:

$$K_x = \frac{x_E^r \cdot x_F^s}{x_A^x \cdot x_B^y} \quad (20)$$

Als **Bezugsgrößen** für die Stoffmengenanteile im Gleichgewicht werden hier die **Stoffmengenanteile der reinen Komponenten** genommen. Da diese jedoch grundsätzlich gleich 1 sind ($x_i^0 = 1$), gilt hier:

$$^*x_i = \frac{x_i}{x^0} = \frac{x_i}{1} = x_i \quad (21)$$

Deshalb kann in Gl. (20) das Sternchen als Hinweis auf einheitenlose Relativgrößen entfallen.

Die Gleichgewichtskonstante K_x wird vor allem dann benutzt, wenn man zwar die Stoffmengen der beteiligten Stoffe, nicht aber das vom Reaktionsgemisch eingenommene Volumen kennt. (Bei Gasreaktionen ist das Reaktionsvolumen immer gleich dem Behältervolumen. Daher lassen sich bei Kenntnis der Stoffmengen auch die Konzentrationen leicht angeben. Bei Reaktionsgemischen aus verschiedenen Flüssigkeiten kennt man zwar häufig den Anteil der einzelnen Komponenten, aber keineswegs immer das Volumen.)

Wegen

$$x_i = \frac{p_i}{p_{ges}} = \frac{^*p_i \cdot p^0}{^*p_{ges} \cdot p^0} = \frac{^*p_i}{^*p_{ges}}$$

folgt durch Einsetzen in Gl. (20) der Zusammenhang

$$K_x = \frac{^*p_E^r \cdot {^*p_F^s}}{^*p_A^x \cdot {^*p_B^y}} \cdot \left(\frac{1}{^*p_{ges}} \right)^{(r+s)-(x+y)}$$

$$= {^*K_p(T)} \cdot \left(\frac{1}{^*p_{ges}} \right)^{\Delta n} \quad (22)$$

Der Wert von K_x ist also, im Gegensatz zu $^*K_c(T)$ und $^*K_p(T)$, nicht nur **von der Temperatur**, sondern auch vom **Gesamtdruck und** vom **Volumen** abhängig (Druck und Volumen verhalten sich bei Gasen umgekehrt proportional zueinander).

Für $\Delta n = 0$ und bestimmten äußeren Bedingungen gilt

$$K_x = {^*K_c} = {^*K_p}.$$

Berechnung des Umsatzes bei Gleichgewichtsreaktionen. Das Verhältnis aus der umgesetzten und der zu Beginn eingesetzten Menge eines Stoffes bezeichnet man als **Reaktionsumsatz**. Zur Berechnung des Umsatzes bei Gleichgewichtsreaktionen verwendet man das Massenwirkungsgesetz. Dazu müssen die Gleichgewichtskonstante und die Ausgangskonzentrationen oder Ausgangsstoffmengen bekannt sein.

Rechenbeispiele

1. In einem Reaktionsbehälter von 10 l Inhalt werden je 1 mol H_2 und I_2 eingefüllt.

    a) Welcher Bruchteil ist davon im Gleichgewicht $H_2 + I_2 \rightleftarrows 2HI$ bei 445 °C umgesetzt ($*K_c(445\,°C) = 50,4$)?

    b) Wieviel mol Iodwasserstoff entstehen dabei?

    c) Wie groß muß die Gleichgewichtskonstante $*K_c$ sein, wenn der H_2-Umsatz 95 % betragen soll?

Lösung

zu a)

	H_2	I_2	HI
Stoffmenge vor der Reaktion (mol)	1	1	–
Stoffmenge im Gleichgewicht (mol)	$1-a$	$1-a$	2a*
relative Gleichgewichts-konzentration $*c_i$ ($V = 10$ l)	$\dfrac{1-a}{10}$	$\dfrac{1-a}{10}$	$\dfrac{2a}{10}$

* Nach der Reaktionsgleichung $H_2 + I_2 \rightleftarrows 2HI$ entstehen aus a mol H_2 und a mol I_2 $2a$ mol HI

Einsetzen der Werte in

$$*K_c(T) = \frac{*c_{HI}^2}{*c_{H_2} \cdot *c_{I_2}}$$

ergibt

$$50,4 = \frac{4a^2}{(1-a)(1-a)}.$$

Durch Wurzelziehen folgt

$$7,1 = \frac{2a}{(1-a)}.$$

Daraus erhält man

$a = 0,78$.

Von den ursprünglich vorhandenen 1 mol H_2 und 1 mol I_2 werden jeweils 0,78 mol umgesetzt. Der theoretische Umsatz beträgt unter den gegebenen Bedingungen 78 %.

zu b) Da nach der Reaktionsgleichung $2a$ mol

HI gebildet werden, entstehen 1,56 mol Iodwasserstoff.

zu c) Wenn der H_2-Umsatz 95 % betragen soll, dann müssen 0,95 mol H_2 und ebensoviel I_2 umgesetzt werden. Die relativen Gleichgewichtskonzentrationen betragen dann:

$$*c_{H_2} = \frac{1-0,95}{10},$$

$$*c_{I_2} = \frac{1-0,95}{10} \quad \text{und}$$

$$*c_{HI} = 2 \cdot 0,95.$$

Durch Einsetzen dieser Werte in den Ausdruck für $*K_c(T)$ ergibt sich

$*K_c(T) = 1444$.

2. Die Gleichgewichtskonstante für die Esterbildung gemäß

$$CH_3COOH + C_2H_5OH$$
Säure   Alkohol

$$\rightleftarrows CH_3COOC_2H_5 + H_2O$$
Ester   Wasser

beträgt bei bestimmten Versuchsbedingungen $K_x = 4$. Wie groß ist der Stoffmengenanteil des Esters im Gleichgewicht, wenn 1 mol Säure und 1 mol Alkohol eingesetzt werden?

Lösung

	Säure	Alkohol	Ester	Wasser
Stoffmenge vor der Reaktion (mol)	1	1	–	–
Stoffmenge im Gleichgewicht (mol)	$(1-a)$	$(1-a)$	a	a
Stoffmengenanteil im Gleichgewicht (Gesamtstoffmenge: 2 mol*)	$\dfrac{1-a}{2}$	$\dfrac{1-a}{2}$	$\dfrac{a}{2}$	$\dfrac{a}{2}$

* Die Gesamtstoffmenge ändert sich durch die Reaktion nicht, daher ist die Stoffmenge aller Komponenten im Gleichgewicht gleich der Ausgangsstoffmenge.

Durch Einsetzen aller Werte in

$$K_x = \frac{x_{Ester} \cdot x_{Wasser}}{x_{Säure} \cdot x_{Alkohol}}$$

erhält man:

$$4 = \frac{\dfrac{a}{2} \cdot \dfrac{a}{2}}{\dfrac{(1-a)}{2} \cdot \dfrac{(1-a)}{2}} = \frac{a^2}{(1-a)^2}.$$

Wurzelziehen ergibt

$$2 = \frac{a}{1-a}.$$

Daraus folgt: $a = \frac{2}{3}$. Es entstehen also $\frac{2}{3}$ mol Ester. Der Stoffmengenanteil des Esters im Gleichgewichtsgemisch beträgt daher

$$x_{\text{Ester}} = \frac{2/3 \,\text{mol}}{2 \,\text{mol}} = \frac{1}{3}.$$

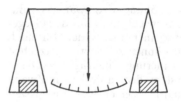

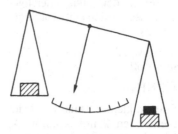

Abb. 5.4 Gleichgewichtsverschiebung

2.3 Möglichkeiten zur Beeinflussung der Gleichgewichtslage

Das Prinzip vom kleinsten Zwang. Bereits Ende des letzten Jahrhunderts erkannten der französische Chemiker **H. L. Le Chatelier** und der deutsche Physiker **K. F. Braun** das folgende Prinzip:

> Übt man auf ein im Gleichgewicht befindliches System durch Änderung der äußeren Bedingungen einen Zwang aus, so verschiebt sich die Gleichgewichtslage so, daß dieser Zwang verringert wird.

Man nennt diese Aussage das **Prinzip vom kleinsten Zwang.** Sie ist sowohl für physikalische als auch für chemische Vorgänge gültig. Das Prinzip läßt sich gut am Modell einer Balkenwaage verständlich machen: Legt man auf eine Schale dieser Waage ein Übergewicht, so wird das ursprüngliche Gleichgewicht gestört. Die Waage gibt dem auferlegten Zwang nach, indem sie sich in eine neue Gleichgewichtslage dreht (s. Abb. 5.4). Aus dem Zeigerausschlag kann man die Richtung und die Größe der Gleichgewichtsverschiebung erkennen.

Chemische Gleichgewichte können durch Druck-, Temperatur- oder Konzentrationsänderungen beeinflußt werden. Gleichgewichtsverschiebungen äußern sich dabei in einer Än-

derung der Zusammensetzung des Reaktionsgemisches. Die zu erwartenden Stoffumsätze sind also von den äußeren Bedingungen abhängig.

Verschiebung der Gleichgewichtslage durch Änderung des äußeren Drucks. Ändert sich bei einer Gasreaktion die Gesamtstoffmenge, so hängt die Zusammensetzung des Gleichgewichtsgemisches vom äußeren Druck ab. Nach dem Prinzip von Le Chatelier gilt im einzelnen:

> Durch Druckerhöhung wird das Gleichgewicht zugunsten derjenigen Stoffe verschoben, die das kleinere Volumen einnehmen, d. h. zugunsten derjenigen Stoffe, bei deren Bildung sich die Stoffmenge verringert. Druckerniedrigung begünstigt die zugehörige Gegenreaktion. Für Reaktionen ohne Stoffmengenänderungen ist die Gleichgewichtszusammensetzung druckunabhängig.

Beispiele

1. Bei der Reaktion

$$\text{CO}_2(\text{g}) + \text{H}_2(\text{g}) \rightleftarrows \text{CO}(\text{g}) + \text{H}_2\text{O}(\text{g})$$
(Wassergasgleichgewicht)

ändert sich die Stoffmenge nicht. Aus **2** mol gasförmiger Ausgangsstoffe entstehen insgesamt **2** mol gasförmige Reaktionsprodukte.

Durch Druckerhöhung wird zwar das Volumen der Gleichgewichtsmischung den Gasgesetzen zufolge kleiner, aber weder Hin- noch Rückreaktion können zu einer zusätzlichen Volumenverkleinerung beitragen. Daher kann das System dem auferlegten Zwang nicht bevorzugt nach einer Seite hin ausweichen und die Zusammensetzung des Gasgemisches bleibt unverändert. Die Gleichgewichtslage ist in diesem Fall also unabhängig vom äußeren Druck.

2. Bei der Herstellung von Ammoniak aus Wasserstoff und Stickstoff

$$3 H_2 + N_2 \rightleftarrows 2 NH_3$$

wird die Stoffmenge kleiner. Aus **4** mol der Ausgangsgase entstehen **2** mol Ammoniak. Der Ammoniak nimmt also ein geringeres Volumen ein als die Ausgangsgase. Dem Prinzip von Le Chatelier folgend wird sich daher das Gleichgewichtsgemisch bei Druckerhöhung mit Ammoniak anreichern, weil so dem auferlegten Zwang (der Druckerhöhung) durch eine zusätzliche Volumenverringerung nachgegeben wird. Bei Druckerniedrigung wird umgekehrt der Ammoniakzerfall begünstigt.

Verschiebung der Gleichgewichtslage durch Wärmezufuhr oder Wärmeentzug.

> Durch Zufuhr von Wärme (Temperaturerhöhung) erhöhen sich im Gleichgewichtsgemisch die Konzentrationen derjenigen Stoffe, die durch den endothermen Vorgang entstehen. Durch Wärmeentzug (Temperaturerniedrigung) wird die zugehörige exotherme Gegenreaktion begünstigt.

Beispiel. Die Ammoniak-Herstellung aus H_2 und N_2 ist ein exothermer Vorgang. Bei der Bildung von 1 mol NH_3 wird unter Standardbedingungen eine Wärmemenge von 46 kJ frei ($\Delta H_{B,m}^0 = -46$ kJ/mol). Dem Prinzip vom kleinsten Zwang folgend weicht das System einem durch Wärmezufuhr (Temperaturerhöhung) auferlegten Zwang durch vermehrten Wärmeverbrauch aus. Das Gleichgewicht verschiebt sich dadurch auf die Seite der energiereicheren Ausgangsgase H_2 und N_2. Um eine gute

Ausbeute an NH_3 zu erhalten, muß Wärme abgeführt werden, d. h. die Reaktionstemperatur erniedrigt werden, weil dann das System den Wärmeentzug durch besondere Betonung der exothermen Reaktion auszugleichen versucht.

Bei Temperaturen unter 100 °C liegt das Gleichgewicht der Ammoniakreaktion zwar fast vollständig auf der Seite des NH_3, allerdings stellt es sich wegen der geringen Reaktionsgeschwindigkeit bei diesen Temperaturen viel zu langsam ein. Daher ist die Ammoniak-Herstellung unter solchen Bedingungen unwirtschaftlich. Selbst bei der Verwendung von Katalysatoren ist noch eine Temperatur von ca. 400 °C erforderlich, um die Reaktion mit genügender Geschwindigkeit ablaufen zu lassen. Allerdings liegt das Gleichgewicht dann schon wieder sehr stark auf der Seite der Ausgangsgase. Daher muß man die Reaktion bei hohem Druck ablaufen lassen, um eine genügend große Ammoniak-Ausbeute zu erzielen.

Nach dem von **Haber und Bosch** entwickelten Verfahren zur Ammoniak-Herstellung wird der aus Luft gewonnene Stickstoff und der aus Wasser-Gas entwickelte Wasserstoff auf ca. 400 °C aufgeheizt und durch den Katalysator geleitet, der im wesentlichen aus reinem Eisen und zu geringen Mengen aus Alkali- und Aluminiumhydroxid besteht. Bei einem Druck von ca. $2 \cdot 10^7$ Pa und bei ca. 500 °C enthält das den Kontakt verlassende Reaktionsgemisch etwa 13–15 % Ammoniak. Dieser wird anschließend verflüssigt, und das nicht umgesetzte Stickstoff-Wasserstoff-Gemisch wird in den Reaktionsofen zurückgeleitet.

Verschiebung der Gleichgewichtslage durch Zusatz oder Entzug einer Komponente.

> Durch Zusatz einer im Reaktionsgemisch enthaltenen Komponente verschiebt sich die Lage des Gleichgewichts so, daß dieser Stoff weiter verbraucht wird. Wird dem Gleichgewichtsgemisch ein Stoff entzogen, so wird dieser bis zur Einstellung des neuen Gleichgewichts nachgeliefert.

Beispiel. Wird das Gleichgewicht

Säure + Alkohol $\rightleftarrows$ Ester + Wasser

durch Zugabe von Alkohol beeinflußt, so werden sich bis zur Einstellung des neuen Gleichgewichts Säure und Alkohol zu zusätzlichem Ester und zu Wasser umsetzen (Verbrauch der zugesetzten Komponente). Um eine möglichst günstige Ester-Ausbeute zu erzielen, setzt man also die Ausgangsstoffe nicht im notwendigen stöchiometrischen Verhältnis, sondern den billigeren Alkohol im Überschuß ein.

Rechenbeispiel. Wieviel Ester enthält das Gleichgewicht, wenn man von 1 mol Säure und 5 mol Alkohol ausgeht? Die Gleichgewichtskonstante betrage $K_x = 4$ (s. hierzu das Beispiel auf S. 96).

Lösung: Analog zum Beispiel auf S. 96 erhält man für die Stoffmengenanteile der einzelnen Komponenten im Gleichgewicht

$$x_{Säure} = \frac{1-a}{6},$$

$$x_{Alkohol} = \frac{5-a}{6},$$

$$x_{Ester} = \frac{a}{6} \quad \text{und}$$

$$x_{Wasser} = \frac{a}{6}.$$

(Die Gesamtstoffmenge beträgt 6 mol.)

Damit ergibt sich:

$$4 = \frac{\dfrac{a}{6} \cdot \dfrac{a}{6}}{\dfrac{(1-a)}{6} \cdot \dfrac{(5-a)}{6}} = \frac{a^2}{5 - 6a + a^2}$$

und man erhält:

$20 - 24a - 4a^2 = a^2$ oder
$3a^2 - 24a + 20 = 0$.

Lösungen dieser quadratischen Gleichung sind $a_1 \approx 7$ und $a_2 \approx 1$.

Die Lösung a_1 ist sinnlos, da nicht 7 mol Ester entstehen können, wenn die Gesamtstoffmenge nur 6 mol beträgt.

Das Gleichgewichtsgemisch enthält also ca. 1 mol Ester, wenn man, wie in diesem Beispiel gezeigt, mit einem Überschuß an Alkohol arbeitet, und nur $\frac{2}{3}$ mol Ester, wenn man die Ausgangsstoffe im stöchiometrischen Verhältnis einsetzt (s. Beispiel auf S. 96).

Den Alkohol in einem zu großen Überschuß

einzusetzen ist sinnlos, weil schon bei in obigem Beispiel angenommenem Stoffmengenverhältnis von Säure : Alkohol = 1 mol : 5 mol die Säure nahezu vollständig umgesetzt wird (1 mol Ester kann nur entstehen, wenn auch 1 mol Säure reagiert hat.)

Tabellarische Zusammenfassung

Tab. 5.1 faßt die Möglichkeiten zur Verschiebung eines chemischen Gleichgewichts noch einmal zusammen.

Tab. 5.1   Gleichgewichtsverschiebungen

Äußerer Zwang durch	Gleichgewichtsverschiebung durch Begünstigung der
Druckerhöhung	Reaktion, die unter Volumenverminderung (Abnahme der Stoffmenge) abläuft
Druckverminderung	Reaktion, die unter Volumenzunahme (Zunahme der Stoffmenge) abläuft
Wärmezufuhr (Temperaturerhöhung)	endothermen Reaktion
Wärmeentzug (Temperaturerniedrigung)	exothermen Reaktion
Zusatz einer Komponente	Reaktion, die diesen Stoff verbraucht
Entzug einer Komponente	Reaktion, die diesen Stoff bildet

2.4 Heterogene Gleichgewichte

Stehen mehrere Stoffe in verschiedenen Phasen im Gleichgewicht miteinander, also z. B. gasförmige und feste Stoffe, so spricht man von **heterogenen, chemischen Gleichgewichten**.

Ein heterogenes Gleichgewicht ist z. B.

$$C(f) + CO_2(g) \rightleftarrows 2 CO(g)$$
(Boudouard-Gleichgewicht)

Durch Anwendung des Massenwirkungsgesetzes erhält man die Gleichgewichtskonstante $^*K_p(T)$:

$$^*K_p(T) = \frac{^*p_{CO}^2}{^*p_C \cdot ^*p_{CO_2}} \tag{23}$$

Für Temperaturen unter 3500 °C und bei normalen Drücken ist der Kohlenstoff fest (der

Sublimationspunkt des Graphits liegt bei ca. 3900 °C); sein Partialdruck ist unabhängig von der Menge als konstant anzusehen, während die Partialdrücke der gasförmigen Stoffe CO_2 und CO bei konstanter Temperatur proportional zur Konzentration sind. In Gl. (23) kann daher bei konstanter Temperatur $*p_C = $ const. gesetzt und mit in die Gleichgewichtskonstante $*K_p(T)$ einbezogen werden. Man erhält dann

$$*K'_p(T) = *K_p(T) \cdot *p_C = *K_p(T) \cdot \text{const}$$
$$= \frac{*p_{CO}^2}{*p_{CO_2}}.$$

Die Lage des Gleichgewichts wird bei einer bestimmten Temperatur also allein durch die Partialdrücke der gasförmigen Komponenten bestimmt, während die Partialdrücke der festen Komponenten keinen Einfluß auf die Gleichgewichtszusammensetzung ausüben.

Anstelle der vorübergehend eingeführten Konstanten $*K'_p(T)$ benutzen wir im folgenden auch für heterogene Gleichgewichte die Bezeichnung $*K_p(T)$.

Die hier angestellten Überlegungen lassen sich analog auf andere heterogene Gleichgewichte übertragen, an denen feste Phasen beteiligt sind. Daher legen wir folgende Vereinbarung fest:

> Bei heterogenen Gleichgewichten werden die reinen, festen Phasen beim Einsetzen in das Massenwirkungsgesetz nicht berücksichtigt.

Beispiele

Reaktionsgleichungen

a) $CaCO_3(f) \rightleftarrows CaO(f) + CO_2(g)$

b) $FeO(f) + CO(g) \rightleftarrows Fe(f) + CO_2(g)$

Gleichgewichtskonstanten $K_p(T)$

a) $*K_p(T) = *p_{CO_2}$

b) $*K_p(T) = \dfrac{*p_{CO_2}}{*p_{CO}}$

2.5 Berechnung der Gleichgewichtskonstanten $*K_p(T)$ aus thermodynamischen Daten

Der Zusammenhang zwischen der Gleichgewichtskonstanten $*K_p(T)$ und der freien Reaktionsenthalpie ΔG_R wurde von **Van't Hoff** hergeleitet. Wir greifen hier – ohne die Herleitung nachzuvollziehen – auf das Ergebnis der Berechnungen zurück. Für Standardbedingungen gilt:

$$\Delta G^0_{R,m} = -R \cdot T \cdot \ln(*K_p(T)) \qquad (24)$$

$\Delta G^0_{R,m}$ freie molare Reaktionsenthalpie unter Standarddruck p^0

R molare Gaskonstante

T absolute Temperatur

$*K_p(T)$ Gleichgewichtskonstante

Gl. (24) ist deswegen von außerordentlicher Wichtigkeit, weil sie es gestattet, die Gleichgewichtskonstante einer Reaktion aus thermodynamischen Daten zu bestimmen.

Das folgende Rechenbeispiel setzt die Kenntnisse von Kap. 4 voraus.

Rechenbeispiel. Wie groß ist die Gleichgewichtskonstante $*K_p(T)$ für die Reaktion

$$\tfrac{3}{2}H_2 + \tfrac{1}{2}N_2 \rightleftarrows NH_3$$

unter Standardtemperatur? Gegeben sind:

	H$_2$	N$_2$	NH$_3$
molare Standard-bildungsenthalpie $\Delta H_{B,m}$ (kJ · mol^{-1})	0	0	−46
molare Standard-entropie S^0_m (J · mol^{-1} · K^{-1})	130,7	191,6	192,5

Lösung

Reaktionsgleichung	$\tfrac{3}{2}H_2 + \tfrac{1}{2}N_2 \rightleftarrows NH_3$
molare Standard-reaktionsenthalpie $\Delta H^0_{R,m}$ (J · mol^{-1})	$-46 \cdot 10^3$
molare Standard-reaktionsentropie $\Delta S^0_{R,m}$ (J · mol^{-1} · K^{-1})	$192,5 - \tfrac{1}{2}191,6 - \tfrac{3}{2}130,7$ $= -99,3$
$\Delta G^0_{R,m}$ $= \Delta H^0_{R,m} - T \cdot \Delta S^0_{R,m}$ (J · mol^{-1})	$-46 \cdot 10^3 - 298 \cdot (-99,3)$ $= -16,4 \cdot 10^3$
$\ln(*K_p(T)) = -\dfrac{\Delta G^0_{R,m}}{R \cdot T}$	$\dfrac{16\,400}{8,31 \cdot 298} = 6,6$
$*K_p(298\ \text{K})$	$e^{6,6} = 735$

Bei Standardbedingungen liegt das Gleichgewicht nahezu vollständig auf der Seite des Ammoniaks.

Anwendungen

- Berechnung von Stoffumsätzen bei Gleichgewichtsreaktionen
- Bestimmung von Gleichgewichtskonstanten

3. Formelsammlung

Reaktion	$xA + yB \rightleftarrows rE + sF$
Gleichgewichts-konstanten	$^{*}K_c(T) = \dfrac{^{*}c_E^r \cdot {}^{*}c_F^s}{^{*}c_A^x \cdot {}^{*}c_B^y}; \quad {}^{*}c_i = \dfrac{c_i}{c^0}$
	$^{*}K_p(T) = \dfrac{^{*}p_E^r \cdot {}^{*}p_F^s}{^{*}p_A^x \cdot {}^{*}p_B^y}; \quad {}^{*}p_i = \dfrac{p_i}{p^0}$
	$K_x(V,p,T) = \dfrac{x_E^r \cdot x_F^s}{x_A^x \cdot x_B^y}$
Zusammen-hänge	$^{*}K_c(T) = {}^{*}K_p(T)\left(\dfrac{p^0}{c^0 \cdot R \cdot T}\right)^{\Delta n}$
	$K_x(V,p,T) = {}^{*}K_p(T)\left(\dfrac{1}{^{*}p_{ges}}\right)^{\Delta n}$
	$\Delta n = (r+s) - (x+y)$
Gleichung von Van't Hoff	$\Delta G^0_{R,m} = -R \cdot T \cdot \ln(^{*}K_p(T))$

Kapitel 6
Elektrolytische Dissoziationsgleichgewichte

Viele Stoffe zerfallen beim Lösen in frei bewegliche, elektrisch geladene Teilchen (Ionen). Diesen reversiblen Zerfall bezeichnet man als elektrolytische Dissoziation.

Die elektrolytische Dissoziation ist für die Chemie deswegen von großer Bedeutung, weil gemeinsame, charakteristische Eigenschaften von Stoffen darauf beruhen, daß sie dasselbe Ion in die Lösung bringen. Während durch Säuren z.B. immer H_3O^+-Ionen in eine wäßrige Lösung gelangen, besteht in den Lösungen von Basen immer ein Überschuß an OH^--Ionen*. Das werden wir in diesem Kapitel zeigen.

Wir werden zeigen, wie die elektrolytische Dissoziation quantitativ beschrieben werden kann und werden dabei auf die Begriffe pH- und pOH-Wert, Säure- und Basenkonstante und das Löslichkeitsprodukt eingehen. Außerdem werden wir uns mit der Erscheinung der Hydrolyse und mit Pufferlösungen auseinandersetzen.

Ausführlichere Beispielrechnungen zu diesen Themen findet man im Band „Fachrechnen" dieser Buchreihe.

> Stoffe, die in Ionen zerfallen und deshalb den elektrischen Strom leiten können, nennt man Elektrolyte; der Zerfall selbst wird als elektrolytische Dissoziation bezeichnet.

Manche Elektrolyte sind bereits im festen Zustand aus Ionen aufgebaut, andere zerfallen erst beim Lösen in Ionen. Zur Unterscheidung gibt man ihnen unterschiedliche Namen. Vertreter der ersten Gruppe werden **echte Elektrolyte** genannt. Zu ihnen gehören die Salze wie NaCl, $CuSO_4$, KOH oder CaF_2. Die Gruppe der Verbindungen, bei denen die Ionendissoziation erst beim Lösen eintritt, bezeichnet man als **potentielle Elektrolyte**. Zu den potentiellen Elektrolyten gehören z.B. HCl, H_3PO_4 oder H_2CO_3.

Feste Elektrolyte und Elektrolytlösungen sind, obwohl sie geladene Teilchen enthalten, insgesamt elektrisch neutral, d.h. die Gesamtladung der positiven Ionen (**Kationen**) hebt die Gesamtladung der negativen Ionen (**Anionen**) auf.

Für den chemischen Charakter einer Elektrolytlösung, der uns in diesem Kapitel vorwiegend

1. Elektrolytlösungen

1.1 Elektrolyte

Chemisch reines Wasser leitet den elektrischen Strom fast nicht. Löst man darin jedoch ein Salz, eine Säure oder eine Base, so stellt man eine deutliche Zunahme der Leitfähigkeit fest. Die Ursache hierfür ist, daß diese Stoffe in Wasser in frei bewegliche, positiv und negativ geladene Teilchen zerfallen. Diese Teilchen, die bei Anlegen einer Spannung durch die Lösung wandern und so den Strom verursachen, werden nach **Arrhenius** als **Ionen** bezeichnet. (Das Wort „Ionen" stammt aus dem Griechischen und bedeutet soviel wie „Wanderer".)

---

* Dies gilt allerdings nur, wenn man den speziellen Säure- und Basenbegriff zugrundelegt.

Tab. 6.1 Ionen echter und potentieller Elektrolyte in wäßriger Lösung

Elektrolyt	Art	Kationen in wäßriger Lösung	Anionen in wäßriger Lösung
NaCl	echter Elektrolyt	Na^+	Cl^-
$CuSO_4$	echter Elektrolyt	Cu^{2+}	SO_4^{2-}
KOH	echter Elektrolyt	K^+	OH^-
HCl	potentieller Elektrolyt	H_3O^+	Cl^-
H_2CO_3	potentieller Elektrolyt	$2H_3O^+$	HCO_3^-, CO_3^{2-}
CH_3COOH	potentieller Elektrolyt	H_3O^+	CH_3COO^-

interessiert, ist entscheidend, in welche Ionen der betreffende Elektrolyt dissoziiert und in welchem Ausmaß der Zerfall erfolgt. In Tab. 6.1 sind einige Elektrolyte und ihre Ionen in wäßriger Lösung aufgeführt.

1.2 Vorgänge beim Lösen

Wasser als Lösungsmittel

Wasser ist sicher das am häufigsten verwendete Lösungsmittel. Daher befassen wir uns in den folgenden Abschnitten mit wäßrigen Elektrolytlösungen. Als erstes zeigen wir zwei Eigenschaften von Wasser auf, die für das Lösen von entscheidender Bedeutung sind.

Dipolcharakter. Es gibt eine Vielzahl von Molekülen, die, obwohl sie als ganzes elektrisch neutral sind, aufgrund polarisierter Atombindungen positiv und negativ geladene Zentren besitzen. Zu ihnen gehört das gewinkelte Wasser-Molekül (s. Abb. 6.1). In diesem liegt der negative Ladungsschwerpunkt auf der Seite des Sauerstoff-Atoms, während auf der Seite der Wasserstoff-Atome positive Ladungen auftreten. Die Wasser-Moleküle sind also **elektrische Dipole**.

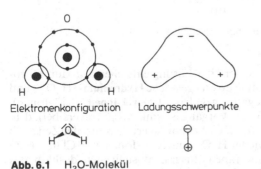

Elektronenkonfiguration   Ladungsschwerpunkte

Abb. 6.1 H_2O-Molekül

Da ungleichnamige Ladungen einander anziehen, lagern sich die H_2O-Dipole an jedes andere polare Molekül oder an die Ionen eines Elektrolyten an. Bei dieser Anlagerung wird Energie frei (so, wie umgekehrt Energie aufzuwenden ist, um zwei sich anziehende Teilchen zu trennen). Mit dieser Energie kann der zum Lösen des Elektrolyten notwendige Energiebetrag ganz oder zumindestens teilweise gedeckt werden.

Dielektrizitätszahl. Nach dem **Gesetz von Coulomb** ziehen sich zwei ungleichnamige Ladungen q_1 und q_2 (z. B. zwei entgegengesetzt geladene Ionen), die einen Abstand r voneinander besitzen **im Vakuum** mit der Kraft

$$F_{Vak.} = f \cdot \frac{q_1 \cdot q_2}{r^2} \qquad (1)$$

an (f = Proportionalitätsfaktor). In einem Dielektrikum (also z. B. in Wasser) sinkt diese Kraft auf den Wert

$$F_{Diel.} = \frac{F_{Vak.}}{\varepsilon_r}. \qquad (2)$$

Dabei ist ε_r eine das betreffende Dielektrikum charakterisierende, einheitenlose Größe, die man als **relative Dielektrizitätszahl** bezeichnet. Je größer der Wert von ε_r, desto geringer ist die zwischen den Ladungen wirkende Kraft.

Wasser besitzt eine relative Dielektrizitätszahl von ca. 80. In Wasser ziehen sich also zwei entgegengesetzt geladene Ionen nur noch mit einem achtzigstel der im Vakuum wirkenden Kraft an (gleicher Abstand vorausgesetzt).

Das Lösen echter Elektrolyte

Bringt man einen echten Elektrolyten, z. B. NaCl, in Lösung, so lagern sich die Wasserdipole – wie bereits im voranstehenden Abschnitt erwähnt – mit ihren jeweils entgegengesetzt geladenen Enden an die Oberflächenionen des Kristalls an. Diese Anlagerung bezeichnet man als **Hydratation.** (Bei anderen Lösungsmitteln als Wasser nennt man diesen Vorgang **Solvatation.**)

Die bei der Hydratation frei werdende Energie wird zum Teil vom Kristallgitter aufgenommen. (Ein Teil der Energie führt auch zur Erwärmung des Lösungsmittels.) Dadurch schwingen die Kristallionen noch kräftiger als zuvor um ihre Ruhelagen. Die energiereichsten lösen sich dabei so weit von der Kristalloberfläche, daß sich das Wasser nun auch zwischen sie und das restliche Gitter drängen kann (s. Abb. 6.2). Dadurch werden diese Ionen vollständig von einer Hydrathülle umgeben. Mit der bei dieser Anlagerung frei werdenden Energie können sich dann weitere Teilchen von der Kristalloberfläche lösen.

Die vollständig hydratisierten Ionen werden wegen der großen Dielektrizitätszahl von Wasser und wegen ihres größeren Abstands zu benach-

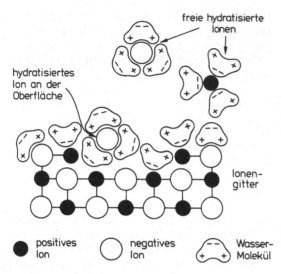

Abb. 6.2   Hydratation

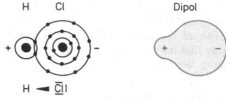

Abb. 6.3   HCl-Molekül

der Elektronenhülle des HCl-Moleküls löst und auf das Wasser-Molekül übergeht, wo es von einem freien Elektronenpaar des Sauerstoff-Atoms gebunden wird (s. Abb. 6.4). Einen solchen **Protonenübergang** bezeichnet man als **Protolyse.**

barten Ionen nur noch sehr schwach aneinander und an das Restgitter gebunden. Deshalb sind sie aufgrund ihrer thermischen Energie in der Lage, als eigenständige Teilchen in die Lösung überzugehen.

> Wäßrige Lösungen echter Elektrolyte enthalten die hydratisierten Kristallionen als freie, reaktionsfähige Teilchen.

Die Hydrathüllen lagern sich mitunter so fest an die gelösten Ionen an, daß sie bei der Kristallisation des Elektrolyten mit in das wachsende Gitter eingebaut werden (**Kristallwasser**). Beispiele für kristallwasserhaltige Salze sind Gips ($CaSO_4 \cdot 2H_2O$), Kristallsoda ($Na_2CO_3 \cdot 10H_2O$) oder Kupfervitriol ($CuSO_4 \cdot 5H_2O$).

Vorgänge beim Lösen potentieller Elektrolyte

Ein typischer Vertreter der potentiellen Elektrolyte ist der Chlorwasserstoff. Seine Moleküle sind, ähnlich wie die des Wassers, polar mit dem positiv geladenen Ende beim Wasserstoff- und der negativen Seite beim Chlor-Atom (s. Abb. 6.3). In Wasser lagern sich die positiven Wasserstoff-Enden der HCl-Moleküle an die negativen Sauerstoff-Enden der H_2O-Moleküle an (**Wasserstoff-Brücken**). Dabei kann es vorkommen, daß sich ein **Proton** (H^+-Ion) ganz aus

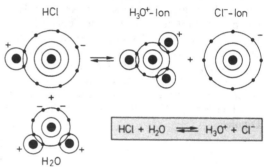

Abb. 6.4   Protolyse von HCl

In einer HCl-Lösung entstehen also durch Protolyse positiv geladene **Hydronium-** (H_3O^+) und negativ geladene **Chlorid-Ionen** (Cl^--Ionen). Dieser Vorgang ist umkehrbar (reversibel), d. h. in der HCl-Lösung lagern sich zu jeder Zeit auch wieder H_3O^+- und Cl^--Ionen zu HCl und H_2O zusammen. Insgesamt stellt sich deshalb das **Protolysegleichgewicht** ein:

$$HCl + H_2O \rightleftarrows H_3O^+ + Cl^-$$

> Die Dissoziation potentieller Elektrolyte in Wasser beruht auf Protolyse, d. h. auf einer Reaktion des betreffenden Elektrolyten mit dem Lösungsmittel.

Wie die Ionen echter Elektrolyte, so liegen auch die Ionen potentieller Elektrolyte hydratisiert in der Lösung vor.

Lösungsenthalpie

Ob beim Lösen eines echten oder potentiellen Elektrolyten insgesamt Wärme freigesetzt oder verbraucht wird, hängt von den Energien zweier Teilvorgänge ab:

- Für die Abtrennung der Ionen aus dem Ionengitter oder molekularen Verband ist stets Energie aufzuwenden, da die Bindungskräfte überwunden werden müssen. Es wird umso mehr Energie verbraucht, je stärker die Teilchen des Elektrolyten aneinander gebunden sind.

- Die Hydratation (Solvatation) verläuft dagegen immer exotherm. Die dabei frei werdende Energie ist um so größer, je stärker die Wasser-Moleküle (bzw. die Moleküle eines anderen Lösungsmittels) von den Elektrolytionen gebunden werden. Die Hydratation ist um so stärker, je kleiner die Ionenradien und um so höher geladen die Ionen sind.

Insgesamt wird beim Lösen Wärme verbraucht, wenn zum Abtrennen der Ionen mehr Energie aufzuwenden ist, als bei der Hydratation frei wird. Die Lösungsenthalpie ist dann positiv ($\Delta H_{L,m} > 0$). Überwiegt hingegen die Energieabgabe bei der Hydratation, so verläuft der Lösungsvorgang exotherm und besitzt eine negative Lösungsenthalpie ($\Delta H_{L,m} < 0$).

2. Gesetze der elektrolytischen Dissoziation

2.1 Starke und schwache Elektrolyte

Wie der Chlorwasserstoff, so ist auch die Essigsäure ein potentieller Elektrolyt. In Wasser zerfallen die CH_3COOH-Moleküle bis zur Einstellung des Protolysegleichgewichts in H_3O^+ und CH_3COO^--Ionen:

$$CH_3COOH + H_2O \rightleftarrows H_3O^+ + CH_3COO^-.$$

Wie man jedoch durch Messen des osmotischen Drucks, der Gefrierpunkterniedrigung oder der elektrischen Leitfähigkeit nachweisen kann, ist das Ausmaß des Ionenzerfalls bei beiden Elektrolyten unterschiedlich groß. Während in der HCl-Lösung das durch Protolyse hervorgerufene Dissoziationsgleichgewicht nahezu vollständig auf der Seite der Dissoziationsprodukte H_3O^+ und Cl^- liegt, zerfällt in der Essigsäure

unter denselben Bedingungen nur ein äußerst geringer Bruchteil aller CH_3COOH-Moleküle in Ionen. Chlorwasserstoff und Essigsäure besitzen in Wasser also sehr stark voneinander abweichende **Dissoziationsgrade** (s. Kap. 3, S. 39). Die Stärke des Zerfalls betreffend unterteilt man die Elektrolyte in folgende Gruppen:

Als **starke Elektrolyte** bezeichnet man Stoffe, deren Dissoziationsgrad praktisch immer gleich 1 gesetzt werden kann ($\alpha \approx 1$), weil sie beim Lösen völlig oder zumindest nahezu vollständig in bewegliche Ionen zerfallen. Zu ihnen gehören neben dem Chlorwasserstoff z.B. auch NaCl, KOH oder H_2SO_4.

Von **schwachen Elektrolyten** spricht man, wenn der Dissoziationsgrad im Bereich meßbarer Lösungskonzentrationen wesentlich kleiner als 1 ist ($\alpha \ll 1$), d.h. wenn nur ein geringer Prozentsatz aller gelösten Teilchen in Form von freien Ionen vorliegen. Außerdem nimmt der Dissoziationsgrad schwacher Elektrolyte mit steigender Konzentration stark ab. Neben der Essigsäure zeigen z.B. auch H_2CO_3, NH_3 oder $B(OH)_3$ dieses Dissoziationsverhalten.

Den Übergang bilden die **mittelstarken Elektrolyte**, deren Dissoziationsgrad zwar ebenfalls mit steigender Konzentration abnimmt, die aber bedeutend stärker in Ionen zerfallen als die schwachen Elektrolyte.

> Der Dissoziationsgrad starker Elektrolyte beträgt praktisch immer gleich 1. Bei mittelstarken und schwachen Elektrolyten ist der Dissoziationsgrad von der Lösungskonzentration abhängig.

Wie stark ein Elektrolyt beim Lösen zerfällt, hängt außerdem von der Temperatur ab. Durch Wärmezufuhr wird im allgemeinen die Dissoziation verstärkt. Aus einem schwachen Elektrolyten kann so ein mittelstarker Elektrolyt werden.

2.2 Konzentrationsabhängigkeit des Dissoziationsgrades

Wird auf das Dissoziationsgleichgewicht eines schwachen Elektrolyten

$$AB \rightleftarrows A^+ + B^-$$

das **Massenwirkungsgesetz** angewendet, so ergibt sich die temperaturabhängige Gleichgewichtskonstante

$$*K_D(T) = \frac{*c_{A^+} \cdot *c_{B^-}}{*c_{AB}} \qquad (3)$$

$*K_D(T)$ wird **Dissoziationskonstante** genannt.

Ist c die Ausgangskonzentration des Elektrolyten in $mol \cdot l^{-1}$ und α der unter den gegebenen Bedingungen gültige Dissoziationsgrad, so betragen die Konzentrationen der Ionen und undissoziierten Bestandteile im Gleichgewicht:

$c_{A^+} = c_{B^-} = c \cdot \alpha$ und

$c_{AB} = c - c \cdot \alpha = (1 - \alpha) c$.

In das Massenwirkungsgesetz werden, wie in Kap. 5 (s. S. 93) dargelegt, die **relativen**, d. h. auf den Standardwert $c^0 = 1 \, mol \cdot l^{-1}$ bezogenen **Gleichgewichtskonzentrationen**

$$*c_{A^+} = *c_{B^-} = \frac{c}{c^0} \alpha = *c \cdot \alpha \quad \text{und}$$

$$*c_{AB} = (1 - \alpha) \frac{c}{c^0} = (1 - \alpha) \cdot *c$$

eingesetzt. Man erhält dann:

$$*K_D(T) = \frac{c \cdot \alpha^2}{c^0 (1 - \alpha)} = \frac{*c \cdot \alpha^2}{1 - \alpha} \qquad (4)$$

Dieses für schwache Elektrolyte gültige Dissoziationsgesetz wurde zuerst von W. Ostwald aufgestellt; es wird allgemein als das **Ostwaldsche Verdünnungsgesetz** bezeichnet.

Für eine gegebene Temperatur besitzt die Dissoziationskonstante $*K_D(T)$ einen festen Wert. Nach Gl. (4) muß sich deshalb bei einer Konzentrationsänderung auch der Dissoziationsgrad des in Lösung gebrachten Elektrolyten verändern. Der aus dem Verdünnungsgesetz resultierende Zusammenhang zwischen c und α ist in Abb. 6.5 von seinem prinzipiellen Verlauf her dargestellt. Der Dissoziationsgrad schwacher Elektrolyte nimmt also mit zunehmender Verdünnung zu.

Für Essigsäure z. B., deren Dissoziationskonstante bei 25 °C $1,8 \cdot 10^{-5}$ beträgt, ergibt Gl. (4), daß schon in einer Lösung mit einer Konzentration von $0,05 \, mol \cdot l^{-1}$ weniger als 2 % aller CH_3COOH-Moleküle in Ionen zerfallen ($\alpha < 0,02$). Bei höheren Konzentrationen

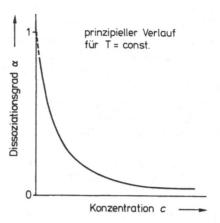

Abb. 6.5 Konzentrationsabhängigkeit des Dissoziationsgrads für schwache Elektrolyte

nimmt der Dissoziationsgrad sogar noch geringere Werte an. Für solch kleine α-Werte kann der Ausdruck $(1 - \alpha)$ im Nenner von Gl. (4) in guter Näherung durch 1 ersetzt werden. Man erhält dann:

$$*K_D(T) \approx *c \cdot \alpha^2 \quad \text{oder}$$

$$\alpha \approx \sqrt{\frac{*K_D(T)}{*c}} \quad \text{(für } \alpha \ll 1\text{)} \qquad (5)$$

Weil dieses Näherungsgesetz sehr leicht zu handhaben ist und für schwache Elektrolyte ($*K_D(T) < 10^{-3}$) und nicht allzu geringe Konzentrationen ($*c > 0,05$) hinreichend genaue Werte liefert, wird es häufig anstelle von Gl. (4) zur Bestimmung von Dissoziationsgrad und Dissoziationskonstante verwendet.

Rechenbeispiel. Wie groß ist die Hydronium-Ionenkonzentration in einer Essigsäurelösung mit $c = 0,5 \, mol \cdot l^{-1}$ bei 25 °C?

Lösung: Die H_3O^+-Ionenkonzentration ist vom Dissoziationsgrad des Elektrolyten abhängig und beträgt: $c_{H_3O^+} = c \cdot \alpha$.

Mit Gl. (5) sowie $c = 0,5 \, mol \cdot l^{-1}$, $*c = 0,5$ und $*K_D(25°C) = 1,8 \cdot 10^{-5}$ erhält man:

$$c_{H_3O^+} = c \cdot \sqrt{\frac{*K_D(T)}{*c}}$$

$$= 0,5 \frac{mol}{l} \cdot \sqrt{\frac{1,8 \cdot 10^{-5}}{0,5}} = 0,003 \frac{mol}{l}$$

2.3 Konzentration und Aktivität

Das Rechenbeispiel im letzten Abschnitt hat gezeigt, daß die Ionenkonzentrationen in verdünnten Lösungen schwacher Elektrolyte nur sehr gering sind. Die Ionen besitzen daher im zeitlichen Mittel einen relativ großen Abstand voneinander und beeinflussen sich demzufolge so gut wie nicht. Deshalb nehmen alle diese Teilchen gleichermaßen an physikalischen oder chemischen Vorgängen in der Lösung teil.

Bei starken oder mittelstarken Elektrolyten ist das anders. Wegen der nahezu vollständigen Dissoziation ist die Ionendichte schon bei geringer Lösungskonzentration so groß, daß sich ungleichnamig geladene Teilchen merklich anziehen. Deshalb bilden sich in diesen Lösungen örtliche Ionenanhäufungen, sog. **Ionenwolken** aus (s. Abb. 6.6). Es entstehen dabei zwar keine feste Verbindungen aber das in der Mitte einer solchen Wolke liegende Ion wird doch soweit abgeschirmt, daß es sich nicht mehr voll „aktiv" am Reaktionsgeschehen in der Lösung beteiligen kann. Die Lösungen starker Elektrolyte verhalten sich deshalb so, als wären sie von geringerer Konzentration. Diesem Effekt wird durch ein neues Konzentrationsmaß, das man als **Aktivität** bezeichnet, Rechnung getragen.

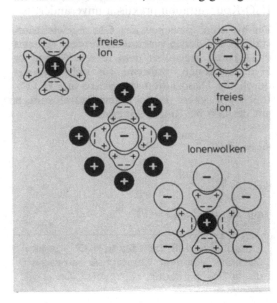

Abb. 6.6 Ionenwolken

Die Aktivität ist mit der tatsächlichen Konzentration c durch die Gleichung

$$a = f \cdot c \qquad (6)$$

verknüpft. Darin ist f ein von der Elektrolytkonzentration und der Elektrolytart abhängiger, einheitenloser Faktor zwischen 0 und 1, den man als **Aktivitätskoeffizienten** bezeichnet.

Der Aktivitätskoeffizient einer Salzsäure-Lösung mit $c = 0,1 \, \text{mol} \cdot l^{-1}$ beträgt 0,823. Demzufolge ist ihre Aktivität $a = 0,1 \cdot 0,823 \, \text{mol} \cdot l^{-1} = 0,0823 \, \text{mol} \cdot l^{-1}$. Eine HCl-Lösung mit einer Konzentration von $0,1 \, \text{mol} \cdot l^{-1}$ verhält sich also bei der Messung physikalischer Eigenschaften (Leitfähigkeit, pH-Wert) so, als ob sie ihre Konzentration $0,0823 \, \text{mol} \cdot l^{-1}$ wäre.

Da bei steigender Konzentration die gegenseitige Behinderung der Ionen zunimmt, nimmt die Ionenaktivität ab. Daher besitzt der Aktivitätskoeffizient f umso kleinere Werte, je höher die Konzentration ist.

Bei stark verdünnten Lösungen starker Elektrolyte oder bei Lösungen schwacher Elektrolyte mit nicht allzu hoher Konzentration ist der Aktivitätskoeffizient hingegen ungefähr gleich 1 ($f \approx 1$). Bei solchen Lösungen kann deshalb die Aktivität in guter Näherung durch die Konzentration ersetzt werden.

In den folgenden Abschnitten benutzen wir beim Aufstellen aller weiteren Gesetzmäßigkeiten die Aktivität, unabhängig davon, ob es sich um starke oder schwache Elektrolyte handelt.

3. Protolysegleichgewichte

3.1 Eigendissoziation des Wassers

Die geringfügige Leitfähigkeit von chemisch reinem Wasser deutet darauf hin, daß seine Moleküle zum Teil in Ionen zerfallen sind. Die Dissoziation des Wassers kommt durch den Protolysevorgang

$$H_2O + H_2O \rightleftarrows H_3O^+ + OH^-$$

zustande. Bei Verwendung der relativen Aktivitäten $*a_i = a_i/a^0$ mit $a^0 = 1 \, \text{mol} \cdot l^{-1}$ erhält man dafür die Gleichgewichtskonstante

$$*K_D(T) = \frac{*a_{H_3O^+} \cdot *a_{OH^-}}{*a_{H_2O}^2} \qquad (7)$$

Der Wert dieser Konstanten ist äußerst klein; bei Zimmertemperatur (22 °C) beträgt $^*K_D(22\,°C) = 3{,}25 \cdot 10^{-18}$. Das heißt, daß von den 55,5 mol H_2O-Molekülen, die 1 l Wasser ausmachen $(1000\ \text{g}/18\ \text{g} \cdot \text{mol}^{-1} = 55{,}5\ \text{mol})$ nur $2 \cdot 10^{-7}$ mol Ionen bilden. Das ist so wenig, daß sich die Aktivität der unzerfallenen Wassermoleküle (a_{H_2O}), trotz der Dissoziation, praktisch nicht ändert. Man kann deshalb den als konstant anzusehenden Ausdruck $^*a_{H_2O}^2$ mit $^*K_D(T)$ zusammenfassen und erhält so für die Ionendissoziation des Wassers die neue Gleichgewichtskonstante

$$
\begin{aligned}
^*K_W(T) &= {}^*K_D(T) \cdot {}^*a_{H_2O}^2 \\
&= {}^*a_{H_3O^+} \cdot {}^*a_{OH^-}, \quad\quad (8)
\end{aligned}
$$

die man als **Produkt der (relativen) Ionenaktivitäten** oder kurz als **Ionenprodukt des Wassers** bezeichnet.

Bei 22 °C ergibt sich für das Ionenprodukt der Wert

$$
\begin{aligned}
^*K_W(22\,°C) &= 3{,}25 \cdot 10^{-18} \cdot (55{,}5)^2 \\
&= 1 \cdot 10^{-14}. \quad\quad (9)
\end{aligned}
$$

Die Aktivitäten der H_3O^+- und OH^--Ionen betragen dann:

$$
\begin{aligned}
a_{H_3O^+} = a_{OH^-} &= \sqrt{10^{-14}}\ \frac{\text{mol}}{\text{l}} \\
&= 10^{-7}\ \frac{\text{mol}}{\text{l}}.
\end{aligned}
$$

Reines Wasser verhält sich chemisch neutral, weil keine der beiden Ionensorten überwiegt.

Wie die Aktivitäten der H_3O^+ und OH^--Ionen und das Ionenprodukt des Wassers von der Temperatur abhängen, zeigt Tab. 6.2.

Tab. 6.2 Temperaturabhängigkeit des Ionenprodukts und der Ionenaktivitäten von reinem Wasser

Temperatur (°C)	$^*K_W(T)$	$a_{H_3O^+} = a_{OH^-}$ (mol · l⁻¹)
10	$0{,}1 \cdot 10^{-14}$	$0{,}32 \cdot 10^{-7}$
22	$1{,}0 \cdot 10^{-14}$	$1{,}00 \cdot 10^{-7}$
50	$5{,}9 \cdot 10^{-14}$	$2{,}43 \cdot 10^{-7}$
100	$59{,}3 \cdot 10^{-14}$	$7{,}70 \cdot 10^{-7}$

3.2 Wäßrige Säurelösungen

Nach der Definition des dänischen Chemikers **J. N. Brönsted** sind Säuren **Protonendonatoren**. Sie geben also bei einer Reaktion Protonen ab. In wäßriger Lösung entstehen dabei immer Hydronium-Ionen. Man unterscheidet:

– **Neutralsäuren**, z. B.

$$ HCl + H_2O \rightleftarrows H_3O^+ + Cl^- $$

– **Anionsäuren**, z. B.

$$ HSO_4^- + H_2O \rightleftarrows H_3O^+ + SO_4^{2-} $$

– **Kationsäuren**, z. B.

$$ NH_4^+ + H_2O \rightleftarrows H_3O^+ + NH_3. $$

Da beim Einstellen dieser Protolysegleichgewichte zusätzliche H_3O^+-Ionen in das Wasser gelangen, wird das ursprüngliche Dissoziationsgleichgewicht $2\,H_2O \rightleftarrows H_3O^+ + OH^-$ (rechtsseitig) gestört. Nach Le Chatelier (s. Kap. 5, S. 97) treten deshalb solange Hydronium- und Hydroxid-Ionen zu H_2O-Molekülen zusammen, bis das Produkt aus den H_3O^+- und OH^--Ionenaktivitäten wieder seinen Gleichgewichtswert annimmt. In **verdünnten** Lösungen – auf die wir uns hier beschränken – beträgt dieser Wert bei Raumtemperatur ebenfalls 10^{-14}, weil die H_2O-Konzentration praktisch unverändert ist.

Da bis zum Erreichen des Gleichgewichtszustands OH^--Ionen verbraucht werden, verarmt die Lösung gegenüber dem reinen Wasser an Hydroxid-Ionen, während sie sich, bedingt durch die Dissoziation der Säure mit H_3O^+-Ionen anreichert. In wäßrigen Säurelösungen gilt deshalb bei Raumtemperatur

$$ a_{H_3O^+} > 10^{-7}\ \frac{\text{mol}}{\text{l}} \quad \text{und} $$

$$ a_{OH^-} < 10^{-7}\ \frac{\text{mol}}{\text{l}} $$

(mit $^*a_{H_3O^+} \cdot {}^*a_{OH^-} = 10^{-14}$).

Enthält eine wäßrige Lösung H_3O^+- gegenüber OH^--Ionen im Überschuß, so reagiert diese Lösung sauer.

3.3 Wäßrige Lösungen von Basen

Basen sind nach Brönsted **Protonenakzeptoren**; sie nehmen also bei einer Reaktion Protonen auf. In den wäßrigen Lösungen von Basen entstehen deshalb immer Hydroxid-Ionen, wie bei

- **Neutralbasen,** z. B.

$$NH_3 + H_2O \rightleftharpoons NH_4^+ + OH^-$$

- **Anionbasen,** z. B.

$$HCO_3^- + H_2O \rightleftharpoons H_2CO_3 + OH^-.$$

Zu den Basen zählen aber auch die **Metallhydroxide** wie NaOH oder KOH. Das sind echte Elektrolyte, die bereits im ungelösten Zustand OH^--Ionen enthalten. Daher gelangen in die Lösungen dieser Stoffe Hydroxid-Ionen, ohne daß eine Reaktion mit dem Wasser stattfindet, z. B.

$$KOH \rightleftharpoons K^+ + OH^-.$$

Da sich in den Lösungen von Basen die OH^--Ionenaktivität erhöht, muß die Aktivität der H_3O^+-Ionen dem konstanten Ionenprodukt des Wassers entsprechend abnehmen. Bei Raumtemperatur gilt deshalb

$$a_{H_3O^+} < 10^{-7}\frac{mol}{l} \quad und$$

$$a_{OH^-} > 10^{-7}\frac{mol}{l}.$$

> Liegen in einer wäßrigen Lösung OH^--Ionen im Überschuß vor, so reagiert die Lösung alkalisch.

3.4 Kenngrößen von Säure- und Baselösungen

3.4.1 Der pH- und pOH-Wert

Offensichtlich läßt sich der chemische Charakter einer wäßrigen Lösung nach sauer oder alkalisch klassifizieren, wenn man ihre H_3O^+- bzw. OH^--Ionenaktivitäten kennt. Da diese Aktivitäten meist aber sehr klein sind, hat der dänische Chemiker **Sörensen** zur einfacheren Kennzeichnung des chemischen Verhaltens solcher Lösungen den **pH-** bzw. den **pOH-Wert** eingeführt.

> Der pH-Wert einer Lösung ist der negative dekadische Logarithmus ihrer relativen H_3O^+-Ionenaktivität:
>
> $$pH = -\lg(^*a_{H_3O^+}) \qquad (10)$$
>
> Für den pOH-Wert gilt analog:
>
> $$pOH = -\lg(^*a_{OH^-}) \qquad (11)$$

Tab. 6.3 zeigt, wie die Ionenaktivitäten mit dem pH- bzw. dem pOH-Wert einer Lösung bei Raumtemperatur (22 °C) zusammenhängen.

Tab. 6.3 Ionenaktivitäten, pH- und pOH-Wert in wäßrigen Lösungen bei 22 °C

	sauer	basisch	neutral
$^*a_{H_3O^+}$	$> 10^{-7}$	$< 10^{-7}$	$= 10^{-7}$
$^*a_{OH^-}$	$< 10^{-7}$	$> 10^{-7}$	$= 10^{-7}$
pH	< 7	> 7	$= 7$
pOH	> 7	< 7	$= 7$

Ändert sich die Hydronium- oder Hydroxid-Ionenaktivität um eine Zehnerpotenz (z. B. von 10^{-6} mol $\cdot l^{-1}$ auf 10^{-5} mol $\cdot l^{-1}$), so ändert sich der pH- bzw. pOH-Wert um 1. Je kleiner der pH-Wert, umso saurer wirkt die Lösung.

Da sich die Dissoziationsgleichgewichte in einer Lösung mit der Temperatur verschieben, sind auch der pH- und der pOH-Wert temperaturabhängig. Bei 50 °C z. B. besitzt reines Wasser – wegen $^*a_{H_3O^+} = {}^*a_{OH^-} = 2,4 \cdot 10^{-7}$ – einen pH-Wert von 6,6. Deshalb verhalten sich bei 50 °C Lösungen dieses pH-Werts chemisch neutral.

Rechenbeispiel. Wie groß ist der pH-Wert einer HCl-Lösung mit einer Konzentration von 0,01 mol $\cdot l^{-1}$ bei 22 °C? Der Aktivitätskoeffizient der H_3O^+-Ionen beträgt $f = 0,9$.

Lösung: HCl ist ein starker, potentieller Elektrolyt, der in Wasser praktisch vollständig protolysiert. Die Konzentration der H_3O^+-Ionen in dieser Lösung kann daher gleich der Ausgangskonzentration des Chlorwasserstoffs gesetzt werden.

Die Aktivität der Hydronium-Ionen beträgt somit

$$a_{H_3O^+} = f \cdot c = 0,9 \cdot 0,01 \frac{mol}{l} = 9 \cdot 10^{-3}\frac{mol}{l}.$$

Damit ergibt sich der pH-Wert der Lösung zu

$$pH = -\lg(*a_{H_3O^+}) = -\lg(9 \cdot 10^{-3}) = 2{,}05.$$

Zusammenhang zwischen dem pH- und pOH-Wert. Bei 22 °C beträgt das Ionenprodukt des Wassers 10^{-14}. Durch Logarithmieren erhält man daraus

$$\lg(*a_{H_3O^+} \cdot *a_{OH^-}) = \lg(10^{-14}) \quad \text{oder}$$
$$\lg(*a_{H_3O^+}) + \lg(*a_{OH^-}) = -14.$$

Nach Multiplikation mit (-1) und Verwendung von Gl. (10) und Gl. (11) ergibt sich

$$pH + pOH = 14. \tag{12}$$

Bei Zimmertemperatur ist die Summe aus dem pH- und dem pOH-Wert von ein und derselben wäßrigen Lösung immer gleich 14.

Säure- und Basenkonstante. Wie stark eine Säure bzw. Base dissoziiert, kann durch ihre Säure- bzw. Basenkonstante ausgedrückt werden.

Wendet man z. B. auf das Protolysegleichgewicht der Säure HA

$$HA + H_2O \rightleftarrows H_3O^+ + A^-$$

das Massenwirkungsgesetz an, so ergibt sich die Konstante:

$$*K_{HA}(T) = \frac{*a_{H_3O^+} \cdot *a_{A^-}}{*a_{HA} \cdot *a_{H_2O}}$$

Da das Wasser in verdünnten Lösungen in großem Überschuß vorhanden ist, kann seine Aktivität trotz der Protolyse als konstant angesehen und mit der Konstanten $*K_{HA}(T)$ zusammengezogen werden. Die dabei neu entstehende Größe wird als **Säurekonstante** bezeichnet:

$$*K_S(T) = *K_{HA}(T) \cdot *a_{H_2O}$$
$$= \frac{*a_{H_3O^+} \cdot *a_{A^-}}{*a_{HA}} \tag{13}$$

Analog erhält man für das Protolysegleichgewicht einer Brönsted-Base

$$B + H_2O \rightleftarrows BH^+ + OH^-$$

die **Basenkonstante**:

$$*K_B(T) = \frac{*a_{BH^+} \cdot *a_{OH^-}}{*a_B} \tag{14}$$

In Tab. 6.4 sind einige Säure- und Basenkonstanten angegeben. Je größer der Wert dieser Konstanten, desto stärker ist die betreffende Säure bzw. Base.

Rechenbeispiel. Welchen pH-Wert besitzt eine Ammoniak-Lösung mit $c = 0{,}2 \text{ mol} \cdot l^{-1}$ bei 22 °C? Die Basenkonstante (s. Tab. 6.4) beträgt $*K_{NH_3}(22\,°C) = 1{,}8 \cdot 10^{-5}$.

Lösung: Ammoniak ist eine schwache Base, die nur zum Teil protolysiert. Daher gilt für die OH^--Ionenaktivität $(f \approx 1)$

$$a_{OH^-} \approx c_{OH^-} = c \cdot \alpha.$$

Der Dissoziationsgrad schwacher Elektrolyte kann gemäß Gl. (4) durch $\alpha = \sqrt{K_D(T)/*c}$ ausgedrückt werden, wobei für $*K_D(T)$ in diesem Fall die Basenkonstante eingesetzt werden muß. Mit $*c = 0{,}2$ erhält man

$$\alpha = \sqrt{\frac{1{,}8 \cdot 10^{-5}}{0{,}2}} \approx 0{,}01.$$

Tab. 6.4   Säure und Basenkonstanten

Dissoziationsgleichgewicht	Konstante	Zahlenwert bei 22°C
$H_2CO_3 + H_2O \rightleftarrows H_3O^+ + HCO_3^-$	$*K_S(T) = \dfrac{*a_{H_3O^+} \cdot *a_{HCO_3^-}}{*a_{H_2CO_3}}$	$4{,}3 \cdot 10^{-7}$
$CH_3COOH + H_2O \rightleftarrows H_3O^+ + CH_3COO^-$	$*K_S(T) = \dfrac{*a_{H_3O^+} \cdot *a_{CH_3COO^-}}{*a_{CH_3COOH}}$	$1{,}8 \cdot 10^{-5}$
$NH_3 + H_2O \rightleftarrows NH_4^+ + OH^-$	$*K_B(T) = \dfrac{*a_{NH_4^+} \cdot *a_{OH^-}}{*a_{NH_3}}$	$1{,}8 \cdot 10^{-5}$

Die Aktivität der Hydroxid-Ionen in der Ammoniak-Lösung beträgt daher

$$a_{OH^-} = 0,2 \cdot 0,01 \frac{mol}{l} = 0,002 \frac{mol}{l}.$$

Deshalb ergibt sich für ihren pOH-Wert

$$pOH = -\lg(0,002) = 2,7.$$

Den pH-Wert errechnet man mit Hilfe von Gl. (12)

$$pH = 14 - pOH = 14 - 2,7 = 11,3.$$

Säure und konjugierte Base. Der aus einer Säure HA durch Protonenabgabe entstehende Säurerest A^- kann selbst wieder Protonen aufnehmen und ist demzufolge im Sinne Brönsteds eine Base. A^- wird die zu HA **konjugierte Base** genannt (entsprechendes gilt für Anion- und Kationsäuren). Säure und konjugierte Base bilden zusammen ein **Säure-Basen-Paar**. In einer Lösung liegen Säure-Basen-Paare immer im Gleichgewicht nebeneinander vor. In Tab. 6.5 sind einige Beispiele aufgeführt.

Tab. 6.5 Säure-Basen-Paare

Säure	konjugierte Base
HCl	Cl^-
H_3O^+	H_2O
NH_4^+	NH_3
H_2O	OH^-
CH_3COOH	CH_3COO^-

Die zu HA konjugierte Base A^- protolysiert nach der Gleichung

$$A^- + H_2O \rightleftarrows HA + OH^-.$$

Deshalb lautet ihre Konstante

$$^*K_B(T) = \frac{^*a_{HA} \cdot {^*a_{OH^-}}}{^*a_{A^-}} \qquad (15)$$

Das Produkt der Konstanten eines Säure-Basen-Paares ergibt somit

$$^*K_S(T) \cdot {^*K_B(T)} = \frac{^*a_{H_3O^+} \cdot {^*a_{A^-}}}{^*a_{HA}} \cdot \frac{^*a_{HA} \cdot {^*a_{OH^-}}}{^*a_{A^-}}$$

$$= {^*a_{H_3O^+}} \cdot {^*a_{OH^-}}$$

Da in einer wäßrigen Lösung das Produkt der relativen Ionenaktivitäten der H_3O^+- und OH^--Ionen immer den Wert von $K_W(T)$ annehmen muß, gilt:

In ein und derselben wäßrigen Lösung ist das Produkt der Gleichgewichtskonstanten von Säure (S) und konjugierter Base (B) immer gleich dem Ionenprodukt des Wassers

$$^*K_S(T) \cdot {^*K_B(T)} = {^*K_W(T)} \qquad (16)$$

3.5 Wäßrige Salzlösungen

Überprüft man die wäßrigen Lösungen von CH_3COONa, KCl und NH_4Cl mit Hilfe von Indikatoren darauf, ob sie alkalisch, sauer oder neutral reagieren, so erhält man folgende Ergebnisse:

Salz	CH_3COONa	KCl	NH_4Cl
Reaktion in wäßriger Lösung	alkalisch	neutral	sauer

Die Salze selbst bringen weder die für die saure Reaktion notwendigen H_3O^+- noch die für die alkalische Reaktion erforderlichen OH^--Ionen mit. Das saure bzw. basische Verhalten dieser Lösungen kann deshalb nur darauf zurückgeführt werden, daß die Dissoziationsprodukte der Salze mit dem Wasser weiter reagieren und es so zu neuen Gleichgewichtseinstellungen mit einem Überschuß an H_3O^+- bzw. OH^--Ionen in der Lösung kommt.

Die Reaktion der Bestandteile eines gelösten Salzes mit dem Wasser heißt Hydrolyse.

Beispiel CH_3COONa. CH_3COONa ist ein Salz aus den Bestandteilen einer starken Base (NaOH) und einer schwachen Säure (CH_3COOH). In Wasser dissoziiert es nahezu vollständig in freie Na^+- und CH_3COO^--Ionen.

$$CH_3COONa \overset{H_2O}{\rightleftarrows} Na^+ + CH_3COO^-.$$

Während die Natrium-Ionen keine undissoziierten Reaktionsprodukte mit dem Wasser bilden, reagieren die Acetat-Ionen – wenn auch nur zu einem gewissen Teil – mit den Wasser-Molekülen zur schwachen, nahezu völlig unzerfallenen Essigsäure und zur starken Base OH^- weiter. Die Hydrolyse des Natriumacetat besteht also in der Einstellung des Gleichgewichts

$$CH_3COO^- + H_2O \rightleftarrows CH_3COOH + OH^-.$$

Dabei gelangen zu den bereits vorhandenen OH^--Ionen (Eigendissoziation des Wassers) zusätzliche Hydroxid-Ionen in die Lösung, so daß sich in dieser ein Überschuß an OH^--Ionen einstellt. Deshalb reagiert die Natriumacetat-Lösung alkalisch.

Allgemein gilt:

> Die wäßrige Lösung eines Salzes aus starker Base und schwacher Säure reagiert alkalisch.

Beispiel KCl. KCl ist das Salz aus einer starken Base und einer starken Säure. In Wasser treten weder die K^+- mit den OH^--Ionen noch die Cl^--Ionen mit den H_3O^+-Ionen im nennenswerten Maße zu undissoziiertem KOH bzw. HCl zusammen (starke Elektrolyte). Deshalb ändern sich die Aktivitäten der Hydronium- und der Hydroxid-Ionen beim Lösen des Salzes nicht. Eine KCl-Lösung reagiert also neutral.

Allgemein gilt:

> Die wäßrige Lösung eines Salzes aus starker Base und starker Säure verhält sich chemisch neutral.

Beispiel NH₄Cl. NH_4Cl ist ein Salz aus schwacher Base (NH_3) und starker Säure (HCl). Von seinen Dissoziationsprodukten (NH_4^+ und Cl^-) reagieren die Ammonium-Ionen mit dem Wasser weiter, während die Chlorid-Ionen wie im Beispiel des KCl unverändert in der Lösung verbleiben.

Der Hydrolysevorgang lautet:

$$NH_4^+ + H_2O \rightleftarrows NH_3 + H_3O^+$$

Dabei entsteht die schwache, kaum protolysierende Base NH_3 und die starke Brönsted-Säure H_3O^+. In der NH_4Cl-Lösung stellt sich somit ein Hydronium-Ionenüberschuß ein, der für die saure Reaktion dieser Lösung verantwortlich ist.

Allgemein gilt:

> Die wäßrige Lösung eines Salzes aus schwacher Base und starker Säure besitzt sauren Charakter.

Rechenbeispiel. Welchen pH-Wert besitzt eine Ammoniumchlorid-Lösung mit $c = 0,01$ mol $\cdot$ l^{-1} bei 22 °C? Die Basenkonstante von Ammoniak beträgt $^*K_{NH_3}(22\,°C) = 1,8 \cdot 10^{-5}$.

Lösung: Die **Hydrolysekonstante** (Säurekonstante der Kationsäure NH_4^+) ist:

$$^*K_{NH_4^+} = \frac{^*a_{NH_3} \cdot {}^*a_{H_3O^+}}{^*a_{NH_4^+}}$$

(Der einfacheren Darstellung halber lassen wir hier wie auch bei den folgenden Berechnungen das Argument (T) weg.)

Wegen $^*a_{NH_3} = {}^*a_{H_3O^+}$ (s. obige Hydrolysegleichung) folgt daraus:

$$^*a_{H_3O^+} = \sqrt{^*K_{NH_4^+} \cdot {}^*a_{NH_4^+}}.$$

NH_3 ist die zu NH_4^+ konjugierte Base. Wegen Gl. (16) gilt deshalb:

$$^*K_{NH_4^+} = \frac{^*K_W}{^*K_{NH_3}} = \frac{10^{-14}}{1,8 \cdot 10^{-5}} = 5,6 \cdot 10^{-10}.$$

Die Hydrolyse ist also sehr gering. Da das in Lösung gebrachte Ammoniumchlorid nahezu vollständig dissoziiert, die NH_4^+-Ionen aber nur geringfügig hydrolisieren, kann die Ammonium-Ionenkonzentration gleich der Lösungskonzentration des Salzes gesetzt werden:

$$^*c_{NH_4^+} = {}^*c_{Salz}.$$

Wegen $f_{NH_4^+} \approx 1$ folgt daraus auch

$$^*a_{NH_4^+} = {}^*c_{Salz}.$$

Die den pH-Wert bestimmende Hydronium-Ionenkonzentration ergibt sich damit zu

$$^*a_{H_3O^+} = \sqrt{\frac{^*K_W}{^*K_{NH_3}} \cdot {}^*c_{Salz}}$$

$$= \sqrt{5,6 \cdot 10^{-10} \cdot 0,01} = 2,4 \cdot 10^{-6}.$$

Der pH-Wert der NH_4Cl-Lösung beträgt deshalb

$$pH = -\lg(2,4 \cdot 10^{-6}) = 5,6.$$

Die Lösung reagiert sauer.

3.6 Pufferlösungen

Wie man durch pH-Messung feststellen kann, zeigt eine Lösung aus 1 mol Natriumacetat und

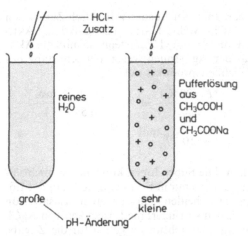

Abb. 6.7 Wirkung einer Pufferlösung

1 mol Essigsäure in Wasser bei Zugabe einiger Tropfen einer verdünnten Säure oder Lauge (z. B. HCl oder NaOH mit $c = 0{,}1$ mol $\cdot$ l^{-1}) eine **wesentlich** kleinere pH-Änderung als reines Wasser. Die CH_3COONa/CH_3COOH-Lösung wirkt also als **pH-Puffer**.

> Lösungen, die den pH-Wert bei (mäßigem) Säure- oder Laugezusatz nahezu konstant halten, werden Pufferlösungen genannt.

Da die Pufferlösung ihren pH-Wert bei Säurezusatz (zumindest annähernd) beibehält, muß sie eine Base enthalten, die mit den H_3O^+-Ionen zu undissoziierter Säure zusammentreten kann. In der Lösung aus Natriumacetat und Essigsäure übernehmen diese Aufgabe die CH_3COO^--Ionen.

Umgekehrt müssen bei Laugezusatz die zusätzlich in die Lösung gelangenden OH^--Ionen an H_3O^+-Ionen gebunden und dabei zu Wasser umgesetzt werden. Dazu ist eine Säure erforderlich, die durch ihre Dissoziation die erforderlichen Hydronium-Ionen liefert. In der Lösung aus Natriumacetat und Essigsäure übernehmen diese Aufgabe die CH_3COOH-Moleküle.

Pufferlösungen bestehen also aus einer schwachen Säure HA (oder Base) und ihrem Salz MA. Dabei bringt vor allem das Salz durch seine Dissoziation die zur Säure konjugierte Base A^- in die Lösung, so daß sich in dieser das Säure-Basen-Gleichgewicht einstellt:

$$HA + H_2O \rightleftarrows H_3O^+ + A^- \qquad (17)$$

Maßgebend für das Gleichgewicht in der Pufferlösung ist also das Dissoziationsgleichgewicht der schwachen Säure. Dabei werden die Gleichgewichtskonzentrationen entscheidend durch das ebenfalls enthaltene Salz beeinflußt.

Da das Salz vollständig dissoziiert und die A^--Ionen nur wenig hydrolysieren, kann die Konzentration der A^--Ionen ungefähr gleich der Ausgangskonzentration des Salzes gesetzt werden: $^*c_{A^-} \approx {}^*c_{Salz}$. Andererseits wird durch die relativ hohe Konzentration der Base A^- in der Pufferlösung die Dissoziation der Säure so weit zurückgedrängt, daß sie fast vollkommen undissoziiert vorliegt. Daher kann die Gleichgewichtskonzentration der Säure HA gleich ihrer Ausgangskonzentration gesetzt werden: $^*c_{HA} \approx {}^*c_{Säure}$.

Die Anwendung des Massenwirkungsgesetzes auf das oben angegebene Gleichgewicht in einer Pufferlösung ergibt daher für verdünnte Lösungen ($f \approx 1$):

$$^*K_S(T) = \frac{^*a_{H_3O^+} \cdot {}^*a_{A^-}}{^*a_{HA}}$$

$$\approx \frac{^*c_{H_3O^+} \cdot {}^*c_{Salz}}{^*c_{Säure}} \qquad (18)$$

Setzt man der Pufferlösung z. B. ein wenig Säure, also H_3O^+-Ionen zu, so muß sich wegen der Konstanz von $^*K_S(T)$ auch die Konzentration der undissoziierten Säure ($^*c_{Säure}$) erhöhen. Dazu müssen gemäß Gl. (18) H_3O^+- und A^--Ionen zu HA zusammentreten. Da hierbei zumindest ein Teil der überschüssigen Hydronium-Ionen verbraucht werden, bleibt in der Pufferlösung der pH-Wert annähernd konstant.

4. Löslichkeitsprodukt

Silberchlorid ist ein schwerlösliches Salz. In einer wäßrigen AgCl-Lösung stellt sich deshalb relativ bald das Lösungsgleichgewicht

$$AgCl(\text{fest}) \rightleftarrows Ag^+ + Cl^- \qquad (19)$$

ein. Dabei liegen die Ag^+- und Cl^--Ionen in zwei verschiedenen Zuständen vor, gelöst und im Kristallverband des Bodenkörpers (AgCl ist ein echter Elektrolyt). Es handelt sich also um ein heterogenes Gleichgewicht. Die Anwendung des Massenwirkungsgesetzes auf Gl. (19) ergibt

$$^*K_a(T) = \frac{^*a_{Ag^+} \cdot \, ^*a_{Cl^-}}{^*a_{AgCl}}.$$

Wie für heterogene Gleichgewichte üblich (s. Kap. 5, S. 99), wird die Aktivität der festen Phase in die Gleichgewichtskonstante $^*K_a(T)$ einbezogen. Man erhält so die neue Konstante

$$^*K_L(T) = \,^*K_a(T) \cdot \, ^*a_{AgCl}$$
$$= \,^*a_{Ag^+} \cdot \, ^*a_{Cl^-}, \qquad (20)$$

die gleich dem Produkt der Ionenaktivitäten des Stoffes in der Lösung ist. $^*K_L(T)$ wird als **Löslichkeitsprodukt** bezeichnet, da von seiner Größe die Löslichkeit eines Stoffes abhängt. Für AgCl gilt bei 20 °C

$$^*K_L(20\,°C) = 1{,}8 \cdot 10^{-10}.$$

Steht ein gelöster Elektrolyt AB in Kontakt mit seiner festen Phase als Bodenkörper, so stellt sich ein Gleichgewicht der Form

AB (fest) $\rightleftharpoons$ A$^+$ + B$^-$ (gelöst)

ein. Bei gleichbleibender Temperatur ist das Produkt der Ionenaktivitäten in der Lösung konstant. Man bezeichnet es als das Löslichkeitsprodukt

$$^*K_L(T) = \,^*a_{A^+} \cdot \, ^*a_{B^-}$$

Ist in einer Lösung das Produkt der Ionenaktivitäten eines Stoffes kleiner als sein Löslichkeitsprodukt ($^*a_{A^+} \cdot \, ^*a_{B^-} < \,^*K_L(T)$), so ist **kein Bodenkörper** existenzfähig. Der Elektrolyt löst sich völlig auf. Überschreitet das Ionenprodukt den Wert von $^*K_L(T)$, so nennt man die Lösung **übersättigt**. Aus einer solchen Lösung fällt solange fester Bodenkörper aus, bis das Produkt der Ionenaktivitäten den Wert von $^*K_L(T)$ besitzt. Die Lösung ist dann **gesättigt**.

Beispiel. In einer gesättigten AgCl-Lösung betragen die Ionenaktivitäten bei 20 °C

$$a_{Ag^+} = a_{Cl^-} = \sqrt{^*K_L(20\,°C) \cdot a^0}$$
$$= \sqrt{1{,}8 \cdot 10^{-10}}\,\frac{mol}{l} = 1{,}3 \cdot 10^{-5}\,\frac{mol}{l}.$$

Setzt man dieser Lösung z. B. durch Zumischen von HCl soviele Cl$^-$-Ionen zu, daß deren Aktivität auf 0,5 mol $\cdot$ l^{-1} ansteigt, so muß die Aktivität der Ag$^+$-Ionen wegen der Konstanz des Löslichkeitsprodukts auf

$$a_{Ag^+} = \frac{^*K_L(20\,°C)}{^*a_{Cl^-}} \cdot a^0 = \frac{1{,}8 \cdot 10^{-10}}{0{,}5}\,\frac{mol}{l}$$
$$= 3{,}6 \cdot 10^{-10}\,\frac{mol}{l}$$

sinken. Die Silber-Ionen können aber nicht allein, sondern nur in Form von AgCl aus der Lösung ausscheiden. Das bedeutet: Zusatz von Cl$^-$-Ionen verringert die Löslichkeit von AgCl. Analoge Betrachtungen gelten für die Zugabe von Ag$^+$-Ionen.

Verallgemeinert gilt:

Setzt man einer gesättigten Lösung eines Elektrolyten AB A$^+$- oder B$^-$-Ionen zu, so verringert sich die Löslichkeit von AB.

In der Analytik bezeichnet man das als gleichionigen Zusatz. Aus den angestellten Betrachtungen folgt auch, daß die Löslichkeit eines Elektrolyten AB am größten ist, wenn seine Ionen in gleichen Konzentrationen in der Lösung vorliegen.

5. Formelsammlung

Ostwaldsches Verdünnungsgesetz	$^{*}K_D(T) = \dfrac{^{*}c \cdot \alpha^2}{1-\alpha}$
Dissoziationsgrad eines schwachen Elektrolyten	$\alpha \approx \sqrt{\dfrac{^{*}K_D(T)}{^{*}c}}$ für $^{*}c < 0,05$
Aktivität	$a = f \cdot c$
Ionenprodukt des Wassers	$^{*}K_W(T) = {}^{*}a_{H_3O^+} \cdot {}^{*}a_{OH^-};$ $^{*}K_W(22°C) = 1 \cdot 10^{-14}$
pH-Wert	$pH = -\lg(^{*}a_{H_3O^+})$
pOH-Wert	$pOH = -\lg(^{*}a_{OH^-})$
Säurekonstante ($HA + H_2O \rightleftarrows$ $H_3O^+ + A^-$)	$^{*}K_S(T) = \dfrac{^{*}a_{H_3O^+} \cdot {}^{*}a_{A^-}}{^{*}a_{HA}}$
Basenkonstante ($B + H_2O \rightleftarrows$ $BH^+ + OH^-$)	$^{*}K_B(T) = \dfrac{^{*}a_{BH^+} \cdot {}^{*}a_{OH^-}}{^{*}a_{B}}$
Säure-Basen-Paar	$^{*}K_S(T) \cdot {}^{*}K_B(T) = {}^{*}K_W(T)$
Gleichgewichtskonstante einer Pufferlösung aus schwacher Säure und ihrem Salz ($f \approx 1$)	$^{*}K_S(T) = \dfrac{^{*}c_{H_3O^+} \cdot {}^{*}c_{Salz}}{^{*}c_{Säure}}$
Löslichkeitsprodukt eines Elektrolyten AB	$^{*}K_L(T) = {}^{*}a_{A^+} \cdot {}^{*}a_{B^-}$

Anwendungen

- Berechnung von Dissoziationsgrad, Ionenaktivitäten, pH- und pOH-Werten
- Herstellen von Pufferlösungen
- Bestimmung von Elektrolytlöslichkeiten
- Gravimetrie

Kapitel 7
Elektrochemische Vorgänge

Es gibt Reaktionen, die erst bei Zufuhr von elektrischer Energie ablaufen können und solche, bei deren Ablauf elektrische Energie frei wird. Ihre Behandlung ist die Aufgabe der Elektrochemie. Sie erklärt die Zusammenhänge zwischen den chemischen und elektrischen Vorgängen in einem System und stellt somit das Bindeglied zwischen der reinen Chemie einerseits und der Elektrik andererseits dar.

In diesem Kapitel werden wir uns zuerst mit der Umwandlung von elektrischer Energie in chemische Reaktionsarbeit, also mit der Elektrolyse, befassen. Dazu werden wir die Vorgänge und die gültigen Gesetzmäßigkeiten zusammentragen und ihre Anwendungen anhand einiger Beispiele aufzeigen.

Der Umwandlung von Reaktionsarbeit in elektrische Energie ist der zweite große Abschnitt dieses Kapitels gewidmet. Die Vorgänge, die sich dabei abspielen, können zur Stromerzeugung ausgenutzt werden. Ein (geringer) Teil des täglichen Energiebedarfs wird auf diese Weise gedeckt. Aber auch für den Ablauf chemischer Reaktionen ist die Ausbildung elektrischer Spannungen in einem Reaktionssystem von Wichtigkeit. So läßt sich bei Kenntnis der elektrischen Potentiale die Ablaufrichtung einer Redoxreaktion voraussagen.

In der Analytischen Chemie spielt die Potentiometrie eine wichtige Rolle. So lassen sich potentiometrisch pH-Werte ermitteln oder vollständige Titrationskurven aufnehmen, es lassen sich Ionenarten analysieren oder wichtige Kenngrößen von elektrolytischen Dissoziationsgleichgewichten bestimmen. Bei allen Berechnungen in der Potentiometrie steht die Nernstsche Gleichung im Mittelpunkt. Ihre Anwendung werden wir an einigen Beispielen demonstrieren.

Den Abschluß dieses Kapitels bilden Betrachtungen über die elektrische Leitfähigkeit von Elektrolytlösungen. Neben den Ursachen und den Gesetzmäßigkeiten werden wir auch hier wieder wichtige Anwendungsbeispiele aufzeigen.

1. Umwandlung von elektrischer Energie in chemische Reaktionsarbeit

1.1 Vorgänge bei der Elektrolyse

Experiment. In eine Schmelze von Kupferchlorid ($CuCl_2$) tauchen zwei Leiterstäbe, z. B. Edelmetallbleche oder Kohlestäbe, die mit einer Gleichspannungsquelle (Sp) verbunden sind (s. Abb. 7.1). Diese Leiterstäbe bezeichnet man als **Elektroden**; die mit dem negativen Pol verbundene Elektrode heißt **Kathode** (K), die mit dem positiven Pol verbundene Elektrode wird **Anode** (A) genannt. Bei Anlegen einer Spannung fließt ein elektrischer Strom und man kann beobachten, daß sich die Kathode mit einer Kupferschicht überzieht. An der Anode entwickelt sich ein grünes Gas, das als Chlor identifiziert werden kann. Der Elektrolyt $CuCl_2$ wird also offensichtlich in seine Elemente zerlegt; das Stoffsystem erfährt bei Stromfluß eine chemische Veränderung!

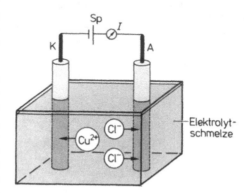

Abb. 7.1 Prinzipieller Aufbau einer Elektrolyseapparatur

Folgende Vorgänge spielen bei dieser Zerlegung von $CuCl_2$ eine Rolle:

– Die **elektrolytische Dissoziation.** Das Salz $CuCl_2$ ist ein echter Elektrolyt, also bereits im festen Zustand aus Kupfer- und Chlorid-Ionen aufgebaut. Die Dissoziation

$$CuCl_2 \rightleftarrows Cu^{2+} + 2\,Cl^-$$

erfolgt schon vor Anlegen einer elektrischen Spannung und ist nicht zu verwechseln mit der Zerlegung des Kupferchlorids in seine Elemente.

– **Ionenwanderung.** Wird an die Elektroden eine Spannung U angelegt, so baut sich zwischen ihnen ein elektrisches Feld auf. Ist dieses Feld homogen, so beträgt die Feldstärke $E = U/l$. Dabei ist l der Elektrodenabstand. Befindet sich in diesem Feld eine Ladung Q, so greift an ihr die Kraft $\vec{F} = Q \cdot \vec{E}$ an, die für positive und negative Ladungen entgegengesetzten Richtungssinn besitzt. (Kraft und elektrisches Feld sind vektorielle, d.h. gerichtete Größen.) Unter dem Einfluß dieser Kraft setzen sich deshalb positiv und negativ geladene Teilchen in entgegengesetzter Richtung in Bewegung. In der CuCl$_2$-Schmelze wandern die Cu^{2+}-Ionen zur Kathode (**Kationen**) und die Cl$^-$-Ionen zur Anode (**Anionen**).

Bislang hat sich das Stoffsystem noch nicht verändert. Die entscheidenden Reaktionen finden erst an den Elektroden statt.

– **Entladungsvorgänge.** Die Spannungsquelle sorgt dafür, daß an der Kathode stets ein Überschuß an Elektronen vorliegt. (Daraus resultiert ihre negative Ladung.) Die Cu^{2+}-Ionen nehmen hier die zur Ladungsneutralität notwendigen Elektronen auf, werden also **reduziert**:

$$Cu^{2+} + 2\,e^- \rightarrow Cu.$$

Das reduzierte Kupfer scheidet sich an der Kathode ab.

An der Anode, der positiv geladenen Elektrode, herrscht Elektronenmangel. Die Cl$^-$-Ionen geben hier ihre negative Überschußladung ab, werden also **oxidiert**:

$$2\,Cl^- \rightarrow Cl_2 + 2\,e^-.$$

Insgesamt lassen sich beide Entladungsvorgänge zur **Redoxreaktion**

$$Cu^{2+} + 2\,Cl^- \rightarrow Cu + Cl_2$$

zusammenfassen. Es findet also ein Elektronenübergang von den Chlorid- auf die Kupfer-Ionen statt.

Aufgabe der Spannungsquelle. Damit die Ionenwanderung und der Elektronenübergang, also die Entladungsvorgänge, stattfinden können, muß eine elektrische Spannung zwischen den Elektroden aufrechterhalten werden. Diese Aufgabe übernimmt die Spannungsquelle. Sie „pumpt" ständig die an der Anode abgegebenen Elektronen durch den äußeren Leiterkreis zur Kathode und sorgt so dafür, daß der Ladungsunterschied zwischen den Elektroden bestehen bleibt:

Diesen Elektronentransport kann man als Strom mit einem Amperemeter messen. Da der Elektronenübergang aber nicht freiwillig erfolgt, muß die Spannungsquelle die dazu erforderliche Arbeit verrichten. Liegt die Spannung U an und fließt während der Zeit t der konstante Strom I, so beträgt diese Arbeit

$$W = U \cdot I \cdot t. \qquad (1)$$

Die Zerlegung des Kupferchlorids in seine Elemente:

$$Cu^{2+} + 2\,Cl^- \rightarrow Cu + Cl_2$$

ist also eine endergonische, d.h. nicht-freiwillig ablaufende Reaktion. Um ihren Ablauf zu erzwingen, muß Energie zugeführt werden ($\Delta G_{m,R} > 0$).

Wir verallgemeinern und führen ein:

> Jeder Vorgang, bei dem elektrische Energie in chemische Reaktionsarbeit umgesetzt wird, heißt Elektrolyse. Dabei läuft an der Kathode eine Reduktion und an der Anode eine Oxidation ab.

1.2 Quantitative Zusammenhänge

In der Praxis interessiert vor allem, welche elektrische Energie aufgebracht werden muß, um eine bestimmte Menge eines Stoffes elektrolytisch abzuscheiden oder zu entwickeln. Die dazu notwendigen Grundlagen wurden bereits 1834 von dem englischen Physiker **M. Faraday** untersucht und in zwei Gesetzen zusammengefaßt.

1. Faradaysches Gesetz. Es besagt:

> Die bei der Elektrolyse an einer Elektrode abgeschiedene oder entwickelte Stoffmasse m ist der durch den äußeren Leiterkreis transportierten Ladungsmenge Q proportional.

Mit k als Proportionalitätsfaktor und $Q = I \cdot t$, wobei I ein über die Zeit t konstanter Strom ist, erhält man daraus die Gleichung

$$m = k \cdot I \cdot t. \tag{2}$$

Diese Gleichung eignet sich noch nicht zur Berechnung elektrolytisch abgeschiedener Stoffmassen, da die Größe des Proportionalitätsfaktors noch unbekannt ist. Um uns darüber Kenntnis zu verschaffen, bestimmen wir zunächst diejenige Elektrizitätsmenge Q, die bei der Entladung von 1 mol einwertiger Ionen, z.B. Ag^+-Ionen, umgesetzt wird. Um z.B. 1 mol Ag abzuscheiden, müssen $6,022 \cdot 10^{23}$ Ag^+-Ionen entladen werden. Dazu sind ebensoviele Elektronen erforderlich. Jedes Elektron trägt die Ladung

$$e = 1,602 \cdot 10^{-19}\, As = 1,602 \cdot 10^{-19}\, C.$$

Somit wird, bezogen auf 1 mol, die Elektrizitätsmenge

$$\frac{Q}{1\,mol} = N_A \cdot e$$

$$= 6,022 \cdot 10^{23}\, \frac{1}{mol} \cdot 1,602 \cdot 10^{-19}\, As$$

$$\approx 96\,500\, \frac{As}{mol} \tag{3}$$

umgesetzt. Dies gilt unabhängig von der Stoffart für alle einwertigen Ionen. Daher stellt die durch Gl. (3) bestimmte Größe für diese Ionen eine Konstante dar, die als **Faraday-Konstante** F bezeichnet wird

$$1\,F \approx 96\,500\, \frac{As}{mol} = 26,8\, \frac{Ah}{mol}$$

> Bei der Entladung von 1 mol einwertiger Ionen wird die Elektrizitätsmenge 96 500 As umgesetzt.

Zur Abscheidung der Stoffmenge v oder der Masse $m = v \cdot M$ (mit M als molarer Masse) an einwertigen Ionen ist demzufolge die Elektrizitätsmenge

$$Q = v \cdot F$$

erforderlich. Sind die Ionen z-wertig, werden also z Elektronen bei der vollständigen Entladung eines Ions abgegeben oder aufgenommen, dann erhöht sich die umgesetzte Ladungsmenge auf

$$Q = I \cdot t = z \cdot v \cdot F.$$

Setzt man dieses Ergebnis in Gl. (2) ein, so ergibt sich:

$$v \cdot M = k \cdot z \cdot v \cdot F.$$

Daraus erhält man für den Proportionalitätsfaktor k den Ausdruck:

$$k = \frac{M}{z \cdot F}.$$

Die Gleichung zur Berechnung elektrolytisch abgeschiedener oder entwickelter Stoffmassen lautet also:

$$m = \frac{M \cdot I \cdot t}{z \cdot F} \tag{4}$$

2. Faradaysches Gesetz. *Experiment.* Verschiedene Elektrolytlösungen werden – wie in Abb. 7.2 dargestellt – in Reihe geschaltet und mit einer Spannungsquelle verbunden. Durch die Reihenschaltung ist gewährleistet, daß durch alle Elektrolysebäder die gleiche Elektrizitätsmenge transportiert wird. Bei der Elektrolyse werden an den Kathoden Silber, Kupfer bzw. Gold abgeschieden. Die Entladungsvorgänge lauten

$$Ag^+ + e^- \rightarrow Ag; \quad z = 1$$
$$Cu^{2+} + 2e^- \rightarrow Cu; \quad z = 2$$
$$Au^{3+} + 3e^- \rightarrow Au; \quad z = 3.$$

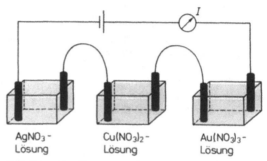

AgNO₃-Lösung   Cu(NO₃)₂-Lösung   Au(NO₃)₃-Lösung

Abb. 7.2 Zur Demonstration des 2. Faradayschen Gesetzes

War die umgesetzte Elektrizitätsmenge $Q = I \cdot t$, so ergeben sich mit Hilfe von Gl. (4) folgende abgeschiedenen Massen

$$m_{Ag} = \frac{M_{Ag} \cdot Q}{1 \cdot F},$$

$$m_{Cu} = \frac{M_{Cu} \cdot Q}{2 \cdot F} \quad \text{und}$$

$$m_{Au} = \frac{M_{Au} \cdot Q}{3 \cdot F}.$$

Werden diese Massen ins Verhältnis gesetzt, so erhält man

$$m_{Ag} : m_{Cu} : m_{Au} = \frac{M_{Ag}}{1} : \frac{M_{Cu}}{2} : \frac{M_{Au}}{3}.$$

Die allgemeine Formulierung dieses Sachverhalts wird als **2. Faradaysches Gesetz** bezeichnet. Es lautet:

> Die durch dieselbe Elektrizitätsmenge abgeschiedenen Stoffmassen verschiedener Elektrolyte verhalten sich wie deren durch die Ionenladungszahlen dividierten molaren Massen (früher Äquivalentgewichte genannt)
>
> $$m_1 : m_2 : m_3 : \ldots = \frac{M_1}{z_1} : \frac{M_2}{z_2} : \frac{M_3}{z_3} : \ldots \quad (5)$$

1.3 Anwendungs- und Rechenbeispiele

Bestimmung einer Stromstärke. Wie groß ist die Stromstärke, wenn aus einer $AgNO_3$-Lösung in 1 s 1,118 mg Silber abgeschieden werden?

Lösung: Aus Gl. (4) folgt:

$$I = \frac{m \cdot z \cdot F}{M \cdot t}$$

Mit $m = 1{,}118 \cdot 10^{-3}$ g, $z = 1$, $F = 96\,500$ As $\cdot$ mol^{-1}, $M = 107{,}87$ g $\cdot$ mol^{-1} sowie $t = 1$ s ergibt sich

$$I = \frac{1{,}118 \cdot 10^{-3} \cdot 1 \cdot 96\,500}{107{,}8 \cdot 1} \frac{g \cdot As \cdot mol}{g \cdot s \cdot mol} = 1\,A.$$

(Dieses Verfahren kann unter Einhaltung bestimmter Versuchsbedingungen so genau durchgeführt werden, daß es früher sogar zur Definition der Einheit der Stromstärke diente.)

Galvanisieren. Unter „Galvanisieren" versteht man das Überziehen eines Gegenstands mit einer metallischen Schicht auf elektrochemischem Wege. Es ist heute ein weit verbreitetes Verfahren, um z. B. unedlere Metalle durch Verchromen, Vernickeln oder Versilbern etc. vor der Korrosion zu schützen.

Ein metallischer Gegenstand von 1 m^2 Oberfläche, der als Kathode in ein Elektrolysebad eintaucht, soll mit einer 0,05 mm starken Silberschicht überzogen werden. Die am Bad, eine Silbersalz-Lösung, anliegende Spannung beträgt 10 V. Welche elektrische Energie wird bei der Versilberung verbraucht? ($\varrho_{Ag} = 10{,}5$ g $\cdot$ cm^{-3}; $M_{Ag} = 107{,}9$ g $\cdot$ mol^{-1}).

Lösung: Die Masse des abzuscheidenden Silbers ist $m = \varrho \cdot V$. Das Volumen der Silberschicht ergibt sich aus der Oberfläche O und der Dicke d zu $V = O \cdot d$. Damit ist $m = \varrho \cdot O \cdot d$ und die zur Abscheidung notwendige Elektrizitätsmenge mit Gl. (4) zu

$$I \cdot t = \frac{\varrho \cdot O \cdot d \cdot z \cdot F}{M}.$$

Wegen $W = U \cdot I \cdot t$ ist der Verbrauch an elektrischer Energie gleich

$$W = \frac{U \cdot \varrho \cdot O \cdot d \cdot z \cdot F}{M}$$

$$= \frac{10 \cdot 10{,}5 \cdot 10\,000 \cdot 0{,}005 \cdot 1 \cdot 26{,}8}{107{,}8} \text{V} \cdot \text{Ah}$$

$$= 1305\,\text{W} \cdot \text{h} \approx 1{,}3\,\text{kWh}$$

Berechnung einer molaren Masse. Bei der Elektrolyse einer AgCl-Lösung wurden 5,39 g Silber abgeschieden. In einem dazu in Reihe geschalteten Elektrolysebad mit einer $CuCl_2$-Lösung wurden gleichzeitig 1,59 g Kupfer entladen. Berechnen Sie aus diesen Angaben die molare Masse des Kupfers.

Lösung: Durch die beiden Elektrolysebäder wird dieselbe Elektrizitätsmenge transportiert, da sie in Reihe geschaltet sind. Die Anwendung des 2. Faradayschen Gesetzes ergibt daher:

$$\frac{m_{Cu}}{m_{Ag}} = \frac{M_{Cu}/z_{Cu}}{M_{Ag}/z_{Ag}} \quad \text{oder}$$

$$M_{Cu} = \frac{m_{Cu} \cdot z_{Cu} \cdot M_{Ag}}{m_{Ag} \cdot z_{Ag}}$$

$$= \frac{1{,}59 \cdot 2 \cdot 107{,}5}{5{,}39} \frac{g}{mol} = 63{,}5 \frac{g}{mol}$$

1.4 Stromausbeutefaktor

Die Faradayschen Gesetze sind streng genommen nur dann gültig, wenn die gesamte bei einer Elektrolyse umgesetzte Elektrizitätsmenge *nur* zur Abscheidung der betreffenden Stoffe führt. Aus verschiedenen Gründen, z. B. durch Erwärmung des Elektrolyten bei Stromfluß oder bei ungünstig gewählten Versuchsbedingungen, ergeben sich in der Praxis häufig geringere Stoffmassen, als dies nach den Faradayschen Gesetzen zu erwarten wäre.

Das Verhältnis aus praktisch und theoretisch abgeschiedener Stoffmasse bezeichnet man als Stromausbeutefaktor *s*.

$$s = \frac{m_{prakt.}}{m_{theor.}} \qquad (6)$$

Dieser zwischen 0 und 1 gelegene Faktor muß für jeden Einzelfall getrennt bestimmt werden. Bei Kenntnis von *s* kann dann die praktisch bei einer Elektrolyse zu erwartende Stoffmasse mit der Gl. (7) berechnet werden.

$$m_{prakt.} = \frac{M \cdot I \cdot t}{z \cdot F} s \qquad (7)$$

1.5 Probleme bei der Elektrolyse wäßriger Lösungen

Wenn man eine wäßrige KOH-Lösung mit Platinelektroden elektrolysiert, so beobachtet man an der Kathode anstelle der vielleicht erwarteten Abscheidung von Kalium eine Gasentwicklung. Auch an der Anode entsteht ein Gas. Wie man leicht nachweisen kann, handelt es sich bei diesen beiden Gasen um Wasserstoff und Sauerstoff. Die Elektrolyse einer wäßrigen KOH-Lösung führt also zur Zersetzung des Lösungsmittels und nicht zur Zersetzung des Elektrolyten.

Solche und ähnliche „Überraschungen" kann man bei Elektrolysevorgängen häufiger erleben. Wir wollen hier den Ursachen ein wenig auf den Grund gehen.

Der Begriff des Redoxpaares

Bei jeder Elektrolyse findet an der Kathode eine Reduktion und an der Anode eine Oxidation statt. Werden z. B. an einer Kathode Kupfer-Ionen entladen, so geht dabei die geladene oxidierte Stufe Cu^{2+} in die entladene, reduzierte Stufe Cu über. An dem Kathodenvorgang ist also das **Redoxpaar** Cu/Cu^{2+} beteiligt. Bei der Anodenreaktion

$$2\,Cl^- \rightarrow Cl_2 + e^-$$

bilden $Cl_2/2\,Cl^-$ das Redoxpaar.

Allgemein gilt:

An jedem Elektrodenvorgang ist mindestens ein Redoxpaar oder ein aus mehreren Redoxpaaren zusammengesetztes Redoxsystem beteiligt.

Bei verschiedenen Redoxpaaren ist die Bereitwilligkeit vom reduzierten in den oxidierten Zustand oder umgekehrt überzugehen unterschiedlich groß. Stoffe, die leicht Elektronen abspalten, lassen sich leicht oxidieren aber nur schwer reduzieren. Dagegen können Teilchen, deren Drang Elektronen aufzunehmen groß ist, leicht reduziert aber schwer oxidiert werden.

Ordnet man die verschiedenen Redoxsysteme so in einer Reihe an, daß jeweils das tiefer stehende Paar eine geringere Bereitwilligkeit zeigt, von seiner reduzierten in die oxidierte Stufe überzugehen, so erhält man die sog. **Redoxreihe**. Einen kleinen Auszug zeigt Tab. 7.1.

Tab. 7.1   Auszug aus der Redoxreihe

Reduzierte Form	Oxidierte Form	Anzahl Elektronen
K	K^+	$1e^-$
Na	Na^+	$1e^-$
Fe	Fe^{2+}	$2e^-$
Pb	Pb^{2+}	$2e^-$
$H_2 + 2OH^-$	$2H_2O$	$2e^-$
$H_2 + 2H_2O$	$2H_3O^+$	$2e^-$
Cu	Cu^{2+}	$2e^-$
Ag	Ag^+	$1e^-$
$4OH^-$	$O_2 + 2H_2O$	$4e^-$
$2Cl^-$	Cl_2	$2e^-$

Wir werden der Redoxreihe im Abschn. 2.4 (s. S. 127) wiederbegegnen. Dort werden wir die Reihenfolge durch die Größe der **Redoxpotentiale** festlegen.

Redoxpaare bei der Elektrolyse in wäßriger Lösung

In der wäßrigen Lösung eines Elektrolyten können an der Kathode reduziert werden:

– die Kationen des Elektrolyten,
– das Wasser zu Wasserstoff und
– Reaktionsprodukte aus beiden.

An der Anode können oxidiert werden:

– die Anionen des Elektrolyten,
– das Wasser zu Sauerstoff,
– Reaktionsprodukte daraus und
– die Atome der Anode.

An der Kathode werden von allen dort befindlichen Teilchen grundsätzlich diejenigen reduziert, deren Drang zur Elektronenaufnahme am größten ist. In der Redoxreihe steht das zugehörige Redoxpaar am weitesten unten (es besitzt das größte Redoxpotential).

An der Anode kommt es zur Oxidation derjenigen Teilchen, die die größte Bereitwilligkeit zur Elektronenabgabe zeigen. Das zugehörige Redoxpaar steht von allen vorhandenen am höchsten in der Redoxreihe (es besitzt also das kleinste Redoxpotential).

Nach diesen Grundregeln wird man bei der Elektrolyse wäßriger Lösungen an der Kathode häufig eine Reduktion des Wassers zu Wasserstoff und an der Anode eine Sauerstoff-Entwicklung erwarten. Daß es dazu mitunter jedoch nicht kommt, liegt daran, daß diese Elektrodenreaktionen häufig gehemmt sind. Wie groß diese Hemmung ist, hängt unter anderem vom Elektrodenmaterial und von der Stromdichte ab, das ist der Quotient aus Stromstärke und Elektrodenoberfläche.

Trotz dieser „Unannehmlichkeiten" werden wir nun versuchen, einige Elektrolyseabläufe zu erklären.

Erklärung einiger Elektrolyseabläufe

Elektrolyse einer wäßrigen KOH-Lösung mit Pt-Elektroden. Bei Anlegen einer Spannung wandern die Kalium- und Hydronium-Ionen zur Kathode, die Hydroxid-Ionen zur Anode. An

der Kathode könnten also außer den K^+- auch die H_3O^+-Ionen des Wassers reduziert werden. Aus der Redoxreihe entnimmt man, daß die Hydronium-Ionen einen deutlich größeren Drang zur Elektronenaufnahme besitzen als die Kalium-Ionen. Sie also werden anstelle der K^+-Ionen reduziert und es entsteht Wasserstoff

$$4H_3O^+ + 4e^- \rightarrow 2H_2 + 4H_2O,$$

während die Kalium-Ionen in der Lösung verbleiben (s. auch Abb. 7.3).

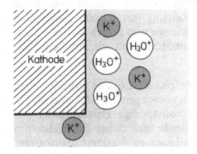

Abb. 7.3 Ionen an der Kathode bei der Elektrolyse einer KOH Lösung

An der Anode werden die Teilchen mit dem größten Bestreben, Elektronen abzugeben, oxidiert. Das Anodenmaterial (Pt) ist dazu viel zu edel. Aus der alkalischen Lösung bleiben schließlich die im Überschuß vorhandenen OH^--Ionen übrig, deren Oxidation Sauerstoff und Wasser ergibt:

$$4OH^- \rightarrow O_2 + H_2O + 4e^-.$$

(Beim Aufstellen der Reaktionsgleichungen wurde berücksichtigt, daß die Anzahl der bei der Kathoden- und Anodenreaktion umgesetzten Elektronen gleich groß ist.)

Bei der Elektrolyse einer wäßrigen KOH-Lösung wird also nicht der eigentliche Elektrolyt, sondern das Lösungsmittel Wasser zersetzt. Dies zeigt auch die aus der Kathoden- und Anodenreaktion erstellte Bruttoreaktionsgleichung

$$2H_2O \rightarrow 2H_2 + O_2.$$

Die geschilderten Elektrodenvorgänge lassen sich analog auf andere, wäßrige Metallsalzlösungen übertragen: An der Kathode erhält man statt der Metallabscheidung meist Wasserstoff. Die Abscheidung des Metalls wird immer nur dann gelingen, wenn sich die in der Lösung befindlichen Metallionen leichter reduzieren lassen als das Wasser. Das ist bei den edlen Metallen wie Cu, Ag oder Au der Fall. Die Abscheidung der unedlen Metalle aus wäßriger Lösung ist nur unter bestimmten Bedingungen möglich. Der pH-Wert und die Überspannung (s. Abschn. 2.7.2, S. 127) spielen hierbei eine wesentliche Rolle. Ansonsten können die unedlen Metalle aber auch noch durch **Schmelzflußelektrolyse** (s. Abschn. 1.6) erhalten werden.

Kupferraffination. Bei der Elektrolyse einer Schwefelsäure-Lösung mit Kupfer-Elektroden beteiligt sich – wie wir nun zeigen wollen – auch das Elektrodenmaterial am chemischen Umsatz.

Die reine Schwefelsäure-Lösung enthält neben H_2O-Molekülen vorwiegend H_3O^+- und SO_4^{2-}-Ionen (nahezu vollständige Dissoziation). An der Kathode könnte man daher die Reduktion der Hydronium-Ionen zu Wasserstoff erwarten. Aber es kommt ganz anders! Stellen wir also den Kathodenvorgang zunächst zurück und betrachten wir erst, was an der Anode geschieht.

An der Anode liegen vor allem SO_4^{2-}-Ionen vor. Deren Oxidation zu Peroxydisulfat (S_2O_8) findet jedoch nicht statt. Da zudem die Oxidation des Wassers zu Sauerstoff stark gehemmt ist, geschieht folgendes: Die Kupfer-Atome der Anode werden oxidiert und gehen als Cu^{2+}-Ionen in die Lösung:

$$Cu \rightarrow Cu^{2+} + 2e^-.$$

Sie wandern zur Kathode und werden dort anstelle der H_3O^+-Ionen reduziert, weil das Paar Cu/Cu^{2+} in der Redoxreihe unterhalb des Paares H_2/H_3O^+ steht (also das größere Redoxpotential besitzt.). An der Kathode wird also Kupfer abgeschieden:

$$Cu^{2+} + 2e^- \rightarrow Cu.$$

Dieses Prinzip wird bei der elektrolytischen Reinigung (**Raffination**) von Kupfer ausgenutzt. Dabei wird vorgereinigtes Kupfer als Anodenmaterial eingesetzt. Die Elektroden tauchen in eine Kupfersulfat/Schwefelsäure-Lösung. Die im Anodenkupfer enthaltenen unedlen Metalle, wie z. B. Eisen oder Zink, gehen zwar ebenso wie das Kupfer in Lösung, werden aber bei der Elektrolyse im Gegensatz zum Kupfer nicht wieder mit abgeschieden, sondern bleiben in der Lösung. Edlere Metalle (wie Silber oder Platin) bilden unter der Anode einen wertvollen Metallschlamm. So entsteht an der Kathode hochreines Elektrolytkupfer wie es z. B. in der elektrotechnischen Industrie gebraucht wird.

1.6 Schmelzflußelektrolyse

Metalle, die sich aus wäßriger Lösung elektrolytisch nicht oder nur schlecht abscheiden lassen, werden vorwiegend durch Schmelzflußelektrolyse hergestellt. Dazu wird ein Salz, das das gewünschte Metall als Verbindungsbestandteil enthält, geschmolzen und im flüssigen Zustand elektrolysiert. Das Hauptproblem bei der Schmelzflußelektrolyse besteht aber darin, daß die meisten Salze sehr hohe Schmelzpunkte besitzen und deshalb das Zellenmaterial sehr hohen thermischen Belastungen ausgesetzt ist.

Dieses Problem kann jedoch dadurch weitgehend umgangen werden, wenn man anstelle der reinen Salzschmelze ein Salzgemisch, dessen Schmelzpunkt niedriger liegt, elektrolysiert.

Ein Beispiel dafür ist die Gewinnung von Aluminium aus Aluminiumoxid (Al_2O_3). Der Schmelzpunkt des reinen Al_2O_3 liegt mit über 2000 °C sehr hoch. Ein eutektisches Gemisch von Aluminiumoxid in Kryolith (Na_3AlF_6) aber besitzt einen um ca. 1000 °C niedrigeren Schmelzpunkt. Daher wird dieses Gemisch als Ausgangsmaterial genommen. Die Kathode ist eine Eisenblechwanne, die mit einer Kohleschicht überzogen ist. Die Anode besteht aus mehreren Kohleblöcken (s. Abb. 7.5). Wird die Schmelze bei einer Spannung von ca. 1.7 V elektrolysiert, dann entsteht an der Kathode flüssiges Aluminium

$$Al^{3+} + 3e^- \rightarrow Al.$$

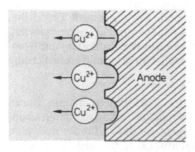

Abb. 7.4   Auflösung der Kupfer-Anode

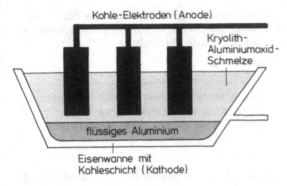

Kohle-Elektroden (Anode)

Kryolith-
Aluminiumoxid-
Schmelze

flüssiges Aluminium

Eisenwanne mit
Kohleschicht (Kathode)

Abb. 7.5   Schmelzflußelektrolyse von Aluminiumoxid

Da dieses eine höhere Dichte als die Ausgangsstoffe aufweist, sinkt es nach unten und wird so
in der Wanne gesammelt.

2. Umwandlung von chemischer Reaktionsarbeit in elektrische Energie

Experiment. Taucht man einen Eisennagel in eine Kupfersulfat-Lösung (s. Abb. 7.6), so kann
man beobachten, daß der Nagel nach kurzer
Zeit mit einem rotbraunen Belag überzogen ist.
Offensichtlich scheidet sich – ohne äußere Ein-
wirkung – metallisches Kupfer ab. Die blaue
Färbung der Lösung, die durch die Cu^{2+}-Ionen
hervorgerufen wird, verschwindet allmählich
und geht mehr und mehr in Hellgrün (Fe^{2+}-
Ionen!) über.

Eisennagel

$CuSO_4$-Lösung

Abb. 7.6   Überziehen eines Eisennagels mit
Kupfer

Reaktionsgleichungen. Bei dem geschilderten
Experiment laufen folgende Teilvorgänge ab:

– Eisen geht unter Abgabe von Elektronen in
Lösung:

$$Fe \rightarrow Fe^{2+} + 2e^- \quad \text{(Oxidation)}.$$

– Die dabei frei werdenden Elektronen gehen
auf die Kupfer-Ionen in der Lösung über und
es scheidet sich metallisches Kupfer ab:

$$Cu^{2+} + 2e^- \rightarrow Cu \quad \text{(Reduktion)}.$$

Für die während des Experiments gemachten
Beobachtungen ist also insgesamt der Redox-
vorgang

$$Fe + Cu^{2+} + SO_4^{2-} \rightleftarrows Fe^{2+} + SO_4^{2-} + Cu$$

oder kurz

$$Fe + Cu^{2+} \rightleftarrows Fe^{2+} + Cu \qquad (8)$$

verantwortlich. Die Triebkraft, Ionen zu bilden,
ist also beim Eisen größer als beim Kupfer; Eisen ist das unedlere Metall.

Die Reaktion (8) läuft freiwillig ab; sie besitzt
deshalb eine negative freie Reaktionsenthalpie
($\Delta G_{R,m}^0 < 0$; **exergonische Reaktion**).

Ursache. Beim Eintauchen des Eisennagels in
die Kupfersulfat-Lösung gehen Elektronen freiwillig von den Eisen-Atomen auf die Kupfer-
Ionen über. So wie Wasser nur fließen kann,
wenn ein Gefälle (Höhen- oder Druckdifferenz)
vorhanden ist, so erfolgt der Elektronenfluß
vom Eisen auf die Cu^{2+}-Ionen nur deshalb, weil
zwischen beiden ein elektrischer „Höhenunter-
schied" besteht. Einen solchen elektrischen Hö-
henunterschied bezeichnet man fachmännischer
als **elektrisches Potentialgefälle** oder als elektrische Spannung.

Bei der Elektrolyse wurde eine Spannung
„künstlich" von außen angelegt, um einen Elektronenübergang zu erzwingen. Hier ist sie nun
im Reaktionssystem als **innere Spannung** enthalten und bewirkt den freiwilligen Ablauf der Redoxreaktion (8). Eine solche „innere Spannung" wird auch als **Elektromotorische Kraft
(EMK)** oder besser als **Quellenspannung** bezeichnet.

> Die Elektromotorische Kraft (EMK) oder
> besser die Quellenspannung ist die Ursa-
> che für den freiwilligen Ablauf einer Re-
> doxreaktion.

2.1 Galvanisches Halbelement und galvanische Kette

Bei jeder freiwillig ablaufenden Redoxreaktion findet auch ein freiwilliger Elektronenübergang statt. Man kann diesen Elektronenübergang bei der Reaktion

$$Fe + Cu^{2+} \rightarrow Fe^{2+} + Cu$$

als Strom sichtbar machen, wenn man die elektronenliefernde Oxidation des Fe zu Fe^{2+} und die elektronenverbrauchende Reduktion des Cu^{2+} zu Cu räumlich trennt und die Elektronen beim Übergang zwischen beiden Bereichen durch ein Meßgerät oder einen elektrischen Verbraucher fließen läßt. Dazu stellt man sich den in Abb. 7.7 dargestellten Aufbau zusammen: In einem Bereich taucht ein Eisenstab in eine $FeSO_4$-Lösung, im anderen ein Kupferstab in eine $CuSO_4$-Lösung. Jeden dieser Teilbereiche bezeichnet man als ein **galvanisches Halbelement**. Die beiden Halbelemente sind durch eine poröse, d.h. hier ionendurchlässige, Scheidewand, das sog. **Diaphragma**, voneinander getrennt. Das Diaphragma verhindert das schnelle Durchmischen der Lösungen, ermöglicht aber doch einen Ionenaustausch zwischen beiden Halbelementen; es stellt also eine ionenleitende Verbindung dar. Zum Beispiel erfüllt Ton die genannten Anforderungen.

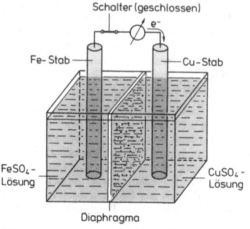

Abb. 7.7   Die Kette $Fe/Fe^{2+}//Cu^{2+}/Cu$

Die gesamte Anordnung bezeichnet man als **galvanische Kette**. Sie läßt sich in unserem Fall durch $Fe/FeSO_4//CuSO_4/Cu$ oder kürzer durch

$Fe/Fe^{2+}//Cu^{2+}/Cu$

symbolisieren. Dabei bedeutet ein Strich die Phasengrenze fest/flüssig und der Doppelstrich die ionenleitende Verbindung.

Allgemein gilt:

> Zwei ionenleitend miteinander verbundene galvanische Halbelemente bilden zusammen eine galvanische Kette oder ein galvanisches Element.

Da zwischen den beiden Polen (Metallstäben) einer galvanischen Kette eine elektrische Potentialdifferenz besteht, fließt ein Strom, wenn sie über einen äußeren Leiterkreis miteinander verbunden werden.

2.2 Ausbildung eines elektrischen Potentials und der Potentialdifferenz

Das Wort „Potential" ist vom lateinischen Wort „potentia" abgeleitet und bedeutet im physikalischen Sinn soviel wie Arbeitsvermögen. In einer galvanischen Kette baut sich innerhalb eines jeden Halbelements ein bestimmtes elektrisches Potential auf. Wie es dazu kommt zeigen die folgenden Betrachtungen.

Potentialbildender Vorgang. Taucht ein Metallstab in die Lösung seiner Ionen ein, so bestehen grundsätzlich zwei Reaktionstendenzen:

– Das Metall hat das Bestreben, der Lösung weitere Ionen zuzuführen. Die hierfür verantwortliche Triebfeder bezeichnet man nach **Nernst** als **Lösungsdruck**.

– Die in der Lösung befindlichen Ionen wollen sich unter Aufnahme von Elektronen am Metallstab abscheiden. Die hierfür verantwortliche Ursache bezeichnet man als **Abscheidungsdruck**.

Lösungsdruck und Abscheidungsdruck bewirken, daß sich nach dem Eintauchen des Metalls (M) in die Lösung das Redoxgleichgewicht (9) einstellt:

$$M \rightleftarrows M^{z+} + ze^- . \qquad (9)$$

Nach welcher Seite diese Reaktion bis zur Gleichgewichtseinstellung bevorzugt abläuft, hängt von der Aktivität der M^{z+}-Ionen in der Lösung im Moment des Eintauchens des Metalls ab.

Ist z. B. die Lösungsaktivität zu Beginn kleiner als die Gleichgewichtsaktivität, so überwiegt zunächst der Lösungsdruck. Es gehen dann zusätzliche M^{z+}-Ionen in die Lösung. Gleichzeitig bleiben aber im Metallstab Elektronen zurück, so daß sich dieser negativ gegenüber der Lösung auflädt (s. Abb. 7.8). Insgesamt kommt es so zur Trennung von positiven und negativen Ladungen. Das System gewinnt dadurch an elektrischer Energie und ist somit unter gegebenen Umständen selbst in der Lage, elektrische Arbeit zu verrichten. Dem Redoxpaar M/M^{z+} kann also ein elektrisches Potential zugeordnet werden. Die Größe dieses Potentials ist außer vom Stoffsystem selbst auch noch von der Lösungsaktivität und der Temperatur abhängig.

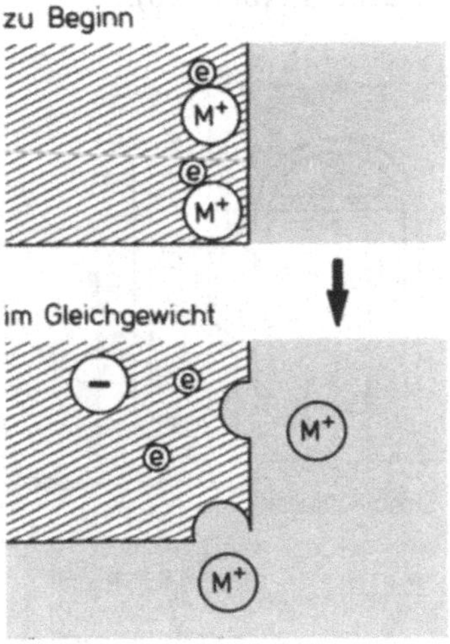

zu Beginn

im Gleichgewicht

Abb. 7.8 Negative Aufladung bei Metallauflösung

Was hier am Beispiel einer Metallelektrode gezeigt wurde, gilt allgemein für jedes Redoxsystem:

Jedes Redoxsystem ist in der Lage, ein elektrisches Potential auszubilden. Der potentialbildende Vorgang besteht in der Gleichgewichtseinstellung zwischen dem reduzierten und dem oxidierten Zustand des Systems:

Reduzierter Zustand $\rightleftarrows$

        Oxidierter Zustand + $n e^-$

Der Drang eines Stoffes, Elektronen aufzunehmen oder abzugeben, wird also durch das zugehörige elektrische Potential zu einer Größe, die bei Vergleich mit einem Standardpotential, gemessen werden kann.

Galvanisches Halbelement. Jedes Stoffsystem, das in der Lage ist, ein elektrisches Potential auszubilden, kann zum Aufbau eines galvanischen Halbelements verwendet werden. Um das Potential abzuleiten, benötigt man eine Elektrode. Diese kann – wie im Fall des Metallstabs in der Ionenlösung – selbst am potentialbildenden Vorgang beteiligt sein, sie kann aber auch nur die Funktion eines Elektronenakzeptors oder Elektronendonators übernehmen, ohne sich chemisch zu verändern (s. Abschn. 2.4, S. 129).

Jedes galvanische Halbelement enthält mindestens ein Redoxsystem. Die Ableitelektrode kann, muß aber nicht direkt am potentialbildenden Vorgang beteiligt sein.

Potentialdifferenz zwischen zwei Halbelementen: Verschiedene Redoxsysteme bilden unter gleichen Bedingungen unterschiedliche elektrische Potentiale aus. Deshalb besteht zwischen den Elektroden zweier Halbelemente einer galvanischen Kette ein Potentialunterschied. Werden die Gleichgewichtseinstellungen an den Elektroden durch Stromfluß nicht gestört, so wird diese Potentialdifferenz als **Quellenspannung** oder EMK bezeichnet. Die Quellenspannung (EMK) ist definitionsgemäß eine positive Größe; daher muß bei der Differenzbildung vom größeren Potential das kleinere abgezogen werden:

Sind φ_1 und φ_2 die elektrischen Potentiale zweier Halbelemente einer stromlosen Kette, so ist die Quellenspannung (EMK) gleich der positiven Potentialdifferenz:

$$\Delta\varphi = \varphi_1 - \varphi_2 \quad \text{mit} \quad \varphi_1 > \varphi_2 \qquad (10)$$

Die Quellenspannung kann näherungsweise mit Hilfe von Voltmetern mit großem Eingangswiderstand ($> 10^7\ \Omega$), mit Röhrenvoltmetern oder durch Aufbau geeigneter Schaltungen (**Poggendorff**sche Kompensationsschaltung) bestimmt werden.

2.3 Der Begriff des Einzelpotentials

Die absolute Größe des elektrischen Potentials eines galvanischen Halbelements ist nicht bestimmbar, da man prinzipiell nur Potentialdifferenzen, also Spannungen, messen kann. Man benötigt daher ein Bezugssystem, mit dem man die Potentiale der Halbelemente vergleicht. Aus alter Tradition ist dieses die sog. **Normalwasserstoffelektrode**.

Normalwasserstoffelektrode (NWE). Die Normalwasserstoffelektrode (s. Abb. 7.9) besteht aus einem Platinblech mit einem porösen Platinüberzug, das in eine saure Lösung, z. B. HCl-Lösung, mit einer Hydroniumionenaktivität von $a_{H_3O^+} = 1 \, mol \cdot l^{-1}$ eintaucht. Dabei wird das Blech gleichzeitig mit Wasserstoffgas von 1013 hPa (1 atm) Druck umspült. Der Platinschwamm „saugt" sich mit H_2-Molekülen voll und so entsteht – bildlich gesprochen – ein Wasserstoffstab, der von der Säure umspült wird.

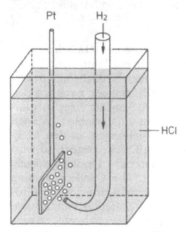

Abb. 7.9   Normalwasserstoffelektrode

Der potentialbildende Vorgang dieses Halbelements lautet:

$$2 H_3O^+ + 2e^- \rightleftarrows H_2 + 2 H_2O.$$

Obwohl sich dabei das Platin auflädt, ordnet man der Normalwasserstoffelektrode willkürlich das Potential 0 V zu.

> Als Bezugssystem zur Potentialbestimmung dient die Normalwasserstoffelektrode. Ihr Potential wird willkürlich gleich 0 V gesetzt.

Das Einzelpotential eines beliebigen Redoxsystems

Bringt man ein aus einem beliebigen Redoxsystem bestehendes galvanisches Halbelement in ionenleitenden Kontakt mit einer Normalwasserstoffelektrode (am besten über einen Stromschlüssel anstelle eines Diaphragmas, s. Abschn. 2.5, S. 132 f.), so erhält man eine galvanische Kette, deren Kettenspannung als **Einzel-** oder **Redoxpotential** des betreffenden Redoxsystems bezeichnet wird.

Erfolgt der Elektronenfluß bei leitender Verbindung vom Halbelement zur NWE, wirkt das Halbelement also als Elektronendonator gegenüber der NWE, so erhält das betreffende Einzelpotential das negative Vorzeichen.

Wirkt das Halbelement als Elektronenakzeptor, so wird dies beim Potential durch ein positives Vorzeichen ausgedrückt (s. Abb. 7.10).

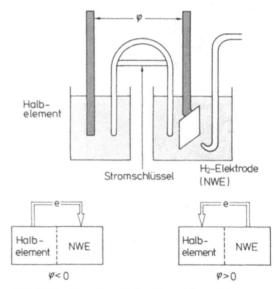

Abb. 7.10   Zum Begriff des Einzelpotentials

> Redoxsysteme mit negativem Einzelpotential wirken gegenüber der Normalwasserstoffelektrode als Elektronendonatoren, solche mit positivem Einzelpotential als Elektronenakzeptoren.

Die Größe des Einzelpotentials hängt u. a. von der Aktivität der Ionen in der Lösung ab. Beträgt diese speziell gleich $1\,\text{mol} \cdot \text{l}^{-1}$, so nennt man das zugehörige Einzelpotential auch **Normal-** oder **Standardpotential** φ_0.

Redoxreihe. Ordnet man die Standardpotentiale der verschiedenen Redoxsysteme nach steigendem Wert in einer Reihe an, so erhält man die sog. **Redox-** oder **Spannungsreihe**. Tab. 7.2 zeigt einen kleinen Auszug.

Tab. 7.2   Auszug aus der Spannungsreihe

Redoxpaar	Potential φ_0 (V)
K/K^+	$-2{,}92$
Na/Na^+	$-2{,}71$
Fe/Fe^{2+}	$-0{,}44$
Pb/Pb^{2+}	$-0{,}12$
H_2/H_3O^+	0
Cu/Cu^{2+}	$+0{,}35$
Ag/Ag^+	$+0{,}81$
$2Cl^-/Cl_2$	$+1{,}36$

Die Kenntnis der Redoxpotentiale ist für den Chemiker deswegen von großer Bedeutung, weil sich mit ihrer Hilfe die Richtung freiwillig ablaufender Redoxreaktionen voraussagen läßt. Ein Stoff gibt umso leichter Elektronen ab, je kleiner das zugehörige Redoxpotential ist. Je größer das Redoxpotential, umso größer wird auch das Bestreben des betreffenden Stoffes, in seiner reduzierten Form aufzutreten. Daher gilt:

> Bei einer freiwillig ablaufenden Redoxreaktion kommt es zur Oxidation des Stoffes mit dem kleineren Redoxpotential und zur Reduktion des Stoffes mit dem größeren Redoxpotential.

Kupfer-Ionen können mit Eisen reduziert werden $(Fe + Cu^{2+} \rightarrow Fe^{2+} + Cu)$, weil das Redoxpaar Fe/Fe^{2+} ein kleineres Redoxpotential besitzt als das Paar Cu/Cu^{2+}.

Beispiel. Welche chemischen Vorgänge laufen in der galvanischen Kette $Ag/Ag^+//Cu^{2+}/Cu$ bei Stromfluß ab (Lösungsaktivitäten $a = 1\,\text{mol} \cdot \text{l}^{-1}$)?

Lösung: Aus der Redoxreihe entnimmt man:

$\varphi_0(Cu/Cu^{2+}) = 0{,}35\,\text{V}$ und

$\varphi_0(Ag/Ag^+) = 0{,}81\,\text{V}$.

Das Redoxpaar Cu/Cu^{2+} besitzt das kleinere Potential. Deshalb gehen in diesem Halbelement Kupfer-Ionen in Lösung

$$Cu \rightarrow Cu^{2+} + 2e^-.$$

Die dabei frei werdenden Elektronen fließen durch den äußeren Leiterkreis zum Halbelement Ag/Ag^+, wo Silber-Ionen reduziert werden

$$Ag^+ + e^- \rightarrow Ag.$$

Nernstsche Gleichung. Das Einzelpotential eines Halbelements ist von den Aktivitäten der an der Potentialbildung beteiligten Stoffe und von der Temperatur abhängig. Diese Abhängigkeit wurde von dem deutschen Physicochemiker **W. H. Nernst** aus thermodynamischen Betrachtungen ermittelt. Wir verzichten hier auf die Herleitung und geben nur das Ergebnis an:

> Lautet der potentialbildende Vorgang allgemein
>
> Stoffe im   Stoffe im
> reduzierten $\rightleftarrows$ oxidierten $+ n\,e^-$,
> Zustand   Zustand
>
> so gilt nach Nernst für das Einzelpotential:
>
> $$\varphi = \varphi_0 + \frac{R \cdot T}{n \cdot F} \ln\left(\frac{{}^*a_{ox}}{{}^*a_{red}}\right). \qquad (11)$$

φ_0	Normal- oder Standardpotential des betreffenden Redoxsystems (s. Redoxreihe)
R	molare Gaskonstante
T	absolute Temperatur
n	Anzahl der Elektronen gemäß potentialbildendem Vorgang
F	Faraday-Konstante
$\left(\dfrac{{}^*a_{ox}}{{}^*a_{red}}\right)$	Quotient aus den relativen Aktivitäten der an der Potentialbildung beteiligten Stoffe (Aktivitätsquotient)

Der Aktivitätsquotient wird gebildet, indem man auf den potentialbildenden Vorgang das Massenwirkungsgesetz anwendet und dabei beachtet, daß

– im Zähler das Produkt aus den relativen Aktivitäten der Stoffe des oxidierten Zustands und im Nenner das entsprechende Aktivitätsprodukt der Stoffe des reduzierten Zustands steht – in der Reaktionsgleichung enthaltene stöchiometrische Faktoren treten dabei als Exponenten auf,

- die Stoffaktivitäten der reinen festen und flüssigen Phasen unberücksichtigt bleiben und

- bei gasförmigen Stoffen die relative Aktivität $*a_i$ durch den relativen Partialdruck $*p_i$ dieser Komponente ($*p_i = p_i/p^0$ mit $p^0 = 1013$ hPa) ersetzt wird.

Beispiel. Lautet der potentialbildende Vorgang

$$2\,Cl^- \rightleftarrows Cl_2 + 2e^-,$$

so gilt nach Nernst:

$$\varphi(2\,Cl^-/Cl_2)$$

$$= \varphi_0(2\,Cl^-/Cl_2) + \frac{R \cdot T}{2 \cdot F} \ln\left(\frac{*p_{Cl_2}}{*a_{Cl^-}^2}\right)$$

Setzt man in Gl. (11) für
$R = 8,31\ V \cdot As \cdot mol^{-1} \cdot K^{-1}$ und
$F = 96\,500\ As \cdot mol^{-1}$ ein und rechnet gleichzeitig den natürlichen Logarithmus auf den dekadischen Logarithmus um
($\ln(x) = 2,3 \cdot \lg(x)$), so erhält man

- für $T = 293$ K (20 °C):

$$\varphi = \varphi_0 + \frac{0,058}{n}\,V \cdot \lg\left(\frac{*a_{ox}}{*a_{red}}\right) \qquad (12)$$

- für $T = 298$ K (25 °C):

$$\varphi = \varphi_0 + \frac{0,059}{n}\,V \cdot \lg\left(\frac{*a_{ox}}{*a_{red}}\right) \qquad (13)$$

Bei allen nachfolgenden Berechnungen legen wir die Gl. (13) zugrunde.

Rechenbeispiel. Wie groß ist das Redoxpotential des Paars Fe/Fe^{2+}, wenn die Eisen-Ionenaktivität $a_{Fe^{2+}} = 0,1$ mol $\cdot$ l^{-1} beträgt? ($T = 298$ K)

Lösung: Der potentialbildende Vorgang lautet

$$Fe \rightleftarrows Fe^{2+} + 2e^-.$$

Das Redoxpotential bei $a_{Fe^{2+}} = 1$ mol $\cdot$ l^{-1} beträgt $-0,44$ V (s. Tab. 7.2). Für die angegebene Ionenaktivität erhält man

$$\varphi(Fe/Fe^{2+})$$

$$= \varphi_0(Fe/Fe^{2+}) + \frac{0,059}{2}\,V \cdot \lg(*a_{Fe^{2+}})$$

$$= -0,44\ V + \frac{0,059}{2}\,V \cdot \lg(0,1)$$

$$= -0,44\ V - 0,03\ V = -0,47\ V$$

2.4 Wichtige Halbelemente

Galvanische Halbelemente bestehen immer aus einem Redoxsystem und einer Ableitelektrode. Für die Höhe des Potentials, das sich an der Elektrode ausbildet, sind aber zum Teil unterschiedliche Vorgänge verantwortlich. Man unterteilt deshalb die Menge aller möglichen Halbelemente in zwei große Gruppen, die Elektroden 1. und 2. Art.

Bei den **Elektroden 1. Art** wird die Größe des elektrischen Potentials direkt durch die Ionenaktivität eines in der Lösung befindlichen Stoffes, der in zwei Oxidationsstufen auftreten kann, bestimmt, wie z. B. beim Halbelement Ag/Ag^+:

$$\varphi(Ag/Ag^+)$$

$$= \varphi_0(Ag/Ag^+) + 0,059\ V \cdot \lg(*a_{Ag^+}).$$

Ist in diesem Halbelement aber zusätzlich AgCl als Bodenkörper enthalten, so stellt sich zwischen dem gelösten Stoff und dem Bodenkörper zu jeder Zeit das Gleichgewicht

$$AgCl \rightleftarrows Ag^+ + Cl^-$$

ein. Dadurch wird die Silber-Ionenaktivität – und damit auch das Einzelpotential dieser Elektrode – vom Löslichkeitsprodukt des schwerlöslichen Salzes und von der Chlorid-Ionenaktivität abhängig. Man nennt sie dann eine Elektrode 2. Art.

Für **Elektroden 2. Art** ist allgemein folgendes charakteristisch:

- Die Lösung steht im Gleichgewicht mit einer schwerlöslichen Substanz als Bodenkörper und

- das Einzelpotential ist vom Löslichkeitsprodukt und von der Anionenaktivität dieser Substanz abhängig.

Elektroden 2. Art werden bei Potentialmessungen als Bezugselektroden verwendet, da sich ihr Potential über die Anionenaktivität gut und reproduzierbar einstellen läßt.

In den folgenden Abschnitten sind die wichtigsten Elektrodentypen zusammengestellt.

2.4.1 Elektroden 1. Art

Name	Aufbau	Symbol	potentialbildender Vorgang und Einzelpotential	Bemerkungen
Metallelektrode		M/M^{z+}	$M \rightleftarrows M^{z+} + ze^-$ $$\varphi = \varphi_0 + \frac{0{,}059}{z} V \cdot \lg(^*a_{M^{z+}})$$	Bei der Metallelektrode nimmt das Elektrodenmaterial direkt am potentialbildenden Vorgang teil. Dabei stellt sich ein Gleichgewicht zwischen dem Elektrodenmetall und den Metallionen in der Lösung ein. Das Einzelpotential ist bei konstanter Temperatur nur von der Metallionenaktivität abhängig.
Wasserstoffelektrode		H_2/H_3O^+	$H_2 + 2H_2O \rightleftarrows 2H_3O^+ + 2e^-$ $$\varphi = \frac{0{,}059}{2} V \cdot \lg\left(\frac{^*a_{H_3O^+}^2}{^*p_{H_2}}\right)$$ $\varphi_0 = 0\,V$	Beträgt der H_2-Druck $p_{H_2} = 1013$ hPa, ist also $^*p_{H_2} = 1$, so ergibt sich für das Einzelpotential $\varphi(H_2/H_3O^+)$ $= 0{,}059\,V \cdot \lg(^*a_{H_3O^+})$. Wegen $pH = -\lg(^*a_{H_3O^+})$ folgt daraus $\varphi(H_2/H_3O^+)$ $= -0{,}059\,V \cdot pH$. Das Potential der Wasserstoffelektrode ist also vom pH-Wert der Lösung abhängig.
Redoxelektrode		z. B. M^{z1+}/M^{z2+}	$M^{z1+} \rightleftarrows M^{z2+} + (z_2 - z_1)e^-$ $$\varphi = \varphi_0 + \frac{0{,}059}{z_2 - z_1} V \cdot \lg\left(\frac{^*a_{M^{z2+}}}{^*a_{M^{z1+}}}\right)$$	Alle potentialbildenden Vorgänge sind Redoxreaktionen. Von einer Redoxelektrode spricht man aber nur dann, wenn eine Ableitelektrode (z. B. Pt) in die Lösung eines Stoffes eintaucht, der in zwei Oxidationsstufen existiert (z. B. $Fe^{2+} \rightleftarrows Fe^{3+} + e^-$). Das Elektrodenmaterial nimmt an der Potentialbildung direkt nicht teil, sondern dient lediglich zum Ableiten des Potentials.

2.4.2 Elektroden 2. Art

Silber/Silberchlorid-Elektrode. Wir gehen von der einfachen Silber-Elektrode $(Ag \rightleftharpoons Ag^+ + e^-)$ aus. Ihr Potential beträgt nach Nernst $(T = 298 \text{ K})$:

$$\varphi(Ag/Ag^+)$$
$$= \varphi_0(Ag/Ag^+) + 0{,}059 \text{ V} \cdot \lg(^*a_{Ag^+}) \quad (14)$$

Ist zusätzlich schwerlösliches AgCl als Bodenkörper vorhanden, so stellt sich zu jeder Zeit auch das Lösungsgleichgewicht

$$AgCl \rightleftharpoons Ag^+ + Cl^-$$

ein. Das hat folgende Konsequenzen: Gehen z.B. bei der Einstellung des Gleichgewichts $Ag \leftrightarrows Ag^+ + e^-$ Silber-Ionen in Lösung, so wird das Lösungsgleichgewicht rechtsseitig gestört. Weil als Folge dieser Störung festes Silberchlorid ausfällt, wird die Lösung dieser Ag^+-Ionen sofort wieder (weitgehend) „beraubt".

Werden umgekehrt beim Vorgang $Ag \rightleftharpoons Ag^+ + e^-$ Silber-Ionen verbraucht, so werden diese sofort nachgeliefert, weil AgCl in Lösung geht. Bei der Silber/Silberchlorid-Elektrode (mit einer verglichen mit der Konzentration des AgCl in Lösung hohen Cl^--Ionenkonzentration) ist daher die Silber-Ionenaktivität jederzeit konstant. Aus $^*K_L(T) = {}^*a_{Ag^+} \cdot {}^*a_{Cl^-}$ ergibt sich:

$$^*a_{Ag^+} = \frac{^*K_L(T)}{^*a_{Cl^-}} \quad (15)$$

Setzt man die durch Gl. (15) bestimmte Silber-Ionenaktivität in Gl. (14) ein, so ergibt sich:

$$\varphi(Ag/AgCl)$$
$$= \varphi_0(Ag/Ag^+) + 0{,}059 \text{ V} \cdot \lg\left(\frac{^*K_L(298 \text{ K})}{^*a_{Cl^-}}\right) \quad (16)$$

Mit

$$^*K_L(298 \text{ K}) = 1{,}8 \cdot 10^{-10} \quad \text{und}$$
$$\varphi_0(Ag/Ag^+) = 0{,}81 \text{ V}$$

erhält man:

$$\varphi(Ag/AgCl)$$
$$= 0{,}81 \text{ V} + 0{,}059 \text{ V} \cdot \lg(1{,}8 \cdot 10^{-10})$$
$$\quad - 0{,}059 \text{ V} \lg(^*a_{Cl^-}) \quad (17)$$

Die beiden ersten Terme der rechten Seite von Gl. (17) werden zum Standardpotential

$$\varphi_0(Ag/AgCl)$$
$$= 0{,}81 \text{ V} + 0{,}059 \text{ V} \cdot \lg(1{,}8 \cdot 10^{-10})$$
$$= 0{,}245 \text{ V}$$

zusammengefaßt. Für das Einzelpotential der Silber/Silberchlorid-Elektrode gilt daher bei 25 °C:

$$\varphi(Ag/AgCl) = 0{,}245 \text{ V} - 0{,}059 \text{ V} \cdot \lg(^*a_{Cl^-})$$
$$\quad (18)$$

Man erkennt daraus, daß das Potential dieser Elektrode von der Chlorid-Ionenaktivität, d.h. von der Aktivität der Anionen des Bodenkörpers, abhängt.

Den prinzipiellen Aufbau der Silber/Silberchlorid-Elektrode zeigt Abb. 7.11. Ein mit festem Silberchlorid überzogener Silberstab taucht dabei in eine mit AgCl gesättigte KCl-Lösung. Die Aktivität der Chlorid-Ionen in der KCl-Lösung bestimmt das Potential dieser Elektrode.

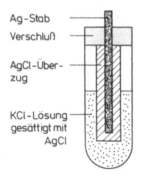

Ag-Stab
Verschluß
AgCl-Überzug
KCl-Lösung gesättigt mit AgCl

Abb. 7.11 Prinzipieller Aufbau der Silber/Silberchlorid-Elektrode

Die Ag/AgCl-Elektrode wird in der Potentiometrie häufig als **Bezugselektrode** verwendet.

Kalomelelektrode. Der Aufbau, der potentialbildende Vorgang und das Einzelpotential der Kalomelelektrode sind in Tab. 7.3 zusammengefaßt. Wie die Silber/Silberchlorid-Elektrode findet auch die Kalomelelektrode vorwiegend als Bezugselektrode ihre Verwendung.

Tab. 7.3   Kalomelelektrode

Aufbau	Potentialbildender Vorgang	Einzelpotential (T = 298 K)
Platin-Ableitelektrode KCl-Lösung mit Hg_2Cl_2 gesättigt Hg_2Cl_2 (fest) Hg	$2Hg + 2Cl^- \rightleftarrows Hg_2Cl_2 + 2e^-$	φ(Kalo) $= 0{,}268\,V - 0{,}059\,V \cdot lg\,(^*a_{Cl^-})$ Das Potential läßt sich über die Chlorid-Ionenaktivität einstellen

2.5 Die EMK galvanischer Ketten

Kette aus zwei Metallelektroden. Wir sind nun in der Lage, die Quellenspannung der eingangs (im Abschn. 2.1, s. S. 124) beschriebenen Kette $Fe/Fe^{2+}//Cu^{2+}/Cu$ zu berechnen. Es gilt (T = 298 K):

	Halbelement Fe/Fe^{2+}	Halbelement Cu/Cu^{2+}
potential-bildender Vorgang	$Fe \rightleftarrows Fe^{2+} + 2e^-$	$Cu \rightleftarrows Cu^{2+} + 2e^-$
Standard-potential φ_0	$-0{,}44\,V$	$+0{,}35\,V$
Einzel-potential	$\varphi(Fe/Fe^{2+}) = -0{,}44\,V + \dfrac{0{,}059}{2}\,V \cdot lg(^*a_{Fe^{2+}})$	$\varphi(Cu/Cu^{2+}) = 0{,}35\,V + \dfrac{0{,}059}{2}\,V \cdot lg(^*a_{Cu^{2+}})$
EMK der Kette (Quellen-spannung)	\multicolumn{2}{l}{$\Delta\varphi = \varphi(Cu/Cu^{2+}) - \varphi(Fe/Fe^{2+})$}	

$$\Delta\varphi = \varphi(Cu/Cu^{2+}) - \varphi(Fe/Fe^{2+})$$
$$= 0{,}35\,V - (-0{,}44)\,V + 0{,}0295\,V \cdot [lg(^*a_{Cu^{2+}}) - lg(^*a_{Fe^{2+}})]$$
$$= 0{,}79\,V + 0{,}0295\,V \cdot lg\left(\frac{^*a_{Cu^{2+}}}{^*a_{Fe^{2+}}}\right)$$

Die EMK dieser Kette hängt also vom Aktivitätsverhältnis der Ionen in den beiden Lösungen ab.

Chlorknallgaskette. Die Chlorknallgaskette entsteht durch Kopplung einer Wasserstoff- und einer Chlor-Elektrode:

$$H_2/2H_3O^+//2Cl^-/Cl_2.$$

Als Ableitung dient in beiden Fällen ein Platindraht, der aber am potentialbildenden Vorgang nicht beteiligt ist. Für die Lösungsaktivitäten soll gelten

$$a_{H_3O^+} = a_{Cl^-} = 1\,mol \cdot l^{-1}.$$

Dann ergibt sich die auf S. 132 oben berechnete EMK.

Wir werden dieser Kette im Abschn. 2.7.1 (s. S. 134) wiederbegegnen, wenn am Beispiel der Elektrolyse einer HCl-Lösung das Problem der galvanischen Polarisation besprochen wird.

Konzentrationskette. Auch galvanische Ketten aus gleichartig aufgebauten Halbelementen bilden eine EMK aus, wenn die Lösungsaktivitäten unterschiedlich groß sind. Sie werden dann als Konzentrationsketten bezeichnet.

Für eine Kette aus zwei Silber-Halbelementen mit den Lösungsaktivitäten $a_1 = 0{,}5\,mol \cdot l^{-1}$ und $a_2 = 0{,}1\,mol \cdot l^{-1}$ ergibt sich z. B.

$$\varphi(Ag/Ag^+)_1 = \varphi_0(Ag/Ag^+) + 0{,}059\,V \cdot lg(^*a_1)$$
$$\varphi(Ag/Ag^+)_2 = \varphi_0(Ag/Ag^+) + 0{,}059\,V \cdot lg(^*a_2).$$

	Wasserstoff-Elektrode	Chlor-Elektrode
potentialbildender Vorgang	$H_2 + 2H_2O \rightleftarrows 2H_3O^+ + 2e^-$	$2Cl^- \rightleftarrows Cl_2 + 2e^-$
Standardpotential φ_0	0 V	+ 1,36 V
Einzelpotential $(^*a_{H_3O^+} = ^*a_{Cl^-} = 1)$	$\varphi(H_2/2H_3O^+)$ $= \dfrac{0,059}{2} V \cdot \lg\left(\dfrac{1}{^*p_{H_2}}\right)$ $= -0,0295\ V \cdot \lg(^*p_{H_2})$	$\varphi(2Cl^-/Cl_2)$ $= 1,36\ V + \dfrac{0,059}{2} V \cdot \lg(^*p_{Cl_2})$ $= 1,36\ V + 0,0295\ V \cdot \lg(^*p_{Cl_2})$
EMK der Kette	$\Delta\varphi = \varphi(2Cl^-/Cl_2) - \varphi(H_2/2H_3O^+)$ $= 1,36\ V + 0,0295\ V \cdot [\lg(^*p_{Cl_2}) - (-\lg(^*p_{H_2}))]$ $= 1,36\ V + 0,0295\ V \cdot \lg(^*p_{Cl_2} \cdot ^*p_{H_2})$	

Wegen $^*a_1 > ^*a_2$ ist auch $\varphi_1 > \varphi_2$. Daher folgt für die EMK der Kette

$$\Delta\varphi = \varphi(Ag/Ag^+)_1 - \varphi(Ag/Ag^+)_2$$
$$= 0,059\ V \cdot [\lg(^*a_1) - \lg(^*a_2)]$$
$$= 0,059 \cdot \lg\frac{^*a_1}{^*a_2} = 0,059\ V \cdot \lg\frac{0,5}{0,1}$$
$$= 0,04\ V$$

Aus dieser Berechnung erkennt man:

> Die Quellenspannung einer Konzentrationskette ist umso größer, je größer das Aktivitätsverhältnis ist.

Bei Stromfluß findet in dem Halbelement mit der geringeren Aktivität eine Oxidation und in dem Halbelement mit der größeren Lösungsaktivität eine Reduktion statt. Da sich die Ionenaktivität durch die Oxidation erhöht, andererseits durch die Reduktion jedoch erniedrigt, kommt es in einer Konzentrationskette bei Stromfluß allmählich zum Ausgleich der Aktivitäten; d. h., daß auch die EMK dieser Kette allmählich abnimmt. Sie beträgt schließlich 0 V, wenn die Lösungsaktivitäten in beiden Halbelementen gleich groß sind ($^*a_1 = ^*a_2$).

Die „leere" Kette. Eine galvanische Kette heißt „leer", wenn ihre Quellenspannung gleich Null ist ($\Delta\varphi = 0$). Chemisch bedeutet das, daß selbst bei leitender Verbindung der Elektroden die elektronenumsetzende Zellreaktion, z. B.

$$Fe + Cu^{2+} \rightleftarrows Fe^{2+} + Cu,$$

zum Stillstand, d. h. ins Gleichgewicht, gekommen ist. Daher läßt sich aus der Bedingung $\Delta\varphi = 0$ auch die Gleichgewichtslage dieser Reaktion ermitteln.

Für das angegebene Beispiel erhält man z. B. unter Verwendung der im Abschn. 2.5 (s. S. 131) aufgestellten Gleichung:

$$\Delta\varphi = 0 = 0,79\ V + 0,0295\ V \cdot \lg\left(\frac{^*a_{Cu^{2+}}}{^*a_{Fe^{2+}}}\right).$$

Daraus ergibt sich

$$\lg\left(\frac{^*a_{Cu^{2+}}}{^*a_{Fe^{2+}}}\right) = -\frac{0,79}{0,0295} = -26,8 \approx -27.$$

Für das Aktivitätsverhältnis im Gleichgewicht gilt daher

$$\left(\frac{^*a_{Cu^{2+}}}{^*a_{Fe^{2+}}}\right) = 10^{-27} \quad \text{oder}$$

$$\frac{^*a_{Fe^{2+}}}{^*a_{Cu^{2+}}} = 10^{27}.$$

Das Gleichgewicht der Reaktion

$$Fe + Cu^{2+} \rightleftarrows Fe^{2+} + Cu$$

liegt also nahezu vollständig auf der rechten Seite (also auf der Seite der Eisen-Ionen und des elementaren Kupfers).

Das Problem des Diffusionspotentials und der Sinn des Stromschlüssels. Die Ionenaktivitäten in den beiden Halbelementen einer galvanischen Kette sind meist unterschiedlich. Daher setzt an der Grenzfläche (also am Diaphragma) völlig selbständig eine Diffusion der Ionen von der konzentrierteren zur verdünnteren Lösung ein mit dem Ziel, den Konzentrationsausgleich herzustellen. Diese Ionendiffusion führt zur Ausbildung eines zusätzlichen Potentialgefälles, weil die verschiedenen Ionensorten (Kationen und Anionen) unterschiedliche Diffusionsgeschwindigkeiten besitzen und es deshalb an der Grenzfläche zwischen den beiden Halbelementen zur Ladungstrennung kommt (s. Abb. 7.12). Dadurch baut sich hier ein elektrisches Potentialgefälle auf.

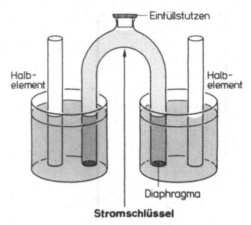

Abb. 7.13   Stromschlüssel

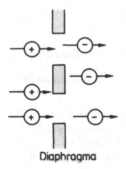

Diaphragma

Abb. 7.12   Ausbildung eines Diffusionspotentials

> Das an der Grenzfläche zwischen zwei Halbelementen durch Ionendiffusion hervorgerufene elektrische Potential bezeichnet man als Diffusions- oder Flüssigkeitspotential.

Das Diffusionspotential kann der EMK einer Kette sowohl gleich- als auch entgegengerichtet sein, je nachdem welche Ionensorte die schnellere ist. Es tritt nur dann nicht auf, wenn alle Ionen dieselbe Beweglichkeit besitzen.

Bei exakten EMK-Bestimmungen muß man den Anteil des Diffusionspotentials berücksichtigen oder durch experimentelle Vorkehrungen von vornherein (zumindest weitgehend) vermeiden. Dies geschieht mit Hilfe eines sog. **Stromschlüssels**. Der Stromschlüssel ist im allgemeinen ein mit einer konzentrierten Salzlösung – meist KCl, KNO_3 oder NH_4NO_3 – gefülltes U-Rohr, dessen Enden jeweils mit Diaphragmen abgeschlossen sind. Die ionenleitende Verbindung zwischen zwei Halbelementen einer Kette wird dann dadurch hergestellt, daß man jeweils einen Schenkel des U-Rohres in eine Halbelementlösung eintauchen läßt (s. Abb. 7.13). Da

ein Salz diese Verbindung vermittelt, bezeichnet man den Stromschlüssel auch als **Salzbrücke**.

An den beiden Grenzflächen Lösung/Stromschlüssel bilden sich zwar wieder Diffusionspotentiale aus, diese sind aber jeweils sehr klein (wegen der in etwa gleich großen Beweglichkeiten der Kationen und Anionen des im Schlüssel enthaltenen Salzes) und zudem einander entgegengerichtet. Dadurch macht sich ihre Summe so gut wie nicht bemerkbar.

> Der Stromschlüssel dient zur (weitgehenden) Vermeidung störender Diffusionspotentiale bei der EMK-Bestimmung und zur ionenleitenden Verbindung der Halbelemente.

2.6 Angewandte Potentiometrie

Potentiometrische pH-Bestimmung. Um den pH-Wert einer Lösung potentiometrisch bestimmen zu können, benötigt man eine Elektrode, die ein pH-abhängiges Potential besitzt. Man bezeichnet sie als **Indikatorelektrode**. Als Indikatorelektrode für pH-Messungen eignet sich z. B. die Wasserstoff-Elektrode. Wir werden im folgenden Abschnitt die heute am häufigsten verwendete, die **Gaselektrode**, beschreiben.

Die Indikatorelektrode wird mit einer Elektrode bekannten Potentials, der **Bezugselektrode**, zu einer galvanischen Kette ergänzt. Die ionenleitende Verbindung zwischen beiden bildet z. B. ein Stromschlüssel. Die EMK dieser Kette ist

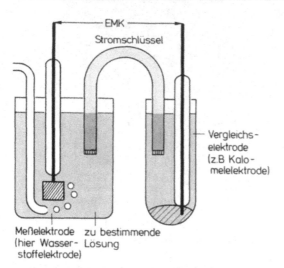

Abb. 7.14   Prinzip der potentiometrischen pH-Bestimmung

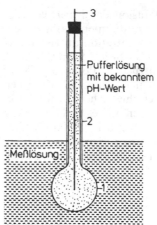

Abb. 7.15   Prinzipieller Aufbau der Glaselektrode

dann ein Maß für den pH-Wert der Lösung, in die die Indikatorelektrode eintaucht (s. Abb. 7.14).

Beispiel. Bei einer potentiometrischen pH-Bestimmung wurde zwischen einer Wasserstoff-Elektrode ($p_{H_2} = 1013$ hPa) und einer mit KCl gesättigten Kalomelelektrode bei 25 °C eine EMK von 0,42 V gemessen. Wie groß ist der pH-Wert der Lösung, wenn das Potential der Kalomelelektrode 0,245 V beträgt?

Lösung: Die EMK der Kette ergibt sich aus der Differenz der Einzelpotentiale von Kalomel- (größeres Potential) und Wasserstoff-Elektrode

$$\Delta\varphi = \varphi(\text{Kalomel}) - \varphi(H_2/2H_3O^+);$$

wegen

$$\varphi(H_2/2H_3O^+) = -0,059 \text{ V} \cdot \text{pH} \quad \text{folgt}$$
$$0,42 \text{ V} = 0,245 \text{ V} + 0,059 \text{ V} \cdot \text{pH}$$

Daraus ergibt sich

$$\text{pH} = \frac{0,42 - 0,245}{0,059} = 3$$

Glaselektrode. Obwohl die Glaselektrode von den potentialbildenden Vorgängen her die wohl am wenigsten geklärte Elektrode ist, hat sie bei pH-Bestimmungen die empfindliche und umständliche Wasserstoff-Elektrode vollständig verdrängt. Besondere Vorteile der Glaselektrode sind ihre Unempfindlichkeit gegen oxidieren-

de Lösungen, ihre schnelle Potentialeinstellung und die leichte Handhabung.

Ihre Einsatzmöglichkeit als pH-Elektrode beruht darauf, daß es Gläser gibt, die gegenüber wäßrigen Lösungen ein elektrisches Potential ausbilden, dessen Größe von der Hydronium-Ionenaktivität abhängig ist.

Die Glaselektrode besteht üblicherweise aus einer dünnen, kugelförmigen Glasmembran (1), die an einen hochisolierenden Glasschaft (2) angeschmolzen ist (s. Abb. 7.15). Im Innern ist die Glaselektrode mit einer Pufferlösung von bekanntem pH-Wert gefüllt. Außen taucht sie in die zu messende Flüssigkeit. Als Ableitelektrode (3) dient im einfachsten Fall ein Platindraht, der in der Pufferlösung endet. Da sich an seiner Grenzfläche ebenfalls ein Potentialgefälle ausbildet, das bei der pH-Bestimmung berücksichtigt werden muß, verwendet man zur Ableitung anstelle des Pt-Drahtes heute meist denjenigen Elektrodentyp (z. B. Silber/Silberchlorid- oder Kalomelelektrode), der auch als Bezugselektrode in der Meßkette benutzt wird. Dadurch entsteht eine „symmetrische Kette", bei der sich die unerwünschten Elektrodenpotentiale gegenseitig aufheben. Man bestimmt so eine nur vom bekannten pH-Wert der Pufferlösung und vom unbekannten pH-Wert der Meßlösung abhängige EMK. Bei 25 °C gilt

$$\Delta\varphi = 0,059 \text{ V} \cdot (\text{pH}_{\text{bek.}} - \text{pH}_{\text{unbek.}}). \quad (19)$$

Daraus ergibt sich

$$\text{pH}_{\text{unbek.}} = \text{pH}_{\text{bek.}} - \frac{\Delta\varphi}{0,059 \text{ V}}. \quad (20)$$

Heute hat man bei pH-Messungen meist den Komfort, daß die Skalen der Anzeigeinstrumente bereits nach Gl. (20) geeicht sind und deshalb der pH-Wert direkt abgelesen werden kann. Außerdem sind Meß- und Bezugselektrode im allgemeinen zu einer **Einstabmeßkette** zusammengefaßt.

2.7 Elektrolyse und galvanische Polarisation

2.7.1 Galvanische Polarisation und Zersetzungsspannung

Vorgänge bei der Elektrolyse einer HCl-Lösung mit Pt-Elektroden. Eine wäßrige HCl-Lösung enthält die Dissoziationsprodukte H_3O^+, OH^- und Cl^--Ionen. Bei Anlegen einer äußeren Spannung werden an der Kathode die H_3O^+-Ionen zu H_2 und an der Anode die Cl^--Ionen zu Cl_2 entladen. Da die Partialdrücke dieser Gase anfänglich noch wesentlich kleiner als der äußere Luftdruck sind, können sie nicht entweichen, sondern werden an den Oberflächen der Pt-Elektroden adsorbiert. So entsteht kathodisch ein „H_2-" und anodisch ein „Cl_2-Stab" in einer HCl-Lösung (s. Abb. 7.16), insgesamt also eine Chlorknallgaskette der Form

$$H_2/2H_3O^+//2Cl^-/Cl_2.$$

Diese Kette bildet eine EMK aus (s. Abschn. 2.5, S. 131), die der äußeren Spannung entgegengerichtet ist. Ist die von außen angelegte Spannung klein, so wird sie von der entstandenen Gegenspannung kompensiert und der Elektrolysevorgang kommt zum Erliegen.

> Ändern sich durch chemische Vorgänge die elektrischen Potentiale der Elektroden, so spricht man von galvanischer Polarisation.

Zersetzungsspannung. Wird die äußere Spannung allmählich gesteigert, so kann sich an den Elektroden zunächst weiteres H_2 und Cl_2 bilden. Mit den steigenden Partialdrücken dieser Gase erhöht sich aber auch die innere elektrische Spannung. Diese kompensiert die äußere Spannung und die Elektrolyse kommt erneut zum Stillstand. Aus diesem „Teufelskreis" kommt man erst, wenn die Elektrolyse der HCl-

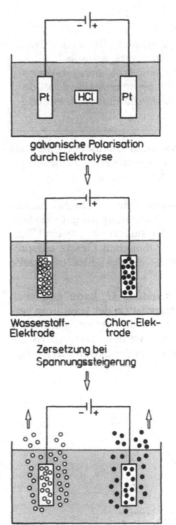

galvanische Polarisation durch Elektrolyse

Wasserstoff-Elektrode   Chlor-Elektrode

Zersetzung bei Spannungssteigerung

Abb. 7.16   Galvanische Polarisation und Zersetzung

Lösung durch ständige Steigerung der äußeren Spannung so weit fortgeschritten ist, daß die Gase die Elektrolysezelle verlassen können, weil ihre Partialdrücke größer als der äußere Luftdruck geworden sind. Von diesem Zeitpunkt an bleibt die EMK der durch galvanische Polarisation entstandenen Kette konstant (sie hat ihren Maximalwert erreicht) und kann von der äußeren Spannung überkompensiert werden. Erst jetzt kommt es zur eigentlichen Zersetzung der HCl-Lösung. Die Spannung, von der an 'die Zersetzung der Salzsäure an der Gasentwicklung erkannt werden kann, bezeichnet man als **Zersetzungsspannung**.

Allgemein gilt:

> Um einen Stoff elektrolytisch zu zersetzen, ist eine Mindestspannung erforderlich, die man als Zersetzungsspannung bezeichnet. Sie ist gleich der maximalen EMK der durch galvanische Polarisation entstandenen Kette.

Bei der Elektrolyse eines Gemisches wird stets das Ionenpaar mit der geringsten Zersetzungsspannung zuerst elektrolysiert.

Strom-Spannungs-Kennlinie. Während unterhalb der Zersetzungsspannung (so gut wie) kein Strom fließen kann, resultiert nach ihrem Überschreiten ein dem Ohmschen Gesetz entsprechender Stromfluß in der Elektrolysezelle (s. Abb. 7.17).

Die Zersetzungsspannung U_z kann graphisch durch lineare Extrapolation der geradlinig verlaufenden Kurventeile der Strom-Spannungs-Kennlinie gewonnen werden. Der Abszissenwert des Schnittpunktes der extrapolierten Geraden ergibt U_z (s. Abb. 7.17).

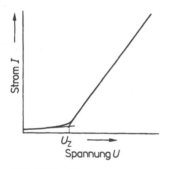

Abb. 7.17   Zersetzungsspannung

2.7.2 Überspannung

Häufig sind die tatsächlich gemessenen Zersetzungsspannungen $U_{z,gem.}$ größer als die theoretisch bestimmbaren Werte. Die Differenz aus beiden bezeichnet man als **Überspannung**. Da die Zersetzungsspannung theoretisch gleich der Quellenspannung $\Delta\varphi$ der durch galvanische Polarisation entstandenen Kette ist, gilt für die Überspannung $U_ü$

$$U_ü = U_{z,gem.} - \Delta\varphi \qquad (21)$$

Abb. 7.18 verdeutlicht diesen Sachverhalt.

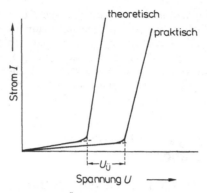

Abb. 7.18   Überspannung

Die Überspannung kann die unterschiedlichsten Ursachen haben:

– Die Ionen sind in der Lösung von einer Hydrat- bzw. Solvathülle umgeben. Von dieser müssen sie sich vor ihrer Abscheidung befreien. Den hierfür erforderlichen Spannungsmehrbetrag bezeichnet man als **Reaktionsüberspannung**.

– Der Einbau entladener Metallatome in das entstehende Kristallgitter macht ebenfalls eine Überspannung erforderlich, die man als **Kristallisationsüberspannung** bezeichnet.

– Bei Gasen kommt eine Überspannung meist dadurch zustande, daß die durch Entladung entstandenen Gasatome, z. B.

$$H^+ + e \rightarrow H,$$

zunächst an der Elektrodenoberfläche adsorbiert werden, bevor sie sich zu Molekülen vereinigen, z. B.

$$2H_{ad} \rightarrow H_2.$$

Elektrodenmaterialien, die die Gasatome leicht adsorbieren, besitzen für diese Gase eine kleine Überspannung.

Die Größe der Überspannung hängt von der Art der Ionen, dem verwendeten Elektrodenmaterial, der Temperatur und der Stromdichte, das ist das Verhältnis aus Stromstärke und Elektrodenoberfläche, ab.

Zahlreiche chemische Prozesse sind überhaupt nur möglich, weil andere gehemmt sind. So sollte es z. B. bei der Herstellung von Natronlauge nach dem Amalgamverfahren nach Lage der Standardpotentiale nicht möglich sein, Natrium an Quecksilber (Amalgam) durch Elektrolyse einer Kochsalzlösung abzuscheiden, weil zuvor die Wasserstoff-Entwicklung erwartet werden muß. Daß es dennoch geht, liegt an der hohen Überspannung von Wasserstoff an Quecksilber.

Auch die Arbeitsweise des Bleiakkumulators (s. Abschn. 2.8, S. 140) ist nur möglich, weil der Wasserstoff an Blei eine besonders hohe Überspannung besitzt.

2.7.3 Konzentrationspolarisation

Beispiel. Elektrolysiert man eine Kupfersulfat-Lösung mit Kupfer-Elektroden, so scheidet sich an der Kathode Kupfer ab, während anodisch Kupfer-Ionen in Lösung gehen (s. auch Abschn. 1.5, S. 122). Zwar ändern sich die Elektroden durch diesen Prozeß chemisch gesehen nicht, aber in unmittelbarer Nähe der Elektrodenoberflächen kommt es doch zu Aktivitätsänderungen. Während an der Kathode durch die Abscheidung eine Verarmung eintritt, kommt es anodisch zu einer Anreicherung an Kupfer-Ionen. Wegen dieser Aktivitätsunterschiede stellt das System eine Konzentrationskette dar, die eine EMK ausbildet. Diese ist, wie im Falle der galvanischen Polarisation, der äußeren Spannung entgegengerichtet. Die beschriebenen Vorgänge werden unter dem Begriff **Konzentrationspolarisation** zusammengefaßt (s. Abb. 7.19).

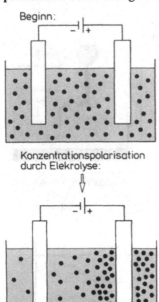

Beginn:

Konzentrationspolarisation durch Elekrolyse:

Abb. 7.19   Konzentrationspolarisation

Konzentrationspolarisation tritt immer dann auf, wenn sich bei der Elektrolyse die ionalen Konzentrationen in unmittelbarer Umgebung der Elektroden verändern.

Die durch die Konzentrationspolarisation entstandene innere Spannung bewirkt, daß die Strom-Spannungs-Kennlinie auch bei chemisch unpolarisierbaren Elektroden vom idealen, linearen Verlauf abweicht (s. Abb. 7.20). Die Abweichung ist umso größer, je größer die von außen angelegte Spannung ist.

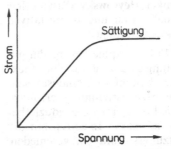

Abb. 7.20   Sättigungsstrom duroh Konzentrationspolarisation

Sättigungsstrom. Verwendet man als Elektroden z. B. dünne Drähte, so führt die Konzentrationspolarisation sogar dazu, daß der Strom bei steigender Spannung einem Sättigungswert zustrebt. Die Ursache hierfür ist, daß bei höheren Spannungen die Stromdichte an den Elektroden so groß wird, daß die Ionen an der Kathode schneller reduziert werden, als neue Ionen aus der Lösung durch Diffusion oder Wanderung im elektrischen Feld nachgeführt werden können.

Tritt bei der Elektrolyse sowohl galvanische Polarisation als auch Konzentrationspolarisation

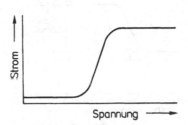

Abb. 7.21   Strom-Spannungs-Verlauf bei Zusammenwirken von galvanischer Polarisation und Konzentrationspolarisation

auf, so erhält man eine Strom-Spannungs-Kennlinie mit S-förmigem Verlauf (s. Abb. 7.21). Diese Erscheinung ist die Grundlage aller polarographischer Analyseverfahren.

Zusatzbemerkung. Die galvanische Polarisation und die Konzentrationspolarisation sind reversibel, d. h. die Energie, die zur Polarisation nötig ist, kann wieder zurückgewonnen werden. Auf dieser Tatsache basieren alle Akkumulatoren (z. B. auch der Bleiakku).

2.7.4 Das Prinzip der Polarographie

Die **Polarographie** ist ein von dem tschechoslowakischen Chemiker **Heyrowsky** entwickeltes Verfahren zur qualitativen und quantitativen Analyse von Elektrolytlösungen.

Das Prinzip der Polarographie beruht darauf, daß zur Abscheidung eines Ions aus einer Elektrolytlösung eine bestimmte Mindestgleichspannung, die Zersetzungsspannung, erforderlich ist. Enthält die Lösung mehrere reduzierbare Stoffe, so wird zuerst der Ionentyp mit der geringsten Zersetzungsspannung abgeschieden. Ist die verwendete Elektrode klein, so zeigt die Strom-Spannungs-Kennlinie einen stufenförmigen Verlauf (mehrere S-förmige Kurventeile nacheinander). Die Stufenhöhe ist von der Konzentration der betreffenden Ionen in der Lösung abhängig. Der Strom kann bei ständiger Spannungssteigerung erst dann wieder ansteigen, wenn die Zersetzungsspannung eines zweiten Stoffes erreicht ist oder aber wenn schon teilweise reduzierte Stoffe wieter reduziert werden (s. Abb. 7.22).

Das entstehende **Polarogramm** ist somit von der Zusammensetzung der Elektrolytlösung abhängig und erlaubt

- die Bestimmung der Art des abgeschiedenen Stoffes aus dem sog. **Halbstufenpotential**, das ist das Potential bei der halben Stufenhöhe und
- die Bestimmung der Ionenkonzentration aus der **Stufenhöhe**.

Den prinzipiellen Aufbau zur Aufnahme eines Polarogramms zeigt Abb. 7.23. Kernstück der Apparatur ist eine **Quecksilber-Tropfelektrode**, die als Kathode geschaltet ist. Ihr Vorteil ist, daß sich die Elektrodenoberfläche ständig erneuert und nicht durch bereits abgeschiedene Stoffe polarisiert bleibt. Andererseits sind die entstehenden Tropfen genügend klein, so daß wegen der geringen Oberflächengröße hohe Stromdichten entstehen und deshalb ausgeprägte Konzentrationspolarisation auftreten kann. Zudem verhält sich das Quecksilber gegenüber den meisten Lösungen völlig indifferent. Anstelle der Hg-Elektrode wird mitunter auch ein dünner Pt-Draht, der sich mit hoher Geschwindigkeit dreht, als Kathode verwendet. Der Nachteil der rotierenden Pt-Elektrode ist jedoch, daß sich ihre Oberfläche nicht ständig erneuert.

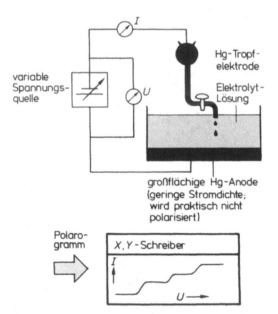

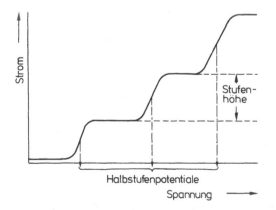

Abb. 7.22 Typischer Strom-Spannungs-Verlauf bei der Polarographie

Abb. 7.23 Prinzipieller Aufbau bei der Polarographie

2.8 Stromerzeugung auf elektrochemischem Weg

Die freie, molare Reaktionsenthalpie und die EMK einer Kette

Entnimmt man einer galvanischen Kette Strom, so läuft in ihrem Innern insgesamt eine Redoxreaktion ab. Wird dabei 1 mol z-wertiger Ionen umgeladen, so beträgt die durch den Leiter transportierte Ladungsmenge – bezogen auf die Stoffmenge 1 mol –

$$\frac{Q}{1 \text{ mol}} = z \cdot F.$$

Erfolgt dieser Ladungstransport bei der Spannung $U = \Delta\varphi$ (mit $\Delta\varphi$ als Quellenspannung der Kette), so wurde vom System die elektrische Arbeit

$$\frac{W}{1 \text{ mol}} = -\Delta\varphi \cdot z \cdot F$$

verrichtet. (Das negative Vorzeichnen drückt aus, daß die Arbeit nach außen abgegeben wird.) **Werden Verluste ausgeschlossen**, so muß die auf 1 mol Ionen bezogene elektrische Arbeit gleich der molaren, freien Reaktionsenthalpie $\Delta G_{m,R}$ der Redoxreaktion sein. Bei Standardbedingungen gilt somit

$$\Delta G^{o}_{m,R} = -\Delta\varphi \cdot z \cdot F \qquad (22)$$

Um eine verlustfreie Umwandlung zu erhalten, müssen die stromliefernden Vorgänge in der Kette reversibel ablaufen. Dazu müßte in beiden Halbelementen zu jeder Zeit chemisches Gleichgewicht vorliegen. Man könnte dies nur erreichen, wenn man den Widerstand im äußeren Leiterkreis unendlich groß macht, so daß nur ein unendlich kleiner Strom fließen kann. Dies ist für die Praxis jedoch ein uninteressanter Fall. Da bei Stromentnahme Verluste auftreten, ist die effektiv von einer galvanischen Kette gelieferte elektrische Arbeit kleiner, als es durch Gl. (22) ausgedrückt wird.

Stromliefernde Elemente

Die Taschenlampenbatterie, die Knopfzelle in einem Taschenrechner oder in einer Uhr, der Akku im Auto, sie alle sind zu selbstverständlichen und wichtigen Bestandteilen unseres Alltags geworden. Obwohl allen diesen galvani-

schen Elementen das gleiche Prinzip, nämlich die Umwandlung von chemischer in elektrische Energie, zugrunde liegt, unterteilt man sie doch in drei Gruppen: die Primär- und Sekundärelemente sowie die Brennstoffzellen.

Die **Primärelemente** sind Batterien, die für den einmaligen Gebrauch bestimmt sind. Bei der Stromentnahme verändern sie sich chemisch so, daß sie nicht wieder in den Ursprungszustand überführt werden können, auch nicht durch Zufuhr von elektrischer Energie.

Sekundärelemente sind wieder aufladbare Stromerzeuger. Zu ihnen gehören alle Akkumulatoren. Beim Laden eines Akkus werden die Elektroden polarisiert; dadurch entsteht überhaupt erst ein galvanisches Element. Die Polarisation wird bei der Stromentnahme allmählich wieder abgebaut und der Akku geht in seinen Ausgangszustand zurück.

In den **Brennstoffzellen** wird die bei der Verbrennung eines Stoffes frei werdende Energie direkt in elektrische Energie umgewandelt. Dabei wird der verlustbringende Schritt über die Wärme – wie er z. B. in einer Dampfmaschine nötig ist – vermieden. Mit Brennstoffzellen erreicht man besonders hohe Wirkungsgrade. Auch in der Apollo-Raumkapsel wurden sie zur Energiegewinnung eingesetzt.

Das Leclanché-Element als Beispiel für ein Primärelement

Aufbau. Das bereits 1867 vom französischen Ingenieur **G. Leclanché** entwickelte Leclanché-Element ist noch heute in einer etwas abgewandelten Form als **Trockenbatterie** eines der wichtigsten Primärelemente. Die wesentlichen Bestandteile sind (s. Abb. 7.24):

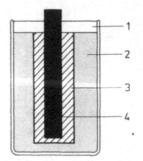

Abb. 7.24 Aufbau eines Leclanché-Elements

(1): Der Zinkbecher (gleichzeitig negativer Pol der Batterie),
(2): der eingedickte Elektrolyt (eine wäßrige NH_4Cl-Lösung eingedickt mit Stärke und Weizenmehl),
(3): die Depolarisatormasse (ein Braunstein-Ruß-Gemisch),
(4): der Kohlestift mit Metallkappe (die positive Elektrode).

Das Element ist luftdicht abgeschlossen. Die Trockenbatterie liefert eine Spannung von ca. 1,5 V.

Chemische Vorgänge.
Zink ($\varphi(Zn/Zn^{2+}) = -0,76$ V) hat wie jedes unedle Metall das Bestreben, an der Berührungsstelle mit einer Elektrolytflüssigkeit in Lösung zu gehen:

$$Zn \rightarrow Zn^{2+} + 2e^-$$

Das geschieht auch in einem Leclanché-Element. Die dabei im Metall zurückbleibenden Elektronen laden den Zinkbecher negativ auf. Daher ist dieser Becher der Lieferant der Elektronen bei Stromfluß (s. Abb. 7.25). Diese Elektronen gelangen über den äußeren Stromkreis zur Kohleelektrode. Hier werden sie von den H_3O^+-Ionen des Elektrolyten aufgenommen

$$2H_3O^+ + 2e \rightarrow H_2 + 2H_2O,$$

so daß in der Batterie bei Stromentnahme Wasserstoff entsteht. Da der Wasserstoff nicht entweichen kann, bildet sich um den Kohlestab eine isolierende Gashaut aus (Polarisation der

Kohleelektrode). Um die H_2-Entwicklung zu vermeiden, wird im Leclanché-Element der Kohlestab mit einer Braunsteinschicht (MnO_2) umgeben. In Gegenwart von MnO_2 werden die Hydronium-Ionen am Kohlestab zu Wasser neutralisiert:

$$2MnO_2 + 2H_3O^+ + 2e^- \rightarrow Mn_2O_3 + 3H_2O$$

Braunstein kann also unter Elektronenaufnahme Sauerstoff abgeben. Dabei wird das MnO_2 zu Mn_2O_3 reduziert. Auf diese Weise wird also die Polarisation der Kohleelektrode vermieden, deshalb bezeichnet man das MnO_2 als **Depolarisator**.

Der Elektrolyt (NH_4Cl) ist teilweise hydrolysiert:

$$2NH_4Cl + H_2O \rightleftarrows 2NH_3 + 2H_3O^+ + 2Cl^-$$

Mit dem in Lösung gegangenen Zink bildet sich das schwerlösliche Salz Zinkdiamminchlorid $[Zn(NH_3)_2]Cl_2$:

$$Zn^{2+} + 2Cl^- + 2NH_3 \rightarrow [Zn(NH_3)_2]Cl_2.$$

Insgesamt können die bei der Entladung stattfindenden Vorgänge auch durch Energiezufuhr nicht wieder rückgängig gemacht werden. Daher ist das Leclanche-Element nicht wieder ladbar.

Der Bleiakkumulator als Beispiel für ein Sekundärelement

Der ungeladene Akku und der Ladevorgang. Der ungeladene Akku besteht im Prinzip aus zwei Bleiskelettplatten, die in eine mit Bleisulfat ($PbSO_4$) gesättigte Schwefelsäure-Lösung eintauchen. Es handelt sich also um eine galvanische Kette der Form $Pb/PbSO_4, H_2SO_4/Pb$. Die EMK dieser Kette beträgt 0 V, da gleiche Elektroden in dieselbe Lösung eintauchen (s. Abb. 7.26).

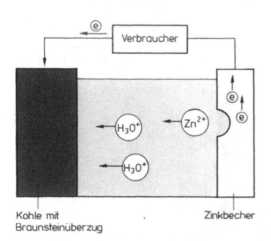

Kohle mit	Zinkbecher
Braunsteinüberzug

Abb. 7.25	Vorgänge bei Stromentnahme

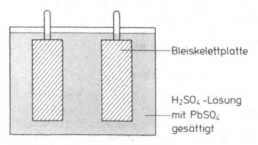

Bleiskelettplatte

H_2SO_4-Lösung mit $PbSO_4$ gesättigt

Abb. 7.26	Ungeladener Bleiakku

Wird die Akku-Flüssigkeit elektrolysiert, so scheidet sich an der Kathode Blei ab:

$$Pb^{2+} + 2e^- \rightarrow Pb.$$

Nach der Redoxreihe müßte man eigentlich die Reduktion von H_3O^+-Ionen erwarten; allerdings besitzt der Wasserstoff an Blei eine große Überspannung, so daß dieser Vorgang stark gehemmt ist und es stattdessen zur Bleiabscheidung kommt.

An der Anode geben Pb^{2+}-Ionen 2 Elektronen ab und werden dabei zu Pb^{4+}-Ionen oxidiert. Durch Hydrolyse entsteht schließlich Bleidioxid (PbO_2), das die Anode überzieht:

$$Pb^{2+} \rightarrow Pb^{4+} + 2e^-$$
$$Pb^{4+} + 6H_2O \rightarrow PbO_2 + 4H_3O^+$$

Beim Laden des Akkus wird also die Anode polarisiert und es entsteht die galvanische Kette:

$$Pb/PbSO_4, \quad H_2SO_4/PbO_2,$$

deren Quellenspannung ca. 2 V beträgt.

Vorgänge bei der Stromentnahme. Bei Stromentnahme laufen genau die umgekehrten Vorgänge zum Laden ab: An der Bleielektrode, dem negativen Pol bei der Stromentnahme, gehen Blei-Ionen in Lösung. Die dabei entstehenden Pb^{2+}-Ionen bilden mit den SO_4^{2-}-Ionen der Lösung schwerlösliches Bleisulfat. Der Vorgang

$$Pb + SO_4^{2-} \rightarrow \underbrace{Pb^{2+} + SO_4^{2-}}_{PbSO_4} + 2e^-$$

liefert also die Elektronen, die durch den Verbraucher fließen. Die Bleielektrode löst sich dabei auf.

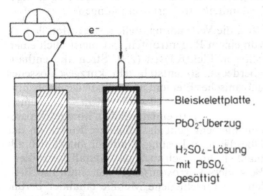

Abb. 7.27 Geladener Bleiakku

Der elektronenverbrauchende Vorgang an der PbO_2-Elektrode, dem positiven Pol bei der Stromentnahme, besteht in der Reduktion der Pb^{4+}-Ionen des Bleidioxids zur Pb^{2+}. In einer Folgereaktion entsteht dann wieder Bleisulfat und Wasser:

$$PbO_2 + SO_4^{2-} + 4H_3O^+ + 2e^- \rightarrow$$
$$\underbrace{Pb^{2+} + SO_4^{2-}}_{PbSO_4} + 6H_2O$$

Da beim Entladen des Akkus Wasser entsteht und zudem Schwefelsäure verbraucht wird, nimmt die Dichte der Akku-Flüssigkeit ab. Daher ist es möglich, den Ladungszustand dieses Akkus mit Hilfe von Aräometern (Dichtemeßgeräte) zu ermitteln.

Im Vergleich zu seinem Energieinhalt besitzt der Bleiakkumulator eine relativ große Masse. Eine Verbesserung in dieser Hinsicht bilden der **Edison-Akku** (ein Eisen/Nickel-Akku) oder der **Jungner-Akku** (ein Cadmium/Nickel-Akku).

Beim Edison-Akku bestehen die Elektroden aus gepreßtem und mit Öffnungen oder Täschchen versehenen Stahlplatten, die kathodisch mit Nickel(III)hydroxid ($Ni(OH)_3$) und anodisch mit fein verteiltem Eisen gefüllt sind. Als Elektrolyt wird eine ca. 20%ige KOH-Lösung verwendet, die je Liter auch noch 50 g Lithiumhydroxid enthält. Vereinfacht dargestellt laufen beim Laden und Entladen des Akkus folgende Vorgänge ab:

$$Fe + 2Ni(OH)_3 \rightleftarrows Fe(OH)_2 + 2Ni(OH)_2$$

Der Edison-Akku geht in den Jungner-Akku über, wenn man das Eisen durch Cadmium ersetzt.

Das Wasserstoff-Sauerstoff-Element als Beispiel für eine Brennstoffzelle

Aufbau. Beim Wasserstoff-Sauerstoff-Element wird H_2 als Brennstoff und O_2 als Oxidationsmittel verwendet. Die beiden Gase werden kontinuierlich zwei netzförmigen Nickelelektroden zugeführt. Als Elektrolyt wird z.B. eine KOH-Lösung verwendet (s. Abb. 7.28).

Vorgänge bei Stromentnahme. Die Verwendung von Nickel als Elektrodenmaterial hat einen besonderen Grund: Nickel hat katalytische und adsorbierende Wirkung. Wird einer solchen Elektrode Wasserstoff zugeführt, so werden des-

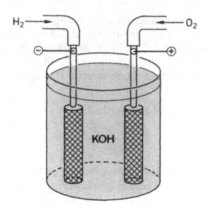

Abb. 7.28 Wasserstoff-Sauerstoff-Brennstoff-element

sen Moleküle zunächst in Atome gespalten und dann an der Oberfläche adsorbiert:

$$2H_2 \rightarrow 4H_{ad} \qquad (23)$$

Diese Atome sind in der Lage, mit den OH^--Ionen des Elektrolyten zu Wasser weiterzureagieren. Da hierbei Elektronen frei werden:

$$4H_{ad} + 4OH^- \rightarrow 4H_2O + 4e^-, \qquad (24)$$

ist die H_2-führende Elektrode der Elektronenlieferant, d.h. der negative Pol, bei Stromfluß. An der Sauerstoff-Elektrode nehmen die O_2-Moleküle die dieser Elektrode zugeführten Elektronen auf:

$$O_2 + 4e^- \rightarrow 2O^{2-} \qquad (25)$$

Die Sauerstoff-Ionen reagieren in der Folge mit dem kathodisch gebildeten Wasser weiter, wodurch die Hydroxid-Ionen nachgeliefert werden, die bei der Reaktion (24) verbraucht wurden:

$$2O^{2-} + 2H_2O \rightarrow 4OH^- \qquad (26)$$

Die Bilanz der Umsetzungen (23) bis (26) ergibt, daß der energieerzeugende Vorgang bei der Wasserstoff-Sauerstoff-Brennstoffzelle in der freiwillig ablaufenden, kalten Verbrennung des Wasserstoffs zu Wasser besteht:

$$2H_2 + O_2 \rightarrow 2H_2O$$

Die Energie, die bei der Wasserzersetzung durch Elektrolyse aufgewendet werden muß, kann in der Brennstoffzelle gewonnen werden.

Die EMK der Zelle. Die freie, molare Reaktionsenthalpie für den Vorgang

$$H_2 + \tfrac{1}{2}O_2 \rightarrow H_2O$$

unter Standardbedingungen beträgt

$$\Delta G^0_{m,R} = -237\,\frac{kJ}{mol} = -237\,kVAs/mol$$

(s. 4. Kap., S. 83).

Wenn in der Brennstoffzelle 1 mol Wasser gebildet worden ist, so wurden dabei 2 mol Elektronen umgesetzt. Mit Gl. (22) folgt daher für die EMK dieser Zelle

$$\Delta\varphi = -\frac{\Delta G^0_{m,R}}{z \cdot F} = -\frac{-237 \cdot 10^3 \cdot VAs/mol}{2 \cdot 96500\ As/mol}$$
$$= 1{,}2\,V\,.$$

Neben Wasserstoff finden vor allem noch Methanol, Methan oder Hydrazin als Brennstoffe Verwendung.

2.9 Korrosion

Sicherlich hat sich fast jeder von uns schon einmal über ein durchgerostetes Teil an seinem Auto, Motorrad etc. geärgert. Ursache dieses Ärgers ist die **Korrosion**. Alljährlich geht ein großer Teil der Eisenproduktion durch Korrosion wieder verloren. Ihre Erforschung und Verhinderung ist deshalb eine wichtige Aufgabe für die Industrie.

Meist hat die Korrosion ihre Ursache in elektrochemischen Vorgängen. Die Metalle und Metallbleche aus Gießereien und Walzwerken sind i. a. chemisch gesehen nicht ganz homogen, sondern enthalten andere Metalle oder Legierungsbestandteile als Verunreinigungen.

Wird die Verbindungsstelle zweier Metalle z. B. von einem Regentropfen, der meist auch einen gelösten Elektrolyten (z. B. Streusalz) enthält, überdeckt, so entsteht ein kurzgeschlossenes galvanisches Element, das man in der Fachsprache auch als **Lokalelement** bezeichnet (s. Abb. 7.29). In einem solchen kurzgeschlossenen Element geht das unedlere Metall an der Oberfläche in Lösung. Dadurch bildet sich allmählich ein Loch aus, das Metall korrodiert. Besonders korrosionsgefährdet sind also Stellen, wo verschiedene Metalle einander berühren, also vor allem auch Schweißnähte.

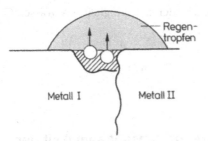

Abb. 7.29   Lokalelement

Metalle können vor der Korrosion geschützt werden, wenn man sie mit einer Schicht überzieht, die die Ausbildung von Lokalelementen verhindert. In der Kraftfahrzeugindustrie z. B. wird die Oberfläche häufig durch Phosphatieren „veredelt". Auch Farbanstriche, z. B. mit Mennige, können den gewünschten Schutz liefern. Eisen wird häufig verchromt oder verzinkt.

3. Elektrische Leitfähigkeit von Elektrolytlösungen

3.1 Elektrischer Widerstand und elektrische Leitfähigkeit

Elektrolytlösungen leiten den elektrischen Strom. Der Ladungstransport wird dabei durch die Ionen des Elektrolyten hervorgerufen, die bei Anlegen einer Spannung zu den jeweils entgegengesetzt geladenen Elektroden wandern. In Elektrolytlösungen ist der Ladungstransport also immer mit einem Materietransport verbunden.

Verschiedene Elektrolyte setzen dem Stromfluß unterschiedlich große Widerstände entgegen. Dabei gilt wie für metallische Leiter das Gesetz

$$R = \varrho \cdot \frac{l}{A} \cdot \qquad (27)$$

Bei Elektrolytlösungen bedeuten:
ϱ **spezifischer, elektrischer Widerstand** der Lösung,
l Elektrodenabstand,
A Elektrodenoberfläche,
(s. dazu auch Abb. 7.30).

Der Kehrwert des spezifischen, elektrischen Widerstands heißt **elektrische Leitfähigkeit** (früher auch spezifische, elektrische Leitfähigkeit genannt). Aus Gl. (27) ergibt sich:

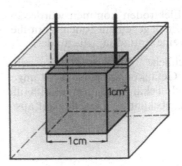

Abb. 7.30   Elektrische Leitfähigkeit $\varkappa$ einer Elektrolytlösung

$$\varkappa = \frac{1}{\varrho} = \frac{1}{R} \cdot \frac{l}{A} \qquad (28)$$

$\frac{1}{R}$ wird **Leitwert** genannt.

Da Leitfähigkeitsmessungen von Elektrolytlösungen in Gefäßen durchgeführt werden, in denen der Elektrodenabstand und die Elektrodenoberfläche fest vorgegeben sind, faßt man den Quotienten l/A zu einer Konstanten zusammen, die als **Gefäßkonstante** bezeichnet wird. Die Einheit der Gefäßkonstanten ist cm^{-1} oder m^{-1}. Für die Einheit der elektrischen Leitfähigkeit erhält man damit $\Omega^{-1} \cdot$ cm^{-1} = S $\cdot$ cm^{-1}, wobei der Buchstabe S für Siemens steht ($1 \Omega^{-1}$ = 1 S).

Bei der Angabe der Leitfähigkeit von Elektrolytlösungen ist es üblich, auf einen 1 cm^3 großen Elektrolytlösungswürfel zu beziehen, der sich zwischen zwei Elektroden im Abstand 1 cm befindet (s. Abb. 7.30).

> Die Leitfähigkeit einer Elektrolytlösung ist gleich dem Kehrwert des Widerstands von 1 cm^3 Lösung bei einer Leiterquerschnittsfläche von 1 cm^2.

3.2 Leitfähigkeitsmessungen

Leitfähigkeitsbestimmungen beruhen auf Widerstandsmessungen. Bei Elektrolytlösungen müssen sie mit Wechselstrom durchgeführt werden, weil es bei Verwendung von Gleichstrom durch Abscheidung des Elektrolyten zu chemischen Veränderungen in der Lösung und zur Polarisation der Elektroden kommen würde. Im Wechselfeld kann dagegen ein Ionenstrom fließen, ohne daß eine Entladung stattfindet.

Eine gebräuchliche Meßanordnung zeigt Abb. 7.31. Die Gefäßkonstante ist meist angegeben. Ist sie nicht bekannt, so muß sie mit Hilfe einer Eichlösung bekannter Leitfähigkeit aus

$$\frac{1}{A} = \varkappa \cdot R$$

bestimmt werden.

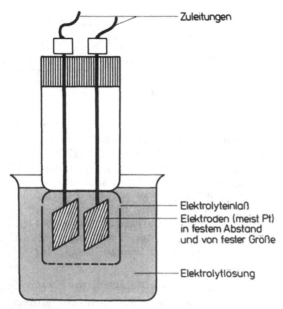

Abb. 7.31 Meßanordnung für eine Leitfähigkeitsmessung

Rechenbeispiel. Eine H_2SO_4-Lösung ($c = 1\,\text{mol} \cdot \text{l}^{-1}$) mit einer elektrischen Leitfähigkeit von $0{,}75\,\text{S} \cdot \text{cm}^{-1}$ wurde in ein Leitfähigkeitsgefäß gegeben und sodann ihr Widerstand bestimmt. Er betrug $0{,}15\,\Omega$. Welche Leitfähigkeit besitzt dann das Wasser, das in dem gleichen Gefäß einen Widerstand von $10^6\,\Omega$ ergibt?

Lösung:

1. Bestimmung der Gefäßkonstanten $1/A$ mit Hilfe der Angaben über die H_2SO_4-Lösung:

$$\frac{1}{A} = \varkappa \cdot R = 0{,}75\,\Omega^{-1}\text{cm}^{-1} \cdot 0{,}15\,\Omega$$
$$= 0{,}11\,\text{cm}^{-1}$$

2. Bestimmung der Leitfähigkeit des Wassers:

$$\varkappa = \frac{1}{R} \cdot \frac{1}{A} = 10^6\,\Omega^{-1} \cdot 0{,}11\,\text{cm}^{-1}$$
$$= 1{,}1 \cdot 10^{-7}\,\text{S} \cdot \text{cm}^{-1}$$

3.3 Konzentrationsabhängigkeit der Leitfähigkeit von Elektrolytlösungen

Wird die Leitfähigkeit einer Elektrolytlösung in Abhängigkeit von der Elektrolytkonzentration c bestimmt, so erhält man den in Abb. 7.32 dargestellten, prinzipiellen Verlauf.

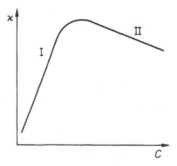

Abb. 7.32 Prinzipieller Verlauf der Konzentrationsabhängigkeit der Leitfähigkeit

Eigentlich erwartet man, daß die Leitfähigkeit stetig mit der Ionenkonzentration zunimmt. Diese Erwartung bestätigt sich aber nur für nicht allzu hohe Konzentrationen (Teil I der Kurve in Abb. 7.32). Für die Wiederabnahme lassen sich drei wesentliche Gründe angeben:

– Bei steigender Konzentration führt die Ausbildung von Ionenwolken zur Abschirmung von Ladungsträgern. Dadurch stehen nicht alle Ionen voll für den Stromtransport zur Verfügung.

– Die Ionenwolken besitzen eine geringere Beweglichkeit als Einzelionen. Sie sind dadurch in ihrer Wanderung behindert.

– Bei schwachen Elektrolyten nimmt der Dissoziationsgrad mit zunehmender Konzentration ab (s. Kap. 6, S. 106). Bei schwachen Elektrolyten ist also ein umso geringerer Bruchteil der Gesamteinwaage in bewegliche

Ionen zerfallen, je größer die Konzentration ist.

Leitfähigkeitsangaben von Elektrolytlösungen können also nur dann sinnvoll miteinander verglichen werden, wenn auch die Konzentrationen bekannt sind.

3.4 Molare Leitfähigkeit und Äquivalentleitfähigkeit

Ein guter Vergleich von Leitfähigkeitsangaben sollte möglich sein, wenn man immer auf dieselbe Elektrolytmenge in Lösung anstatt auf dasselbe Lösungsvolumen (1 cm^3 Elektrolytlösung bei der Angabe von $\varkappa$) bezieht. Wird auf 1 mol Elektrolyt in Lösung bezogen, so spricht man von der **molaren Leitfähigkeit** Λ_m.

Ist c die Konzentration des Elektrolyten in mol $\cdot$ cm^{-3} und $\varkappa$ seine Leitfähigkeit, so gilt für die molare Leitfähigkeit

$$\Lambda_m = \frac{\varkappa}{c} \qquad (29)$$

Einheit: $S \cdot cm^2 \cdot mol^{-1}$

Die Stoffmenge 1 mol eines Elektrolyten transportiert jedoch je nach Wertigkeit unterschiedliche Mengen an positiven und negativen Ladungen (1 mol einwertiger Ionen kann eine Ladungsmenge von $Q = 1$ mol $\cdot e \cdot N_A = 1$ mol $\cdot F$ transportieren, 1 mol zweiwertiger Ionen aber die doppelte Ladungsmenge). Will man bei Leitfähigkeitsangaben immer auf dieselbe Ionenladungsmenge in Lösung beziehen, so muß die molare Leitfähigkeit noch durch die Wertigkeit z des Elektrolyten dividiert werden. Die dabei resultierende Größe wird **Äquivalentleitfähigkeit** Λ_{eq} genannt. Es gilt:

$$\Lambda_{eq} = \frac{\Lambda_m}{z} = \frac{\varkappa}{z \cdot c} \qquad (30)$$

Rechenbeispiel. In einem Leitfähigkeitsgefäß mit der Gefäßkonstanten $l/A = 100$ cm^{-1} ergab sich für eine 1,5molare Na$_2$SO$_4$-Lösung ein Leitwert

$$G = \frac{1}{R} = \frac{1}{1000} \Omega^{-1} = \frac{1}{1000} S.$$

Wie groß ist die molare Leitfähigkeit und die Äquivalentleitfähigkeit dieser Lösung? (Die Temperatur betrug 20 °C.)

Lösung:

1. Bestimmung der Leitfähigkeit:

$$\varkappa = \frac{1}{R} \cdot \frac{l}{A} = \frac{1}{1000} \cdot 100 \, S \cdot cm^{-1}$$

$$= 0,1 \, S \cdot cm^{-1}$$

2. Bestimmung von Λ_m und Λ_{eq}:
   Die Konzentration der Lösung beträgt $c = 1,5$ mol $\cdot$ l$^{-1} = 1,5 \cdot 10^{-3}$ mol $\cdot$ cm^{-3} und es folgt:

$$\Lambda_m = \frac{\varkappa}{c} = \frac{0,1}{1,5 \cdot 10^{-3}} \, S \cdot cm^2 \cdot mol^{-1}$$

$$= 66,7 \, S \cdot cm^2 \cdot mol^{-1}$$

Wegen $z = 2$ erhält man für die Äquivalentleitfähigkeit:

$$\Lambda_{eq} = \frac{\Lambda_m}{z} = \frac{66,7}{2} \, S \cdot cm^2 \cdot mol^{-1}$$

$$\approx 33,3 \, S \cdot cm^2 \cdot mol^{-1}$$

3.5 Konzentrationsabhängigkeit der Äquivalentleitfähigkeit

Der Begriff der Grenzleitfähigkeit

Eigentlich könnte man annehmen, daß die Äquivalentleitfähigkeit konzentrationsunabhängig ist. Schließlich bezieht man ja immer auf äquivalente Elektrolytmengen und diese sollten auch immer gleiche Elektrizitätsmengen transportieren können. Diese Annahme wird allerdings in der Praxis nicht bestätigt. Wie Abb. 7.33 zeigt, ergeben sich für starke und schwache Elektrolyte zwei von ihrem prinzipiellen Verlauf unterschiedliche Zusammenhänge zwischen der Äquivalentleitfähigkeit und der Elektrolytkonzentration.

Trotz der unterschiedlichen Kurvenformen lassen sich zwei wichtige Gemeinsamkeiten finden:

– Die Äquivalentleitfähigkeit nimmt jeweils mit steigender Konzentration ab. Diese Abnahme beruht bei schwachen Elektrolyten vor allem auf der Abnahme des Dissoziationsgrads mit steigender Konzentration und bei starken Elektrolyten auf der gegenseitigen

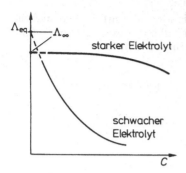

Abb. 7.33 Konzentrationsabhängigkeit der Äquivalentleitfähigkeit

Behinderung der Ionen und Ausbildung von Ionenwolken.

– Mit zunehmender Verdünnung ($c \to 0$) strebt die Äquivalentleitfähigkeit einem endlichen Grenzwert zu, den man als **Grenzleitfähigkeit** $\Lambda\infty$ bezeichnet.

> Die Grenzleitfähigkeit ist die Äquivalentleitfähigkeit einer Elektrolytlösung bei unendlicher Verdünnung.

Bei „unendlicher" Verdünnung ist die Stoffmenge $1/z$ mol in einem unendlich großen Lösungsmittelvolumen enthalten. Daher haben alle Ionen in der Lösung unendlich viel Platz und behindern sich gegenseitig nicht. Auch bei schwachen Elektrolyten hat dann der Dissoziationsgrad den Wert 1. Es tragen somit wirklich alle Ionen des in Lösung gebrachten Elektrolyten zur Leitfähigkeit bei. Bei unendlicher Verdünnung sind also alle Effekte ausgeschaltet, die bei endlicher Konzentration zu einer Leitfähigkeitsabnahme führen. Daher setzen sich die Grenzleitfähigkeiten stets additiv aus den Teilleitfähigkeiten aller in der Lösung enthaltenen Kationen $\Lambda_{\infty,\mathrm{Kat}}$ und Anionen $\Lambda_{\infty,\mathrm{An}}$ zusammen.

$$\Lambda_\infty = \Lambda_{\infty,\mathrm{Kat}} + \Lambda_{\infty,\mathrm{An}} \qquad (31)$$

Dieses Gesetz wurde von dem deutschen Physiker **G. W. Kohlrausch** aufgestellt und als **Gesetz der unabhängigen Ionenwanderung** bezeichnet.

Tab. 7.4 zeigt die Grenzleitfähigkeiten einiger Ionensorten bei 20 °C. Besonders auffällig ist

Tab. 7.4 Ionenleitfähigkeiten

Ion	H_3O^+	Na^+	NH_4^+	Cu^{2+}	OH^-	F^-	Cl^-	CH_3COO^-
$\Lambda\infty$ ($S \cdot cm^2 \cdot mol^{-1}$)	315	40	64	45	174	50	65	34

dabei die hohe Leitfähigkeit der H_3O^+ und OH^--Ionen. Sie spielen auch eine besondere Rolle bei der konduktometrischen Titration wäßriger Elektrolytlösungen (s. Abschn. 3.7, S. 148 f.).

Konzentrationsabhängigkeit für starke Elektrolyte

In vielen Versuchsreihen hat Kohlrausch den Zusammenhang zwischen der Äquivalentleitfähigkeit und der Konzentration untersucht und daraus für starke Elektrolyte das nach ihm benannte **Quadratwurzelgesetz** aufgestellt:

> Die Äquivalentleitfähigkeit starker Elektrolyte nimmt vom Wert bei unendlicher Verdünnung beginnend mit der Wurzel aus der Äquivalentkonzentration ($c_{eq} = z \cdot c$) ab:
> $$\Lambda_{eq} = \Lambda_\infty - k \cdot \sqrt{c_{eq}} \qquad (32)$$

In Gl. (32) ist k ein von der Elektrolytart abhängiger Proportionalitätsfaktor.

Trägt man Λ_{eq} als Funktion von $\sqrt{c_{eq}}$ ab, so ergeben sich (wegen der Analogie zur Funktion $y = b - mx$; hier $y = \Lambda_{eq}$, $b = \Lambda_\infty$, $m = k$ und $x = \sqrt{c_{eq}}$) Geraden, deren Steigung von der Ionenwertigkeit abhängt (s. Abb. 7.34).

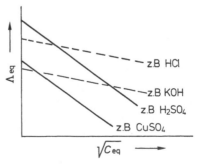

Abb. 7.34 Abhängigkeit der Steigung von der Wertigkeit des Elektrolyten

Für Elektrolyte mit gleichen Ionenwertigkeiten ergeben sich fallende Geraden mit annähernd gleicher Steigung. Je größer die Wertigkeit umso stärker fällt die Gerade ab. Mit größer werdendem z nimmt also auch der Proportionalitätsfaktor k zu.

Konzentrationsabhängigkeit für schwache Elektrolyte

In den Lösungen schwacher Elektrolyte zerfällt nur der durch den Dissoziationsgrad festgelegte Bruchteil aller in Lösung gebrachten Teilchen in bewegliche Ionen. Daher trägt auch nur dieser Bruchteil zur Leitfähigkeit bei. Bei unendlicher Verdünnung ist $\alpha = 1$ und die Leitfähigkeit hat den Wert von Λ_∞. Bei endlicher Konzentration ist Λ_{eq} um den Faktor α kleiner als die Grenzleitfähigkeit. Es gilt somit:

$$\Lambda_{eq} = \Lambda_\infty \cdot \alpha \qquad (33)$$

Die Äquivalentleitfähigkeit schwacher Elektrolyte nimmt also wie der Dissoziationsgrad mit steigender Konzentration ab (Verlauf s. Abb. 7.33, S.146).

Möglichkeiten zur Bestimmung von Grenzleitfähigkeiten

Extrapolationsmethode. Die Extrapolationsmethode ist nur bei starken Elektrolyten anwendbar. Man bestimmt dazu die Äquivalentleitfähigkeiten des Elektrolyten bei zwei verschiedenen Elektrolytkonzentrationen. Daraus ergeben sich die Wertepaare $(\Lambda_{eq,1}; \sqrt{c_{eq,1}})$ und $(\Lambda_{eq,2}; \sqrt{c_{eq,2}})$, die man in einer entsprechenden Graphik abträgt (s. Abb. 7.35). Nach dem Qua-

dratwurzelgesetz von Kohlrausch können die dabei erhaltenen Punkte durch eine Gerade verbunden werden, deren Schnitt mit der Λ_{eq}-Achse die gesuchte Grenzleitfähigkeit ergibt.

Rechnerische Bestimmung aus bekannten Grenzleitfähigkeiten. Diese Methode kann sowohl für starke als auch für schwache Elektrolyte angewendet werden. Nach dem Gesetz der unabhängigen Ionenwanderung setzt sich die Grenzleitfähigkeit einer Elektrolytlösung additiv aus den Grenzleitfähigkeiten der enthaltenen Ionen zusammen. So spielt es bei unendlicher Verdünnung ($\alpha = 1$) keine Rolle, ob NaCl und NH_4OH oder NH_4Cl und NaOH gelöst werden, weil die Lösungen in beiden Fällen Na^+-, Cl^--, NH_4^+- und OH^--Ionen enthalten. Daher muß sich für beide Lösungen auch dieselbe Grenzleitfähigkeit ergeben:

$$\Lambda_{\infty,NaCl} + \Lambda_{\infty,NH_4OH} = \Lambda_{\infty,NaOH} + \Lambda_{\infty,NH_4Cl}$$

Diese Gleichung kann auch nach der Grenzleitfähigkeit eines Elektrolyten aufgelöst werden, z. B.:

$$\Lambda_{\infty,NH_4Cl} = \Lambda_{\infty,NaCl} + \Lambda_{\infty,NH_4OH} - \Lambda_{\infty,NaOH}$$

Es gilt also:

> Die Grenzleitfähigkeit eines starken oder schwachen Elektrolyten läßt sich aus den bekannten Grenzleitfähigkeiten von mindestens drei anderen geeigneten Elektrolyten berechnen.

Beispiel. Bestimmen Sie die Grenzleitfähigkeit von Essigsäure aus folgenden Angaben.

Elektrolyt	HCl	CH_3COONa	NaCl
Λ_∞ ($S \cdot cm^2 \cdot mol^{-1}$)	380	74	105

Lösung: (Hilfsgleichung: $CH_3COO^- + H^+ \hat{=} H^+ + Cl^- + CH_3COO^- + Na^+ - Na^+ - Cl^-$)

$$\Lambda_{\infty,CH_3COOH} = \Lambda_{\infty,HCl} + \Lambda_{\infty,CH_3COONa} - \Lambda_{\infty,NaCl}$$
$$= (380 + 74 - 105) S \cdot cm^2 \cdot mol^{-1}$$
$$= 349 \, S \cdot cm^2 \cdot mol^{-1}$$

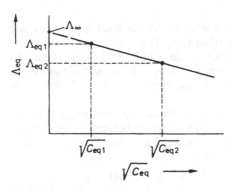

Abb. 7.35 Extrapolationsmethode

3.6 Temperaturabhängigkeit der Leitfähigkeit

Die Leitfähigkeit wäßriger Elektrolytlösungen nimmt meist mit steigender Temperatur zu. Das hat folgende Ursachen:

- Die Viskosität des Wassers nimmt mit steigender Temperatur ab. Dadurch werden die Ionen in der Lösung beweglicher.
- Der Dissoziationsgrad wird besonders bei schwachen Elektrolyten mit zunehmender Temperatur größer. Deshalb tragen bei höherer Temperatur mehr Ionen zum Strom in der Lösung bei.

Aus der Temperaturabhängigkeit ergeben sich drei wichtige Konsequenzen:

- Bei exakten Leitfähigkeitsmessungen ist darauf zu achten, daß die Temperatur konstant bleibt (Thermostat!).
- Leitfähigkeitswerte sollten immer mit der zugehörigen Temperaturangabe versehen werden.
- Bei der Elektrolyse sollte die Lösungstemperatur möglichst hoch sein. Dadurch sinkt ihr Widerstand und damit auch die bei der Elektrolyse benötigte elektrische Energie.

3.7 Anwendungsmöglichkeiten von Leitfähigkeitsmessungen

Bestimmung von Dissoziationsgrad und Dissoziationskonstante

Aus Gl. (33) folgt für den Dissoziationsgrad schwacher Elektrolyte:

$$\alpha = \frac{\Lambda_{eq}}{\Lambda_\infty} \qquad (34)$$

Damit nimmt das Ostwaldsche Verdünnungsgesetz (s. Kap. 6, S. 106, Gl. (4)) die Form

$$*K_D(T) = \frac{*c \cdot \Lambda_{eq}^2}{\Lambda_\infty(\Lambda_\infty - \Lambda_{eq})} \qquad (35)$$

an. Man erkennt daraus:

> Der Dissoziationsgrad und die Dissoziationskonstante können durch Leitfähigkeitsmessungen ermittelt werden.

Beispiel. Eine Ameisensäure-Lösung (HCOOH; $c = 1\,mol \cdot l^{-1}$) ergab in einem Leitfähigkeitsgefäß mit einer Gefäßkonstanten $l/A = 0,5\,cm^{-1}$ bei 20 °C einen Widerstand von $R = 100\,\Omega$. Ihre Grenzleitfähigkeit beträgt $360\,S \cdot cm^2 \cdot mol^{-1}$. Berechnen Sie

a) den Dissoziationsgrad,
b) die Dissoziationskonstante.

Lösung:

a) Bestimmung des Dissoziationsgrads

$$\alpha = \frac{\Lambda_{eq}}{\Lambda_\infty} = \frac{\varkappa}{z \cdot c \cdot \Lambda_\infty} = \frac{1}{R \cdot A \cdot z \cdot c \cdot \Lambda_\infty}$$

$$= \frac{0,5}{100 \cdot 10^{-3} \cdot 360} = 0,014$$

b) Bestimmung der Dissoziationskonstanten

$$*K_D(20\,°C) = \frac{*c \cdot \alpha^2}{1 - \alpha} = \frac{1 \cdot (0,014)^2}{1 - 0,014} = 2 \cdot 10^{-4}$$

Konduktometrische Titration

Werden aus einer Lösung durch Titerzugabe Ionen ausgefällt oder aber Ionen großer Äquivalentleitfähigkeit durch solche geringerer Leitfähigkeit ersetzt, so ergeben sich Leitfähigkeitsänderungen, deren Verlauf Aufschluß über die betreffende Ionenkonzentration gibt.

Das Verfahren der Leitfähigkeitstitration (konduktometrische Titration) eignet sich also besonders bei Neutralisations- und Fällungsreaktionen.

Titrationsbeispiel. Als Beispiel betrachten wir die Titration einer HCl- mit einer NaOH-Lösung. HCl ist in wäßriger Lösung völlig in H_3O^+- und Cl^--Ionen dissoziiert; sie bewirken die hohe Anfangsleitfähigkeit (s. Punkt A in Abb. 7.36). Bei Zugabe der NaOH-Lösung werden der Vorlage durch H_2O-Bildung gut leitende Hydronium-Ionen entzogen und durch die schlechter leitenden Na^+-Ionen ersetzt (s. Tab. 7.5):

$$H_3O^+ + Cl^- + Na^+ + OH^- \rightarrow$$
$$Na^+ + Cl^- + 2H_2O$$

Daraus resultiert eine Abnahme der Leitfähigkeit, die bis zum Äquivalenzpunkt anhält (**Reaktionsgerade**). Nach Überschreiten des Äquivalenzpunktes nimmt die Leitfähigkeit wieder zu, weil nun die ebenfalls gut leitenden OH^--Ionen die Oberhand in der Lösung gewinnen (**Reagensgerade**). Die gesamte Titrationskurve ermöglicht also eine objektive Bestimmung des Äquivalenzpunktes.

Tab. 7.5 Ionenleitfähigkeiten

Ion	H_3O^+	Cl^-	Na^+	OH^-
Λ_∞ ($S\,cm^2\,mol^{-1}$)	315	65	40	175

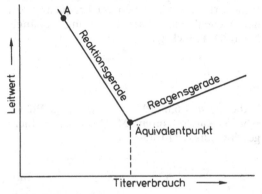

Abb. 7.36 Konduktometrische Titrationskurve (idealer Verlauf)

4. Formelsammlung

Elektrolyse

1. Faradaysches Gesetz $m = \dfrac{M \cdot I \cdot t}{z \cdot F}$

2. Faradaysches Gesetz $m_1 : m_2 : m_3 : \ldots$
$$= \frac{M_1}{z_1} : \frac{M_2}{z_2} : \frac{M_3}{z_3} : \ldots$$

Stromausbeutefaktor $s = \dfrac{m_{prakt}}{m_{theor}}$

Anwendungen

– Bestimmung von abgeschiedenen oder entwickelten Stoffmassen, molaren Massen, Avogadro-Zahl, Stromstärken, Ladungsmengen

Elektrische Potentiale

Gleichung von Nernst (Einzelpotential)	$\varphi = \varphi_0 + \dfrac{R \cdot T}{z \cdot F} \ln\left(\dfrac{{}^*a_{ox}}{{}^*a_{red}}\right)$ bei 25 °C: $\varphi = \varphi_0 + \dfrac{0{,}059}{z} V \cdot \lg\left(\dfrac{{}^*a_{ox}}{{}^*a_{red}}\right)$
Quellenspannung (EMK)	$\Delta\varphi = \varphi_1 - \varphi_2; \ \varphi_1 > \varphi_2$
Freie molare Reaktionsenthalpie und Quellenspannung	$\Delta G^0_{m,R} = -\Delta\varphi \cdot z \cdot F$

Anwendungen

– Bestimmung von Redoxpotentialen und Quellenspannungen
– Potentiometrische Bestimmung von pH-Werten, Löslichkeitsprodukt, Lösungsaktivitäten, Gleichgewichtskonstanten
– Aufnahme von Titrationskurven
– Polarographie
– elektrochemische Spannungsquellen

Elektrische Leitfähigkeit

Elektrische Leitfähigkeit	$\varkappa = \dfrac{1}{R} \cdot \dfrac{l}{A}$
Molare Leitfähigkeit	$\Lambda_m = \dfrac{\varkappa}{c};$ c in $mol \cdot cm^{-3}$
Äquivalentleitfähigkeit	$\Lambda_{eq} = \dfrac{\Lambda_m}{z} = \dfrac{\varkappa}{z \cdot c}$
Grenzleitfähigkeit	$\Lambda_\infty = \Lambda_{\infty,Kat} + \Lambda_{\infty,An}$
Quadratwurzelgesetz von Kohlrausch	$\Lambda_{eq} = \Lambda_\infty - k \cdot \sqrt{c_{eq}}$ $(c_{eq} = c \cdot z)$
Dissoziationsgrad	$\alpha = \dfrac{\Lambda_{eq}}{\Lambda_\infty}$

Anwendungen

– Bestimmung der elektrischen Leitfähigkeit von Elektrolytlösungen
– Konduktometrische Bestimmung von Dissoziationsgrad, Dissoziationskonstante und Ionenkonzentrationen
– Bestimmung der Reinheit von destilliertem Wasser

Kapitel 8
Spektroskopie

Bei der Wechselwirkung von elektromagneti-scher Strahlung mit Materie kann es zu Absorptions- und Emissionsvorgängen kommen. Diese Vorgänge finden, abhängig von der Art der Materie, bei bestimmten Wellenlängen bzw. innerhalb bestimmter Wellenlängenbereiche statt und lassen wertvolle Rückschlüsse auf die möglichen energetischen Zustände und die Struktur der Materieteilchen zu.

Der Wissenschaftszweig, der sich mit dieser Problematik befaßt, heißt Spektroskopie. Spektroskopische Untersuchungen gehören heute wohl zu den wichtigsten Verfahren der instrumentellen Analytik. Aus den Spektren, die in den verschiedenen Wellenlängenbereichen aufgenommen werden, können Stoffe analysiert, Lösungskonzentrationen bestimmt oder chemische Strukturen ermittelt werden.

In diesem Kapitel wollen wir uns mit den wichtigsten Grundlagen spektroskopischer Verfahren befassen. Dabei werden wir zunächst auf die Vorgänge der Emission und Absorption und die dafür gültigen Gesetzmäßigkeiten eingehen. Danach werden einige spezielle Methoden der Spektroskopie besprochen, die Flammenemissions- und Fluoreszenzspektroskopie, das Spektrallinienphotometer und die Atomabsorption. Weiterhin wird gezeigt, welche Vorgänge zu Banden in einem UV/VIS- und IR-Spektrum führen.

Ein eigener Abschnitt ist der NMR-Spektroskopie gewidmet, dem neuesten und heute wohl wichtigsten Verfahren zur Strukturaufklärung.

Mit der Massenspektrometrie beenden wir dieses Kapitel, in dem wir uns auf die Grundlagen der Spektroskopie beschränken. Die Anwendungen und die experimentellen Einzelheiten werden im Band „Analytik" dieser Buchreihe behandelt.

1. Grundlagen

1.1 Elektromagnetische Strahlung als Energieträger

Licht wird nicht kontinuierlich, sondern in schnell aufeinander folgenden, kleinen Portionen, den **Lichtquanten** oder **Photonen**, ausgesandt. Die Energie E, die von einem Photon transportiert wird, ist von der Frequenz f bzw. der Wellenlänge λ der Strahlung abhängig. Nach **M. Planck** gilt:

$$E = h \cdot f \qquad (1)$$

Dabei ist $h = 6,6 \cdot 10^{-34} \, \text{J} \cdot \text{s}$ das sog. **Plancksche Wirkungsquantum**. Mit $f = c/\lambda$ (c = Lichtgeschwindigkeit) folgt

$$E = h \cdot \frac{c}{\lambda} \qquad (2)$$

Aus Gl. (1) und (2) erkennt man:

> Die Photonenenergie ist der Strahlungsfrequenz direkt oder der Wellenlänge umgekehrt proportional.

Das, was wir im herkömmlichen Sinne als Licht bezeichnen, ist nur der sehr kleine sichtbare Bereich ($\lambda = 400$ nm bis $\lambda = 750$ nm) des gesamten **elektromagnetischen Spektrums** (s. Abb. 8.1). In der Spektroskopie wird aber ein weitaus größerer Bereich des Spektrums ausgenutzt. Das sind zur kurzwelligeren Seite hin vor allem die **Ultraviolett-** und auf der langwelligeren Seite die **Infrarotstrahlung** sowie die **Mikrowellen**. (Früher wurde die Infrarotstrahlung auch als Ultrarotstrahlung bezeichnet.)

Warum dies notwendig ist, wird verständlich, wenn man mit Gl. (2) die zugehörigen Photonenenergien berechnet: 1 mol Ultraviolett-Photonen der Wellenlänge

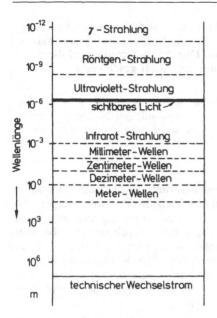

Abb. 8.1   Elektromagnetisches Spektrum

$\lambda = 200\,\text{nm} = 200 \cdot 10^{-9}\,\text{m}$ besitzen die Energie ($c = 3 \cdot 10^8\,\text{m} \cdot \text{s}^{-1}$):

$$E_{\text{UV,m}} = E \cdot N_A = 6{,}6 \cdot 10^{-34}\,\text{J} \cdot \text{s}\, \frac{3 \cdot 10^8\,\text{m} \cdot \text{s}^{-1}}{200 \cdot 10^{-9}\,\text{m}}$$
$$\cdot\, 6{,}022 \cdot 10^{23}\,\text{mol}^{-1}$$
$$= 597\,\text{kJ} \cdot \text{mol}^{-1}.$$

Das ist genügend Energie, um selbst mäßig starke, chemische Bindungen zu sprengen oder chemische Reaktionen auszulösen (hierzu die molaren Reaktionsenthalpien, Kap. 4). Daher wird man mit UV-Licht sehr behutsam umgehen müssen und die Materie dieser Bestrahlung nicht länger als nötig aussetzen.

1 mol Infrarot-Photonen der Wellenlänge $\lambda = 10\,\mu\text{m} = 10 \cdot 10^{-6}\,\text{m}$ transportieren hingegen lediglich die Energie

$$E_{\text{IR,m}} = 6{,}6 \cdot 10^{-34}\,\text{J} \cdot \text{s}\, \frac{3 \cdot 10^8\,\text{m} \cdot \text{s}^{-1}}{10 \cdot 10^{-6}\,\text{m}}$$
$$\cdot\, 6{,}022 \cdot 10^{23}\,\text{mol}^{-1}$$
$$= 11{,}92\,\text{kJ} \cdot \text{mol}^{-1}.$$

Die Energie der IR-Strahlung ist also um 1 bis 2 Zehnerpotenzen kleiner als die der UV-Strahlung bei gleicher Photonenzahl. Sie ist aber immer noch groß genug, um Atomgruppen und

Moleküle in Schwingung oder Rotation zu versetzen.

Diese Beispiele zeigen, daß durch die Wechselwirkung von elektromagnetischer Strahlung mit Materie je nach Wellenlänge der Strahlung verschiedene Vorgänge in den Atomen oder Molekülen ausgelöst werden können. Aufgabe der Spektroskopie ist es, diese Wellenlängen und die zugehörigen Photonenenergien zu bestimmen, um daraus qualitative und quantitative Aussage über die Struktur und Art der Materie zu gewinnen.

1.2 Wechselwirkung von Strahlung mit Materie

1.2.1 Energieschema

Nicht nur die elektromagnetische Strahlung tritt gequantelt auf. Nach der Quantentheorie ist die Energie eines jeden Systems als Vielfaches eines kleinsten Energiequantums darstellbar. Aus diesen Vorstellungen heraus hat sich auch das **Orbitalmodell** entwickelt, das bekanntlich alle Elektronen eines Atoms oder Moleküls in bestimmte Aufenthaltsbereiche mit wohl definierten Energien einweist. (Die energetische Quantelung gilt aber auch für die möglichen Schwingungs- und Rotationszustände in einem Molekül.) Daher sind in jedem System aus Atomen und Molekülen grundsätzlich nur ganz bestimmte, diskrete, d. h. wohl voneinander zu unterscheidende, Energiezustände möglich. Trägt man diese Zustände als waagerechte Linien in einer Energieskala ab, so erhält man das **Energieschema** des betreffenden Systems, wie es schematisch in Abb. 8.2 dargestellt ist. Der Zustand kleinst möglichen Energieinhalts heißt der

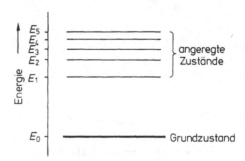

Abb. 8.2   Energieschema

Grundzustand, die anderen werden die **angeregten Zustände** genannt.

Welches Aussehen ein Energieschema besitzt, hängt von der chemischen Natur des betreffenden Stoffes ab. Für einzelne Atome ist das Schema noch recht einfach. Je mehr Atome jedoch miteinander wechselwirken, umso dichter gedrängt liegen die erlaubten Zustände. In Festkörpern fallen die möglichen Zustände sogar zum Teil so dicht zusammen, daß man sie zu **Energiebändern** zusammenfaßt.

> Das Energieschema gibt die erlaubten Zustände eines Systems in einer Energieskala wieder.

Zur prinzipiellen Erklärung der möglichen Wechselwirkungen von Strahlung mit Materie genügt es, zwei erlaubte Energiezustände des betreffenden Systems zu betrachten.

1.2.2 Strahlungsabsorption

Vorgang. Um ein Atom oder Molekül von einem Zustand 1 in einen energetisch höheren Zustand 2 anzuregen, muß ihm – wie aus dem vereinfachten Schema der Abb. 8.3 zu erkennen – ein bestimmter Energiebetrag zugeführt werden. Diese Energie kann natürlich auch von einer Strahlungsquelle geliefert werden. Da der Strahlung die Energie aber nicht in beliebigen Portionen, sondern nur in Form ganzer Photonen entzogen werden kann, tritt die Anregung nur dann ein, wenn die Photonenenergie $h \cdot f$ gleich der erforderlichen Anregungsenergie $\Delta E = E_2 - E_1$ ist. Es muß also gelten:

$$h \cdot f = h \frac{c}{\lambda} = E_2 - E_1 \qquad (3)$$

Bei der Anregung wird der Strahlung Energie entzogen. Diesen Vorgang bezeichnet man als **Absorption.** Durch Absorption wird die Strahlung in ihrer Intensität geschwächt.

> Absorption von Strahlung tritt ein, wenn die Photonenenergie mit der Anregungsenergie in einem Atom oder Molekül übereinstimmt.

Absorptionsspektrum. Jedes Atom oder Molekül besitzt eine Vielzahl erlaubter, energetischer Zustände, zu deren Anregung unterschiedliche Energiemengen erforderlich sind. Große Anregungsenergien erfordern nach Gl. (3) kleine Wellenlängen bzw. große Strahlungsfrequenzen. Kleine Anregungsenergien können dagegen bereits von langwelligerer Strahlung aufgebracht werden.

Einen Überblick über das Absorptionsverhalten einer Substanz liefert das Absorptionsspektrum, das man erhält, wenn die absorbierte Strahlungsenergie – oder eine daraus abgeleitete Größe – als Funktion der Lichtwellenlänge aufgenommen wird (s. Abb. 8.4). Wenn im Spektrum eine Absorptionslinie auftritt, dann kommt es in der bestrahlten Substanz zur Anregung. Die zugehörige Photonenenergie entspricht der für diesen Übergang erforderlichen Anregungsenergie.

Mitunter liegen die Absorptionslinien so dicht beieinander, daß sie nicht mehr voneinander ge-

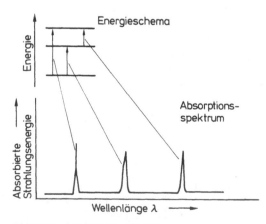

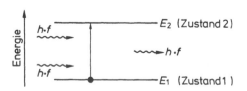

Abb. 8.3 Strahlungsabsorption

Abb. 8.4 Absorptionsspektrum

trennt – also aufgelöst – dargestellt werden können. Im Absorptionsspektrum entsteht dann eine **Absorptionsbande**, wie sie in Abb. 8.5 schematisch dargestellt ist. Solche Absorptionsbanden werden besonders bei Spektren von molekularen Stoffen (**Molekülspektren**) beobachtet.

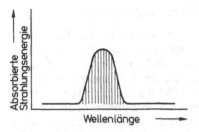

Abb. 8.5   Absorptionsbande

1.2.3 Strahlungsemission

Vorgang. Angeregte Atome oder Moleküle keh-
ren schon nach relativ kurzer Zeit (typischer
Zahlenwert 10^{-8} s) freiwillig in tiefer gelegene
Energiezustände zurück, weil sie bestrebt sind,
den energieärmsten, d. h. stabilsten Zustand ein-
zunehmen. Die dabei frei werdende Energie
wird häufig in Form von Strahlung (Photonen)
abgegeben. Diesen Vorgang bezeichnet man als
Emission. Den prinzipiellen Ablauf bei der
Emission verdeutlicht Abb. 8.6.

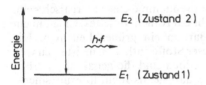

Abb. 8.6   Strahlungsemission

Nach M. Planck hat das beim Übergang vom
Zustand 2 in den Zustand 1 emittierte Photon
die Frequenz

$$f = \frac{E_2 - E_1}{h} = \frac{\Delta E}{h} \qquad (4)$$

bzw. die Wellenlänge

$$\lambda = \frac{h \cdot c}{E_2 - E_1} = \frac{h \cdot c}{\Delta E}. \qquad (5)$$

> Strahlungsemission erfolgt bei Rückkehr
> angeregter Atome bzw. Moleküle in ener-
> gieärmere Zustände. Die Frequenz der
> emittierten Photonen ist der Energiediffe-
> renz des Übergangs proportional.

Emissionsspektrum. Wie das Absorptionsspektrum, so ist auch das Emissionsspektrum eines
Stoffes ein Abbild der möglichen energetischen
Zustände seiner Atome oder Moleküle.
Abb. 8.7 zeigt den sichtbaren Bereich des Was-
serstoffspektrums, die sog. **Balmer-Serie**, mit
den zugehörigen Elektronenübergängen.

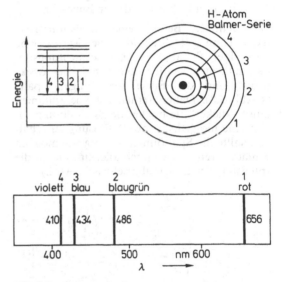

Abb. 8.7   Balmer-Serie

Freie Atome ergeben stets ein **Linienspektrum**.
Bei Molekülen zeigt das Emissionsspektrum –
wegen der dicht beieinander liegenden, möglichen Energiezustände – typische **Bandenstruk-
turen**, und zur Strahlung angeregte Feststoffe
ergeben **kontinuierliche Spektren**.

2. Emissionsspektroskopie

Nach Anregung seiner Atome oder Moleküle
sendet jeder Stoff sein eigenes, charakteristi-
sches Spektrum aus. Daher ist es möglich, Stoffe
aufgrund ihres Spektrums zu identifizieren. Das
ist die Aufgabe der Emissionsspektroskopie.

2.1 Aufnahme eines Emissionsspektrums

Die Strahlung, die der zu analysierende Stoff aussendet, ist meist aus verschiedenen Wellenlängen zusammengesetzt. Zur Aufnahme des Emissionsspektrums muß das emittierte Licht in seine Farben zerlegt werden. Für diese Zerlegung benötigt man **Prismen** oder **optische Strichgitter**.

Ursache für die Zerlegung am Prisma ist die **Dispersion**, das bedeutet, daß Licht unterschiedlicher Wellenlänge verschieden stark gebrochen wird (s. Abb. 8.8). Die spektrale Zerlegung am Gitter erfolgt hingegen durch **Beugung** und **Interferenz** der Lichtwellen (s. Kap. 2, Abschn. 3.2.4, im Band „Physik" dieser Buchreihe).

Der sichtbare Bereich eines Emissionsspektrums kann z. B. direkt auf einer Mattscheibe abgebildet oder aber mit einer Betrachtungsoptik angesehen werden. Die Linien des Spektrums sind die Bilder des Eingangsspalts (s. Abb. 8.8). Daher werden die Spektrallinien umso „dicker", je breiter die Spaltöffnung ist. Um eine möglichst große Auflösung zu erhalten, sollte die Spaltöffnung so eng wie möglich gemacht werden (wodurch allerdings auch die Intensität der Linien abgeschwächt wird.).

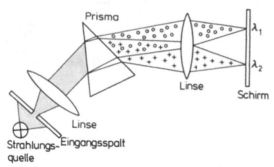

Abb. 8.8 Prinzipieller Aufbau eines Spektralapparates

Mit geeigneten Photoplatten können auch die Ultraviolett-Linien eines Spektrums aufgenommen werden.

Anstelle der Beobachtungsoptiken oder geeigneter Photoplatten werden heute in Spektrometern vor allem auch Photozellen verwendet, in denen die optischen Signale in elektrische umgewandelt werden. Die verschiedenen Spektrallinien können dann als Ausschläge an einem Anzeigeinstrument oder als Peak in einer Schreiberaufzeichnung erkannt werden.

2.2 Verfahren der Emissionsspektroskopie

Die verschiedenen Verfahren der Emissionsspektroskopie unterscheiden sich – neben dem Wellenlängenbereich der Emission – hauptsächlich durch die Art der Teilchenanregung. Die Anregung erfolgt häufig in einer Flamme, in einem Lichtbogen, durch Funkenentladung oder durch Bestrahlung mit ultraviolettem und sichtbarem Licht. Wir beschränken uns hier auf die Besprechung des Flammenphotometers und eine kurze Behandlung der Fluoreszenzspektroskopie.

Flammenphotometer

Die **Flammenemissionsspektroskopie** ist eines der ältesten Verfahren der instrumentellen Analytik. Sie geht auf **R. Bunsen** und **R. Kirchhoff** zurück, die erkannten, daß viele Metallsalze in einer Flamme eine charakteristische Färbung ergeben. Dabei ist die Färbung auf das jeweils enthaltene Metall zurückzuführen, das in der Flamme leicht aus der Verbindung freigesetzt und dann angeregt werden kann. Natrium z. B. färbt eine Bunsenflamme charakteristisch gelb; Kalium ergibt ein rötlich-violettes, Calcium ein rotes und Barium ein grünes Leuchten. Die Spektren dieser Stoffe enthalten meist noch weitere Linien, jedoch sind die genannten Farben so dominant, daß sie als Identifizierungsmerkmal verwendet werden können.

Mit Hilfe der Emissionsspektroskopie entdeckte Bunsen auch die damals unbekannten Elemente Cäsium und Rubidium.

Heute sind die Spektren der meisten Stoffe sehr gut bekannt und die Flammenemissionsspektroskopie wird hauptsächlich eingesetzt, um Metalle in Lösungen nachzuweisen. Dazu verwendet man ein **Flammenphotometer**, das von seinem prinzipiellen Aufbau in Abb. 8.9 gezeigt ist. Die flüssige Probe, die das zu analysierende Element enthält, wird zunächst im Luftstrom zerstäubt und dann als feiner Nebel in eine Flamme (meist ein Acetylen-Luft-Gemisch) geblasen. Bei der hohen Flammentemperatur zer-

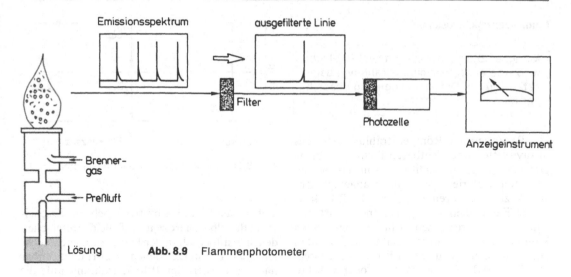

Abb. 8.9   Flammenphotometer

fallen die chemischen Verbindungen der Probe in Atome oder Ionen; diese werden durch Aufnahme von Wärmeenergie in angeregte Zustände überführt und senden danach das Emissionsspektrum aus.

Um ein bestimmtes Element nachzuweisen, genügt es meist, eine charakteristische Emissionslinie zu identifizieren. Daher enthalten Flammenphotometer häufig – anstelle eines lichtzerlegenden Prismas – lediglich Filter, die möglichst nur die interessierende Lichtwellenlänge durchlassen. Je nach Wahl des Filters können so unterschiedliche Emissionslinien ausgesondert und deshalb verschiedene Elemente analysiert werden.

Die Intensität des ausgefilterten Lichtes wird von einer Photozelle aufgenommen, das entstehende elektrische Signal wird verstärkt und zur Anzeige gebracht. Die Größe des Meßsignals ist ein Maß für die Konzentration des zu analysierenden Stoffes in der Lösung, da die Emissionsintensität mit steigendem Stoffgehalt zunimmt. Das Meßsignal hängt allerdings auch noch von verschiedenen Apparatekonstanten ab. Daher muß vor der eigentlichen Konzentrationsbestimmung eine Eichkurve aufgenommen werden. Man stellt sich dazu in einer Verdünnungsreihe Lösungen mit bestimmten Konzentrationen her und mißt mit dem Photometer die zugehörigen Emissionsintensitäten. Trägt man beide Größen gegeneinander ab, so erhält man im allgemeinen eine Gerade, die allerdings meist nicht

durch den Koordinatenursprung geht (s. Abb. 8.10). Dies ist auf Emissionseffekte, die vom Lösungsmittel (der sog. **Matrix**) herrühren, zurückzuführen. Daher bestimmt man zusätzlich die Signalhöhe des reinen Lösungsmittels und zieht diese von allen anderen, zuvor erhaltenen Meßwerten ab. Auf diese Weise erhält man eine von Matrixeffekten korrigierte Eichkurve, wie sie ebenfalls in Abb. 8.10 dargestellt ist. Die Eichkurve gestattet eine schnelle Bestimmung der Lösungskonzentration aus der für eine bestimmte Probe gemessenen Signalhöhe.

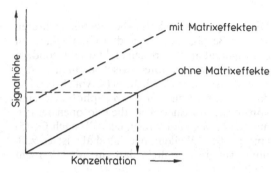

Abb. 8.10   Eichkurve zur Konzentrationsbestimmung

Die Flammenphotometrie wird z. B. bei der Analyse von Boden- oder Wasserproben eingesetzt.

Fluoreszenzspektroskopie

> Manche Stoffe emittieren selbst Licht, wenn sie energiereicher Strahlung ausgesetzt werden. Diese Erscheinung bezeichnet man als Fluoreszenz.

Die Photonen der Röntgenstrahlung oder des ultravioletten und sichtbaren Lichts sind energiereich genug, um damit Elektronen in der bestrahlten Materie in solch hoch angeregte Zustände zu überführen, daß es bei der Rückkehr dieser Elektronen in energieärmere Zustände zum charakteristischen Fluoreszenzleuchten kommen kann. Fluoreszenz läßt sich z. B. gut in einer wäßrigen Lösung von Eosin beobachten. Häufig wird die von den Atomen oder Molekülen absorbierte Strahlungsenergie bei der Rückkehr in den Ausgangszustand jedoch nicht wieder in Form von Strahlung abgegeben, sondern lediglich in Wärme umgesetzt. Man spricht dann von sog. **thermischen Übergängen.**

Nach einer **Regel von Stokes** ist die Wellenlänge des emittierten Fluoreszenzlichts entweder gleich der Wellenlänge der anregenden Strahlung (**Primärstrahlung**) oder aber größer. Die Wellenlängen sind gleich, wenn die Rückkehr der angeregten Atome zum Ausgangszustand in einem Sprung erfolgt, d. h. wenn die bei der Anregung aufgenommene Energie auf ein Mal wieder abgegeben wird. Diese Aussage gilt allerdings nur für Atome; bei Molekülen treten meist angekoppelte Schwingungen oder Rotationen auf.

Die Energieabgabe kann aber auch in mehreren kleinen Beträgen erfolgen, dann nämlich, wenn die angeregten Elektronen nicht direkt, sondern über mehrere erlaubte Zwischenstufen in den Grundzustand zurückkehren (s. Abb. 8.11). Die dabei emittierten Fluoreszenzphotonen sind von geringerer Energie als die Photonen der Primärstrahlung; sie besitzen deshalb nach Gl. (5) eine größere Wellenlänge. Deshalb ist es z. B. ohne weiteres möglich, daß ein mit UV-Licht bestrahlter Stoff im Sichtbaren fluoresziert. Welche Fluoreszenzlinien im einzelnen auftreten können, hängt von den erlaubten Elektronenzuständen in der bestrahlten Materie ab. Die emittierte **Fluoreszenzstrahlung besitzt keine Vorzugsrichtung**; die Abstrahlung erfolgt vielmehr in alle Raumrichtungen.

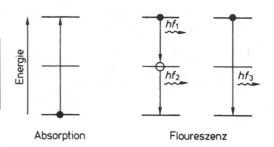

Abb. 8.11   Fluoreszenz im Energieschema

Neben der Fluoreszenz tritt noch die Erscheinung der **Phosphoreszenz** auf. Beide unterscheiden sich äußerlich in der Dauer des Nachleuchtens. Das Fluoreszenzleuchten hört unmittelbar nach Entfernen der Primärstrahlung auf, die Phosphoreszenz hält dagegen längere Zeit (Sekunden bis zu einigen Tagen) an. Phosphoreszierende Stoffe finden z. B. als Leuchtstoffe in Fernsehbildschirmen oder Oszillographenschirmen Anwendung.

Aufnahme eines Fluoreszenzspektrums. Das Prinzip zur Aufnahme eines Fluoreszenzspektrums veranschaulicht Abb. 8.12. Auffallend dabei ist, daß die Fluoreszenzstrahlung senkrecht zur Richtung der Primärstrahlung aufgenommen wird. Diese Aufnahmetechnik wird gewählt, weil sich so das Fluoreszenzlicht am besten von der gerichteten Primärstrahlung unterscheiden läßt.

Die Fluoreszenzstrahlung wird von einem Prisma oder Gitter spektral zerlegt. Anschließend wird das Spektrum mit einem engen Spalt bis auf eine einzelne Emissionslinie ausgeblendet. Durch den Spalt gelangt also nur Licht einer bestimmten Wellenlänge, sog. **monochromatisches Licht.** Die Anordnung aus Prisma oder Gitter und Spalt sowie zugehörigen Linsen oder Hohlspiegeln bezeichnet man deshalb als **Monochromator.**

Durch Drehen des Prismas gelangen nacheinander alle Linien des Spektrums durch den Spalt auf den Detektor. Dieser ist mit einer Registriereinrichtung verbunden, die das Fluoreszenzspektrum aufzeichnet. Aus der Lage der Emissionslinien kann auf den fluoreszierenden Stoff geschlossen werden. Die Intensität der Fluoreszenzlinien ist ein Maß für die Konzentration der Probe.

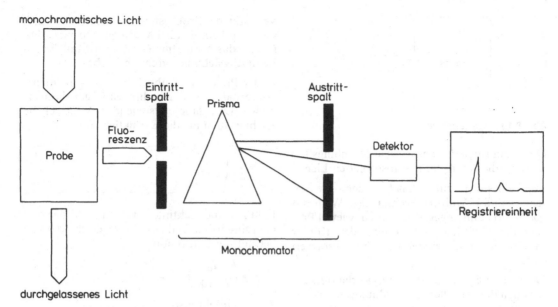

monochromatisches Licht

durchgelassenes Licht

Abb. 8.12   Aufnahme eines Fluoreszenzspektrums

3. Absorptionsspektroskopie

Häufiger als die Emissionsspektroskopie wird heute wohl die meist leichter auszuführende **Absorptionsspektroskopie** für analytische Zwecke angewendet. Dabei wird der Spektralbereich von der ultravioletten (UV) bis hin zur infraroten (IR) Strahlung ausgenutzt.

Durch Absorptionsmessungen sind nicht nur Konzentrationsbestimmungen gelöster Stoffe möglich, die Spektren lassen ebenso wichtige Rückschlüsse auf die innere Struktur der absorbierenden Materie zu.

Heute ist eine riesige Anzahl von Absorptionsspektren bekannt und in Spektrensammlungen katalogisiert. Jedes Analytiklabor, das sich mit der Spektroskopie befaßt, verfügt über diese Spektrenkataloge. Dadurch ist es selbst dem Ungeübten auf diesem Gebiet möglich, Substanzen durch Vergleich mit Standardspektren zu analysieren. In zunehmendem Maße steht dabei auch die Unterstützung eines Computers zur Verfügung.

In diesem Abschnitt wollen wir zunächst die wichtigsten Gesetze der Lichtabsorption zusammentragen. Die erhaltenen Gesetze werden zeigen, daß man durch Absorptionsmessungen Lösungskonzentrationen bestimmen kann. Danach werden wir die wichtigsten Merkmale und Eigenschaften von UV/VIS- und IR-Spektren behandeln.

3.1 Gesetze der Strahlungsabsorption

Transmissionsgrad und Absorptionsgrad. Trifft Strahlung auf einen Körper, so wird davon meist nur ein bestimmter Anteil durchgelassen, der andere Teil der Strahlung wird absorbiert. (Von Reflexionsverlusten wollen wir absehen.) Den vom Körper durchgelassenen Anteil kann man durch den **Transmissionsgrad** τ beschreiben. Darunter versteht man das Verhältnis von austretendem Strahlungsfluß Φ_{tr} und auffallendem Strahlungsfluß Φ_0 (s. Abb. 8.13) oder von durchgelassener Lichtintensität I_{tr} zur Intensität des einfallenden Lichts I_0:

$$\tau = \frac{\Phi_{tr}}{\Phi_0} = \frac{I_{tr}}{I_0}. \tag{6}$$

Der absorbierte Strahlungsanteil wird analog durch den **Absorptionsgrad** α ausgedrückt.

$$\alpha = \frac{\Phi_{ab}}{\Phi_0} = \frac{I_{ab}}{I_0}. \tag{7}$$

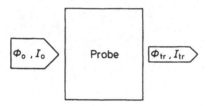

Abb. 8.13   Transmission

Dabei sind Φ_{ab} der absorbierte Strahlungsfluß bzw. I_{ab} die Intensität des absorbierten Lichts.

τ und α besitzen grundsätzlich Zahlenwerte zwischen 0 und 1. Multipliziert man diese Werte mit 100 %, so kann angegeben werden, wieviel Prozent der einfallenden Strahlung den Körper durchsetzen und wieviel von ihm absorbiert werden.

Da Φ_{tr} und Φ_{ab} wegen der Energieerhaltung zusammen den einfallenden Strahlungsfluß Φ_0 ergeben müssen, gilt zwischem dem Transmissions- und dem Absorptionsgrad der einfache Zusammenhang

$$\tau + \alpha = \frac{1}{\Phi_0}(\Phi_{tr} + \Phi_{ab}) = 1. \qquad (8)$$

Daraus ergibt sich auch

$$\tau = 1 - \alpha \quad \text{oder} \quad \alpha = 1 - \tau \qquad (9)$$

Transmissions- und Absorptionsgrad eines Körpers sind also bei Vernachlässigung der Reflexion und Streuung komplementäre, d. h. sich zu 1 ergänzende Größen. Sie sind abhängig von der Wellenlänge der Strahlung.

Extinktion. Fällt monochromatisches Licht der Intensität I_0 auf ein absorbierendes Medium, so sinkt darin seine Intensität auf einen Wert I_{tr} ab (s. Abb. 8.14). Je kleiner die Intensität I_{tr} nach

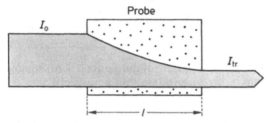

Abb. 8.14   Abnahme der Lichtintensität mit der Länge des Lichtwegs in der Probe

Verlassen der Probe ist, umso mehr Licht wurde von dem betreffenden Medium absorbiert. Daher ist das Verhältnis (I_0/I_{tr}) ein Maß für die Lichtschwächung durch die Probe.

In der Praxis ist es üblich, von diesem Intensitätsverhältnis den dekadischen Logarithmus zu bilden. Den dabei entstehenden Ausdruck bezeichnet man als die **Extinktion** $\hat{E}$.

$$\hat{E} = \lg\left(\frac{I_0}{I_{tr}}\right) \qquad (10)$$

Fällt z. B. die Lichtintensität auf 1/100 der Ausgangsintensität I_0 ab, ist also I_{tr} gleich $I_0/100$, so beträgt die Extinktion

$$\hat{E} = \lg\left(\frac{I_0}{I_0/100}\right) = \lg(100) = 2$$

Allgemein gilt also:

> Je stärker die Lichtschwächung durch eine Probe, um so größer ist die Extinktion.

Das Licht wird umso mehr geschwächt, je länger der Lichtweg l in der Probe und je größer die Konzentration c der absorbierenden Teilchen ist. Es zeigt sich, daß die Extinktion diesen beiden Größen proportional ist. Nach **Lambert** und **Beer** gilt:

$$\hat{E} = \varepsilon \cdot c \cdot l. \qquad (11)$$

Die Extinktion ist nach Definition (10) eine einheitenlose Größe. Wird – wie üblich – die Probenkonzentration in $\text{mol} \cdot l^{-1}$ und die Länge l in cm angegeben, so muß der Proportionalitätsfaktor ε in Gl. (11) die Einheit $l \cdot \text{mol}^{-1} \cdot \text{cm}^{-1}$ besitzen. ε wird **molarer Extinktionskoeffizient** genannt.

Wie die Absorption und die Transmission so sind auch die Extinktion und der Extinktionskoeffizient wellenlängenabhängige Größen.

3.2 Absorptionsmessungen

Die wichtigsten Komponenten zur Messung der spektralen Absorption einer Probe sind (s. auch Abb. 8.15):

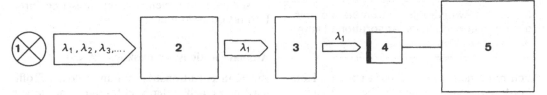

Abb. 8.15 Prinzip des Zweistrahlspektrometers
(1) Strahlungsquelle, **(2)** Monochromator, **(3)** Probe, **(4)** Detektor, **(5)** Registriereinrichtung

(1) Strahlungsquelle. Sie sendet das interessierende Spektrum (ultraviolette, sichtbare oder infrarote Strahlung) aus. In verschiedenen Spektralbereichen kommen unterschiedliche Strahlungsquellen zur Anwendung.

(2) Monochromator. Mit ihm wird eine bestimmte Wellenlänge des von der Strahlungsquelle emittierten Spektrums ausgesondert (s. auch Abschn. 2.2, S. 155). Durch Drehen an der Wellenlängeneinstellung des Monochromators kann die Probe auch nacheinander mit allen Wellenlängen des Spektrums bestrahlt werden.

(3) Probe. Sie enthält die Substanz, deren Absorption gemessen werden soll. Meist handelt es sich um Lösungen, die in flüssiger Form in einer Küvette oder aber in einem Preßling eingebettet vorliegen. Bei der Atomabsorption (s. Abschn. 3.3, S. 160 f.) wird die zu untersuchende Probe in eine Flamme gebracht.

(4) Detektor. Er formt die optischen Signale in elektrische um. Die erhaltene Signalhöhe ist der Strahlungsintensität, d. h. der Intensität des von der Probe durchgelassenen Lichts, proportional.

(5) Registriereinrichtung. Sie zeigt die gewünschte Größe, z. B. die Extinktion, Transmission oder Absorption, und zeichnet gegebenenfalls das Absorptionsspektrum auf.

Das Zweistrahlprinzip

Liegt als Probe eine Lösung (Lös) vor, so ist zu berücksichtigen, daß bei bestimmten Wellenlängen nicht nur die gelöste Substanz (Sub) sondern auch das Lösungsmittel (LM) absorbieren können. Die Extinktion bzw. Absorption der Lösung setzt sich in solchen Fällen somit aus den Extinktionen bzw. Absorptionen der beiden Lösungsbestandteile zusammen:

$$\hat{E}_{Lös} = \hat{E}_{Sub} + \hat{E}_{LM}$$

Die unerwünschte Lösungsmittelextinktion ($\hat{E}_{LM}$) kann z. B. in einem **Zweistrahlspektrometer** kompensiert werden. In diesem Spektrometer, dessen Prinzip Abb. 8.16 zeigt, wird der vom Monochromator kommende Lichtstrahl in zwei Teilstrahlbündel zerlegt. Davon geht der sog. **Meßstrahl** durch die Küvette mit der zu untersuchenden Lösung, der Vergleichsstrahl durch eine **Referenzküvette** mit variabler Länge, die nur das reine Lösungsmittel enthält. Zum Beispiel ist es durch Einstellen der richtigen Länge an der Referenzküvette möglich, die Extinktion durch das reine Lösungsmittel genau so groß zu machen, wie die Extinktion durch das Lösungsmittel im Meßstrahl. Bei gleicher Küvettenlänge wären die Extinktionen durch das Lösungsmittel im Meß- und Vergleichsstrahl nicht exakt gleich groß, weil das Lösungsmittel in den beiden Küvetten in unterschiedlichen Konzentrationen vorliegt. Das Spektrometer bildet automatisch die Differenz der gemessenen Extinktionen von Lösung und Lösungsmittel ($\hat{E}_{Lös} - \hat{E}_{LM}$), so daß nur die interessierende Substanzextinktion $\hat{E}_{Sub}$ zur Anzeige gebracht wird.

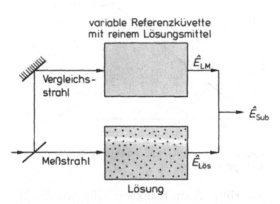

Abb. 8.16 Prinzip des Zweistrahlspektrometers

> Mit einem Zweistrahlspektrometer können störende Lösungsmittelabsorptionen kompensiert werden.

Auch mit einem Einstrahlgerät ist diese Kompensation möglich, wenn man bei jeder zu messenden Wellenlänge Proben- und Referenzküvette abwechselnd in den Strahlengang stellt und die entsprechende Extinktionsdifferenz selbst bildet. Dieses Verfahren ist allerdings wesentlich zeitaufwendiger.

3.3 Konzentrationsbestimmung durch Extinktionsmessungen

Grundlage der Konzentrationsbestimmungen durch Extinktionsmessungen ist das Gesetz von Lambert und Beer (s. Gl. (11)).

Da die Extinktion wellenlängenabhängig ist, müssen die Messungen mit monochromatischem Licht durchgeführt werden. Man verwendet dazu ein **Spektrallinienphotometer**, wie es in Abschn. 3.2 (s. S. 159) beschrieben ist.

Zunächst stellt man die Wellenlänge fest, bei der der gelöste Stoff eine möglichst ausgeprägte Absorption zeigt. Daran wird bei den nachfolgenden Messungen nichts mehr verändert.

Anschließend wird eine Eichkurve erstellt. Dazu werden die Extinktionen von Lösungen bekannter Konzentrationen gemessen und in einer Graphik dargestellt (s. Abb. 8.17; in der Praxis ergeben sich meist nicht so schöne Geraden).

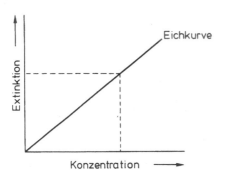

Abb. 8.17 Konzentrationsbestimmung durch Extinktionsmessung

Mit Hilfe dieser Eichkurve läßt sich die Lösungskonzentration jeder anderen Probe aus denselben Komponenten nach Messung ihrer Extinktion bestimmen.

Atomabsorptionsspektroskopie (AAS)

Zur Konzentrationsbestimmung gelöster Stoffe wird heute neben der Spektralphotometrie vor allem noch die **Atomabsorptionsspektroskopie**, kurz AAS, eingesetzt. Ihr liegt die Erkenntnis von **Bunsen** zugrunde, daß jedes Atom Licht derjenigen Wellenlänge durch Anregung absorbieren kann (Absorption vom Grundzustand aus), bei der es selbst auch Strahlung emittiert. Werden also z. B. nicht angeregte Natrium-Atome mit dem gelben Licht einer Natriumdampflampe bestrahlt, so absorbieren sie dieses Licht. Obwohl man durch Messung dieser spezifischen Lichtabsorption nahezu jedes Element analysieren kann, wird die AAS heute in der Hauptsache lediglich zum Nachweis und zur Konzentrationsbestimmung von Metallen in Flüssigkeiten verwendet. Wie bei der Flammenemissionsspektroskopie müssen auch bei der AAS die in der Lösung enthaltenen, absorbierenden Teilchen zunächst in **Atomdampf** überführt werden. Dazu wird die zu bestimmende Lösung als feiner Nebel in eine **Flamme** eingesaugt. Bei der Flammentemperatur werden die Teilchen des interessierenden Elements aus dem Molekülverband freigesetzt und in Atomdampf überführt. Die Flamme mit dem absorbierenden Atomdampf ersetzt nun die sonst notwendige Küvette. Moderne AAS-Geräte besitzen als Atomisierungseinheit ein **Graphitrohr**, das induktiv sehr schnell auf große Temperaturen erhitzt werden kann.

Der Atomdampf wird mit einer speziell ausgesuchten **Hohlkathodenlampe**, die das Spektrum des absorbierenden Elements aussendet, durchstrahlt. Der in der Praxis benutzte Spektralbereich der AAS liegt zwischen 193,7 nm, der Arsen-Resonanzlinie, und 852,1 nm, der Cäsium-Resonanzlinie. Bei Wellenlängen unterhalb 200 nm stören die atmosphärische Luft und bei Flammenatomisierung auch die heißen Flammengase sehr stark.

Weil bei der Bestrahlung Atome in den angeregten Zustand überführt werden, wird das Licht beim Durchsetzen der Flamme geschwächt. Anschließend fällt es auf einen Monochromator, mit dem die charakteristische Absorptionslinie ausgewählt wird. Der folgende Detektor darf

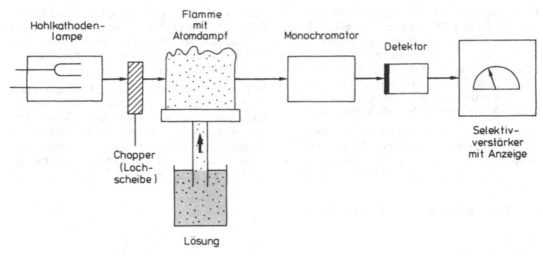

Abb. 8.18   Prinzip der Atomabsorptionsspektroskopie

aber nur das absorbierte Licht und nicht das gleichzeitig in der Flamme emittierte Licht messen. Die richtige Selektion wird mit Hilfe eines **Choppers** (Lichtzerhackers, Lochscheibe), der das von der Hohlkathodenlampe emittierte Licht mit einer bestimmten Frequenz moduliert, und mit einem auf die Modulationsfrequenz abgestimmten **Selektivverstärker** erreicht.

Die gemessene Lichtschwächung ist ein Maß für die Konzentration der betreffenden Atome in der Flamme und damit auch für deren Konzentration in der flüssigen Lösung, wobei natürlich vor der Messung eine Eichung notwendig ist. Die AAS wird vor allem zur gezielten, d. h. auf bestimmte Elemente ausgerichteten, quantitativen Analyse von Lösungen eingesetzt.

3.4 Absorptionsspektren

3.4.1 UV/VIS-Spektroskopie

Wegen der hohen Photonenenergien (s. Abschn. 1.1, S. 150 f.) können mit ultravioletter (UV) oder sichtbarer (VIS) Strahlung selbst die Bindungselektronen eines Moleküls angeregt werden. Diese Anregungen erfolgen je nach Bindungsstärke und Art der Bindung bei unterschiedlichen Photonenenergien. Deshalb lassen sich aus der Lage der Absorptionsbanden in einem UV/VIS-Spektrum wichtige Rückschlüsse

auf die **Bindungsenergien** und die Art der gebundenen Atome ziehen.

> Atomgruppen, deren Elektronen für das Auftreten einer Absorptionsbande verantwortlich sind, heißen Chromophore.

Die σ-Elektronen in C—C- oder in C—H-Bindungen sind sehr fest gebunden. Die Elektronenübergänge aus dem bindenden Grundzustand σ in den antibindenden Zustand σ^* ($\sigma \rightarrow \sigma^*$) können deshalb nur mit sehr energiereicher Strahlung angeregt werden. Die genannten **Chromophore** ergeben Absorptionsbanden im kurzwelligen UV-Bereich um 150 nm herum.

Moleküle mit einsamen Elektronenpaaren oder isolierten Doppelbindungen wie $>$C=C$<$, $>$C=$\overline{\text{O}}$ oder —$\overline{\text{O}}$— können leichter angeregt werden. Sie führen zur UV-Absorption bei ca. 190 nm.

Den Übergang der π-Elektronen einer Carbonyl-Gruppe in den Zustand π^* zeigt Abb. 8.19.

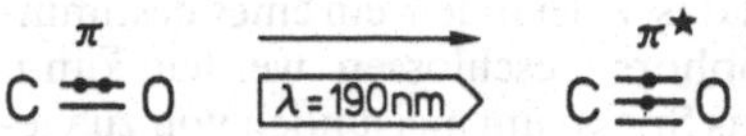

$$\overset{\pi}{C \equiv O} \quad \boxed{\lambda = 190\,\text{nm}} \longrightarrow \quad \overset{\pi^\star}{C \equiv O}$$

Abb. 8.19   Übergang der π-Elektronen in einer Carbonyl-Gruppe

Die Absorptionsbanden unterhalb 200 nm sind einer einfachen Messung nicht zugänglich, da die Luft in diesem Wellenlängenbereich selbst Strahlung absorbiert und sich deshalb störend bemerkbar macht. Für Messungen zwischen 120 nm und 200 nm muß deshalb das Spektrometer evakuiert werden. Daher bezeichnet man dieses Wellenlängengebiet als **Vakuum-UV**.

Die meisten UV/VIS-Spektrometer arbeiten jedoch oberhalb 200 nm. Hier erfolgen Elektronenübergänge aus p-, d- und π-Orbitalen sowie aus π-konjugierten Systemen in energiereichere Zustände.

Eine Konjugation wie sie z. B. im Butadien

$$\begin{matrix} H & H & & H \\ \backslash & | & & / \\ C=C-C=C \\ / & | & | \\ H & H & H \end{matrix}$$

vorliegt, führt immer zur Ausbildung von ausgedehnten π-Elektronenwolken. Je länger diese Wolken werden, umso leichter können die betreffenden Moleküle angeregt werden; daher gilt:

> Je länger ein konjugiertes System ist, umso mehr verschiebt sich das Absorptionsmaximum zu größeren Wellenlängen.

Bei Systemen mit einer größeren Anzahl konjugierter Doppelbindungen liegt das Absorptionsmaximum meist im Sichtbaren. Diese Stoffe absorbieren also einen bestimmten Wellenlängenbereich, d. h. auch einen bestimmten Farbbereich des weißen Lichts und nehmen daher die Komplementärfarbe zu den absorbierten Farben an. Ein typischer Vertreter dafür ist das Carotin, das auffallend orange-gelb gefärbt ist.

Ähnlich wie die Konjugation führt auch die Mesomerie in aromatischen Systemen zu gut meßbaren Absorptionsbanden im längerwelligen UV oberhalb 200 nm.

Leider gibt es keine einfache Regel oder Methode, mit der aus den in einem UV/VIS-Spektrum auftretenden Absorptionsbanden direkt und eindeutig auf das Vorhandensein eines bestimmten Chromophors geschlossen werden kann. Dazu wird das Spektrum meist noch von zu vielen zusätzlichen Faktoren – besonders wenn mehrere Stoffe nebeneinander vorliegen – beein-

flußt. Wenn das Spektrum einer unbekannten Substanz vorliegt, dann sollte man es am besten mit Standardspektren vergleichen. Dieser Vergleich läßt häufig eine eindeutige, vor allem aber auch schnellstmögliche Analyse zu.

Den typischen Verlauf eines UV-Spektrums zeigt Abb. 8.20. Auf der Abszisse ist die Wellenlänge, auf der Ordinate die Extinktion aufgetragen. Auffällig an UV-Spektren ist, daß sie im Vergleich zu IR-Spektren (s. folgender Abschnitt) nur sehr wenige Banden besitzen und die Kurven recht „glatt" verlaufen.

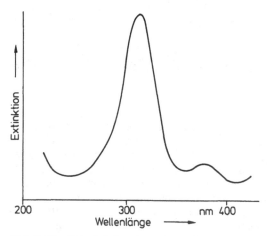

Abb. 8.20 Prinzipielles Aussehen eines UV-Spektrums

UV/VIS-Spektren werden meist von stark verdünnten Lösungen aufgenommen. Dabei darf das Lösungsmittel im interessierenden Spektralbereich selbst nicht zu stark absorbieren. Bei zu großen Extinktionen – sei es, daß sie vom Lösungsmittel oder von der gelösten Substanz herrühren – werden die Messungen fehlerhaft.

Zur Aufnahme des Spektrums werden die Lösungen in **Quarzküvetten** gegeben, da Quarz für ultraviolette und sichtbare Strahlung nahezu vollständig durchlässig ist. Um die Lösungsmittelabsorptionen zu kompensieren, arbeitet man meist mit einem Zweistrahlspektrometer.

3.4.2 IR-Spektroskopie

Die Atomabstände in Molekülen sind keineswegs fest. Vielmehr können die Atome in einem Molekülverband wie Kugeln, die mit Federn aneinander gekoppelt sind, um ihre Ruhelagen

schwingen. Die Schwingungsenergie tritt ge-
quantelt auf. Je nach Anzahl der enthaltenen
Atome sind verschiedene Grundschwingungen,
sog. **Fundamentalschwingungen**, möglich. Die
Fundamentalschwingungen in einem CO_2-
Molekül sind in Abb. 8.21 gezeigt. Es sind die

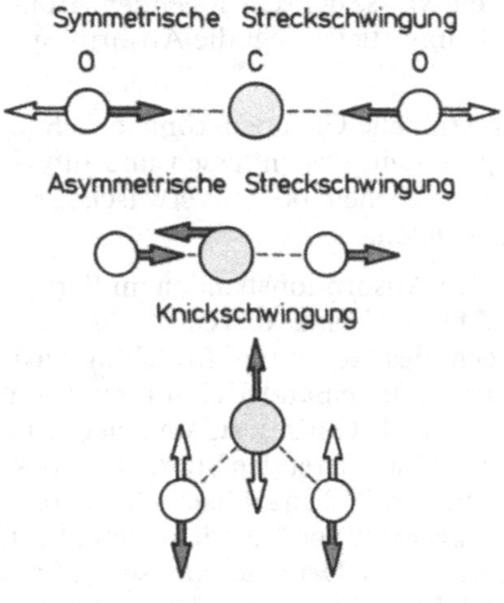

symmetrische und asymmetrische Streck-
schwingung und die Knickschwingung. (Die zusätzlich möglichen Molekülrotationen wollen
wir außer Betracht lassen.)

Solche Molekülschwingungen können mit IR-
Photonen angeregt werden. Die Schwingungsfrequenz – und damit auch die notwendige Anregungsenergie – ist von der Bindungsstärke,
der Masse der schwingenden Teilchen sowie
der Art der angeregten Schwingung abhängig.
(Ein klassischer harmonischer Oszillator, z. B.
ein Federpendel schwingt mit der Frequenz
$f = \frac{1}{2 \cdot \pi} \cdot \sqrt{D/m}$ mit D als Federkonstante und
m als angehängter Masse.)

Die IR-Spektroskopie ist daher ein vorzügliches
Hilfsmittel zur Strukturaufklärung und zur
Identifizierung von Stoffen.

IR-Spektrum. Das Infrarot-Spektrum von Butanol (C_4H_9OH) zeigt Abb. 8.22. Wir wollen uns
mit den Einzelheiten dieses Spektrums und den
Interpretationsmöglichkeiten vertraut machen.

Abszisse des IR-Spektrums. Auf der Abszisse
des IR-Spektrums ist i. a. die Wellenlänge λ oder
aber ihr Kehrwert $1/\lambda$ aufgetragen, wobei λ in

Abb. 8.21 Fundamentalschwingungen eines CO_2-
Moleküls

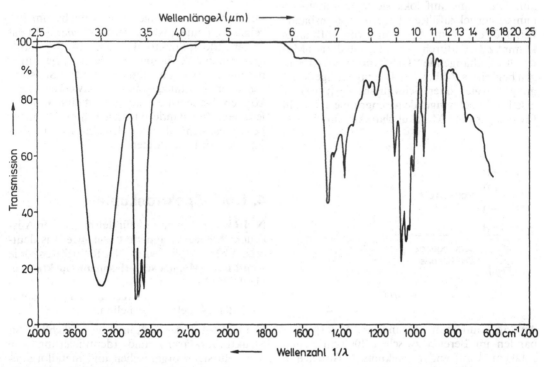

Abb. 8.22 IR-Spektrum von *n*-Butanol

cm eingesetzt wird. Die Größe $1/\lambda$ bezeichnet man als die **Wellenzahl**. Sie gibt an, wieviel ganze Wellenlängen des eingestrahlten Lichtes in 1 cm Platz haben. Die Wellenzahl ist eine der Photonenenergie proportionale Größe ($W = h \cdot c \cdot 1/\lambda$). Je größer die Wellenzahl desto größer ist auch die Photonenenergie. Die meisten IR-Spektrometer arbeiten im Wellenzahlbereich von 4000 cm^{-1} bis 625 cm^{-1}. Die Abszisse ist nicht-linear.

Ordinate des IR-Spektrums. Auf der Ordinate des IR-Spektrums ist die Transmission aufgetragen, das ist die zur Absorption komplementäre Größe. Dort, wo das IR-Spektrum tiefe Einschnitte zeigt, wie z. B. um 3000 cm^{-1} im Butanol-Spektrum, absorbiert die Probe sehr stark, nimmt also viel Strahlungsenergie auf. Hier kommt es somit zur Anregung von Molekülschwingungen.

Bereiche des IR-Spektrums. Alle IR-Spektren lassen sich grob in die Wellenzahlbereiche von 4000 cm^{-1} bis 1500 cm^{-1} und von 1500 cm^{-1} bis 625 cm^{-1} unterteilen.

Im Bereich zwischen **4000 cm^{-1} und 1500 cm^{-1}** treten meist nur wenige Absorptionsbanden auf. Diese sind auf lokalisierte Einzelschwingungen zurückzuführen. Die Absorptionsbande bei 3500 cm^{-1} im Spektrum von *n*-Butanol kommt z. B. dadurch zustande, daß die am Molekülrest „hängende" OH-Gruppe zu schwingen beginnt (s. Abb. 8.23). Die zugehörige Anregungsenergie (oder Schwingungsfrequenz) ist also für die schwingende Atomgruppe und nicht für das gesamte Molekül charakteristisch.

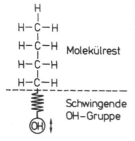

Abb. 8.23   Schwingende OH-Gruppe im Butanol

Analog kann man aus anderen Absorptionsbanden im Bereich zwischen 4000 cm^{-1} und 1500 cm^{-1} auf andere **funktionelle Gruppen** in einem Molekül schließen. Dabei gelten folgende grobe Anhaltspunkte:

– Je stärker die Bindung zum Molekülrest ist, umso höher liegt die zugehörige Absorptionsfrequenz (Anregungsenergie). Damit lassen sich Einfach-, Doppel- und Dreifachbindungen unterscheiden.

– Je größer die Masse der schwingenden Atomgruppe ist, umso tiefer liegt die Absorptionsfrequenz.

Mehrere funktionelle Gruppen können sich jedoch auch gegenseitig beeinflussen und führen dann zu verschobenen oder „verwaschenen" Absorptionsbanden.

Die zahlreichen Absorptionsbanden im Bereich zwischen **1500 cm^{-1} und 625 cm^{-1}** sind auf Schwingungen des gesamten Molekülgerüsts zurückzuführen. Diese Banden charakterisieren also das Molekül als Ganzes; sie sind charakteristisch für den absorbierenden Stoff. Das Spektrum im genannten Wellenzahlbereich ist sozusagen der „Fingerabdruck", an dem dieser Stoff erkannt werden kann. Der amerikanischen Literatur folgend bezeichnet man diesen Bereich zwischen 1500 cm^{-1} und 625 cm^{-1} auch als **Fingerprint-Region**.

Die Banden des „Fingerprint-Bereichs" im einzelnen zu deuten, ist i. a. recht schwierig. Meist stehen jedoch Spektrenkataloge mit Standardspektren zur Verfügung, mit deren Hilfe aufgenommene Spektren verglichen und so Substanzen oder Substanzgemische analysiert werden können. Dabei ist es häufig nicht einmal nötig, jede einzelne Bande zu vergleichen. Vielmehr genügt es, sich auf einige charakteristische Frequenzen zu beschränken.

4. NMR-Spektroskopie

NMR ist die Abkürzung für den englischen Ausdruck: **Nuclear Magnetic Resonance**. Ins deutsche übersetzt bedeutet NMR-Spektroskopie somit **Kern-Magnetische-Resonanz-Spektroskopie**. Die NMR-Spektroskopie geht auf die Physiker **F. Bloch** und **E. Purcell** zurück, die dafür 1952 den Nobelpreis erhielten.

Heute dient dieses Verfahren hauptsächlich der Strukturaufklärung und Identifizierung von meist flüssigen organischen und metallorganischen Verbindungen.

4.1 Grundlagen

Kernspin, Kreisstrom und magnetisches Moment.
Zur Erklärung der genannten Größen betrachten wir hier den für die NMR-Spektroskopie wohl wichtigsten Atomkern, den Wasserstoff-Kern.

Ähnlich wie ein in Bewegung gesetzter Kreisel ist auch der Wasserstoff-Kern in ständiger Drehbewegung (Rotation) um eine durch den Kern gehende (gedachte) Achse (s. Abb. 8.24). Diese Kernrotation bezeichnet man als den **Kernspin.** Wegen dieses Spins bewegt sich auch die positive Ladung auf der Oberfläche des Wasserstoff-Kerns auf einer Kreisbahn um die Drehachse. Da bewegte Ladungen einen elektrischen Strom bedeuten, stellt auch das rotierende Proton einen **Kreisstrom** dar. Ähnlich wie eine stromdurchflossene Spule (s. Abb. 8.24) baut dieser Kreisstrom ein Magnetfeld auf. Daher kann der rotierende Wasserstoff-Kern mit einem winzigen Stabmagneten verglichen werden, dessen Richtung mit der Richtung der Drehachse übereinstimmt und dessen Orientierung (Nord- und Südpol) vom Drehsinn des Kerns abhängt.

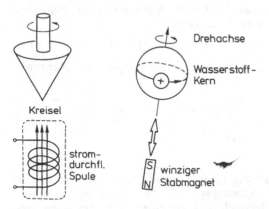

Abb. 8.24   Mechanische Kreisel und Kernkreisel

Ähnlich wie der Wasserstoff-Kern besitzen auch andere Atomkerne – wie ^{13}C, ^{19}F oder ^{31}P – ein **magnetisches Moment.**

Präzession im äußeren Magnetfeld. Bringt man den rotierenden Wasserstoffkern in ein statisches Magnetfeld H_0, so wird die „Magnetnadel" einer zusätzlichen Kraft ausgesetzt. Diese versucht, die Achse des Kreisels in Richtung der

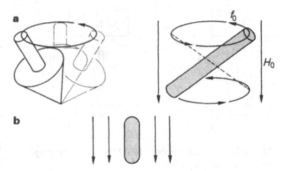

Abb. 8.25   (a) Präzession und (b) Einklappen in Feldrichtung

Feldlinien zu drehen. Die Einstellung in Feldrichtung erfolgt jedoch nicht spontan; vielmehr beginnt der Kernkreisel wie ein mechanischer Kreisel, auf den eine gegen die Drehachse gerichtete Kraft ausgeübt wird, zu „taumeln". (Sie kennen das sicher noch von Ihrem Kinderkreisel her.)

Diese Taumelbewegung bezeichnet man als **Präzession.** Die Präzessionsbewegung erfolgt mit einer für den jeweiligen Kern charakteristischen Frequenz f_0. Diese hängt außer von den speziellen Eigenschaften des Kerns, die durch das sog. **gyromagnetische Verhältnis** γ_K ausgedrückt werden, nur noch von der magnetischen Feldstärke H_0 ab:

$$f_0 = \frac{1}{2\pi}\gamma_K \cdot H_0 \qquad (12)$$

Diese Frequenzen liegen typischerweise im Radiowellengebiet.

Die Amplitude der Präzessionsbewegung nimmt aber – wie bei einem mechanischen Kreisel – schnell ab und die Achse der „Magnetnadel" klappt dadurch in die Richtung des äußeren Magnetfelds ein.

Einstellmöglichkeiten des Kernmagnets. In Bezug auf die Feldlinien des äußeren Magnetfelds H_0 kann sich der Kernmagnet in zwei Weisen orientieren (s. Abb. 8.26):

– Nord- und Südpol von Kernmagnet und äußerem Feld stimmen überein (energiereiche Einstellung) und

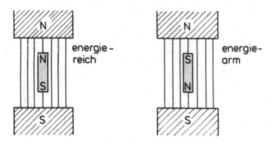

Abb. 8.26 Einstellmöglichkeiten des Kernmagneten im äußeren Feld

– Die entgegengesetzten Magnetpole von Kernmagnet und äußeres Magnetfeld sind einander zugewandt (energiearme Einstellung).

Damit der Kernmagnet in die energiereiche Stellung einklappen kann, muß er zusätzliche Energie aufnehmen. Dazu legt man senkrecht zum statischen Magnetfeld H_0 ein hochfrequentes magnetisches Zusatzfeld an. Stimmt die Frequenz f_1 dieses Zusatzfelds mit der Frequenz f_0 der Präzessionsdrehung überein, so nimmt der präzedierende Kern Energie aus dem Zusatzfeld auf (Absorption) und geht dann in die energiereiche Lage über.

Die Resonanzbedingung $f_0 = f_1$ kann auf zwei Weisen hergestellt werden:

– Man hält das statische Feld H_0 konstant und variiert die Frequenz f_1 des Zusatzfelds. Die-

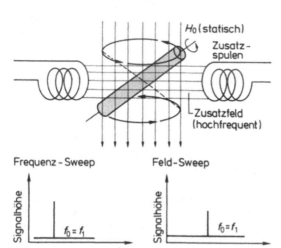

Abb. 8.27 Frequenz-Sweep- und Feld-Sweep-Methode

ses Verfahren wird als **Frequenz-Sweep-Methode** bezeichnet (s. Abb. 8.27).

– Man hält die Frequenz des zusätzlichen Wechselfelds konstant und variiert das statische Feld H_0, weil sich damit nach Gl. (12) auch f_0 verändert. Dieses Verfahren wird als **Feld-Sweep-Methode** bezeichnet (s. Abb. 8.27).

Die Bedeutung der chemischen Umgebung eines Kerns. Bisher haben wir nur den freien, d. h. chemisch unbeeinflußten Atomkern betrachtet. Gleiche freie Kerne zeigen natürlich alle dasselbe NMR-Verhalten. Besondere Bedeutung gewinnt die NMR-Spektroskopie aber erst dadurch, daß sich selbst gleichartige Atomkerne in verschiedener chemischer Umgebung unterschiedlich verhalten. Befindet sich nämlich ein Kern im gebundenen Zustand, so wird er von den umgebenden Elektronen mehr oder weniger stark abgeschirmt. Dadurch besitzt das äußere Magnetfeld am Kernort nicht mehr die Größe H_0, sondern ist auf einen kleineren Wert H abgeschwächt. Das Ausmaß der Schwächung hängt von der „Elektronenumgebung" des Kerns ab und wird durch die **Abschirmkonstante** σ ausgedrückt. Am Ort des Kerns besitzt das Feld also nur noch die Größe

$$H = H_0 - H_0 \cdot \sigma = H_0(1 - \sigma) \qquad (13)$$

Daher gilt nun für die Frequenz der Kernpräzession:

$$f_0 = \frac{\gamma_K \cdot H_0(1 - \sigma)}{2\pi} = \frac{\gamma_K \cdot H}{2\pi} \qquad (14)$$

Gleiche Kerne können also je nach Größe der Abschirmung durch die Umgebung bei unterschiedlichen Frequenzen zur Resonanz gebracht werden.

Von zusätzlicher Bedeutung sind auch die Magnetfelder von Nachbarkernen im Molekül. Die Kopplung von Kernfeldern führt meist zur Aufspaltung eines NMR-Signals, also zu einer **Feinstruktur**.

> Die Kernresonanzfrequenz ist von der chemischen Umgebung des Atomkerns abhängig.

Daher lassen NMR-Spektren präzise Aussagen über die chemische Struktur einer Substanz zu.

Spin-Spin-Kopplung und Feinstruktur. Zur Erklärung der Vorgänge, die zur Feinstruktur im NMR-Spektrum führen, betrachten wir das Trichlorethan-Moleküle:

$$\overset{1}{Cl-CH_2}-\overset{2}{CH}-Cl$$
$$\underset{Cl}{|}$$

Die Protonen an den markierten Stellen *1* und *2* befinden sich in unterschiedlicher chemischer Umgebung. Das äußere Magnetfeld wird daher unterschiedlich stark abgeschirmt, so daß die Resonanzbedingung für beide Protonen bei verschiedenen Frequenzen erfüllt ist. Im NMR-Spektrum ergeben sich deshalb zwei auseinander liegende Banden (s. Abb. 8.28). Bei höherer Auflösung stellt man fest, daß diese Banden zusätzlich in sich strukturiert sind. Die Bande *1* ist in zwei feinere Linien, also in ein **Dublett**, und die Bande *2* gar in 3 Linien, in ein sog. **Triplett**, aufgespalten.

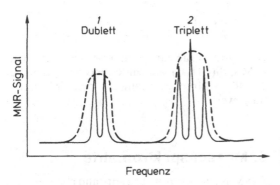

Abb. 8.28   Feinstruktur

Betrachten wir zunächst das Dublett: Das Magnetfeld am Ort *1* wird nicht nur durch die Elektronen in der Umgebung der Protonen beeinflußt, sondern erfährt auch eine gewisse Veränderung durch das Kernmagnetfeld, das vom Nachbarkern *2* ausgeht. Diese gegenseitige Beeinflussung der Kernfelder bezeichnet man auch als **Spin-Spin-Kopplung**. (Die Kernmagnetfelder kommen ja durch den Kernspin zustande.) Die Spin-Spin-Kopplung kann zu einer Verstärkung oder Abschwächung des Magnetfelds am Kern-

ort *1* führen. Das hängt davon ab, wie der Kernmagnet des Protons *2* orientiert ist. Dieser kann nämlich zwei Stellungen einnehmen (s. Abb. 8.29): steht er gleichgerichtet zum äußeren Feld, so wird das magnetische Feld bei *1* etwas geschwächt. (Die Feldlinien von äußerem Feld und Kernfeld laufen gegeneinander.) Bei antiparalleler Stellung kommt es dagegen zu einer geringfügigen Verstärkung.

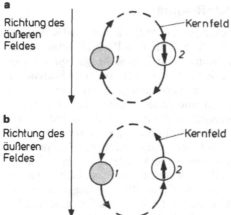

Abb. 8.29   (a) Verstärkung und (b) Schwächung des äußeren Magnetfeldes durch das Magnetfeld eines Nachbarkerns

Da in einer Probe viele Trichlorethan-Moleküle enthalten sind, kommen beide Fälle vor. Daher zeigt diese Probe Resonanzen bei zwei verschiedenen Frequenzen, die allerdings sehr dicht beieinander liegen. So entsteht das Dublett.

Das Triplett der Bande *2* kommt zustande, weil die zwei Protonen bei *1* in drei verschiedenen Weisen zueinander orientiert sein können. Die drei möglichen Einstellungen zeigt Abb. 8.30. Aus jeder resultiert eine andere Kopplung mit dem Proton 2.

Abb. 8.30   Einstellmöglichkeiten der Protonen im Trichlorethan an der markierten Stelle *1*

Das NMR-Spektrum zeigt daher drei dicht beieinander liegende Resonanzlinien, ein Triplett.

> Die Feinstruktur in einem NMR-Spektrum wird durch die Spin-Spin-Kopplung benachbarter Kerne mit einem magnetischen Moment hervorgerufen.

4.2 NMR-Apparatur

Den prinzipiellen Aufbau einer NMR-Apparatur zeigt Abb. 8.31. Das **Proberöhrchen** (1) mit der Substanz wird in eine **Magnetspule** (2) gestellt. Die Spule wird von einem **Radiofrequenzsender** (3) gespeist; dadurch wird das hochfrequente magnetische Wechselfeld erzeugt. Das Proberöhrchen befindet sich außerdem zwischen den Polschuhen eines starken **Dauermagneten** (4). Bei kontinuierlicher Veränderung der Senderfrequenz kommt es an verschiedenen Stellen zur Kernresonanz. Das **NMR-Spektrum** (5) wird von einem **RF-Empfänger** (6) aufgenommen und mit Hilfe eines Schreibers aufgezeichnet (RF: Radiofrequenz).

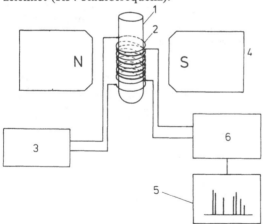

Abb. 8.31 Prinzipieller Aufbau einer NMR-Apparatur: (1) Probenröhrchen, (2) Magnetspule, (3) Radiofrequenz-Sender, (4) Dauermagnet, (5) Registriereinrichtung, (6) RF-Empfänger

4.3 Chemische Verschiebung

Da die verschiedenen Kerne bei unterschiedlichen Frequenzen oder Magnetfeldern zur Resonanz gebracht werden können, sollte die Abszisse eines NMR-Spektrums eigentlich eine Frequenz- oder Magnetfeldachse sein.

In der Praxis bezieht man jedoch die Resonanzfrequenz f_{Sub} der zu untersuchenden Substanz meist auf die Resonanzfrequenz f_{Ver} einer **Vergleichs- oder Standardsubstanz**. Auf der Abszisse des NMR-Spektrums wird dann die sog. **chemische Verschiebung** aufgetragen (s. Abb. 8.32).

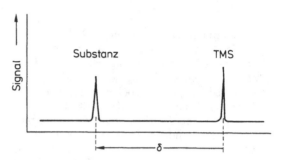

Abb. 8.32   Chemische Verschiebung

Darunter versteht man den Ausdruck

$$\delta = \frac{f_{Ver} - f_{Sub}}{\gamma_K \cdot H_0} \tag{15}$$

Als Standardsubstanz wird meist **Trimethylsilan** (TMS, $Si(CH_3)_4$) verwendet und das erhaltene NMR-Spektrum in Bezug auf den TMS-Peak ausgewertet.

5. Massenspektrometrie

Die Massenspektrometrie entstand aus dem Bedürfnis, die Massenzahlen der Atome direkt und möglichst genau zu bestimmen. Heute, nachdem die Atommassen hinreichend genug bekannt sind, wird die Massenspektrometrie vorwiegend zur Identifikation von Substanzen sowie zur Strukturaufklärung eingesetzt.

Prinzipieller Aufbau eines Massenspektrometers. Die zu untersuchende Substanz wird dem Massenspektrometer durch das **Einlaßsystem** (1) zugeführt (s. Abb. 8.33). Im Einlaßsystem wird die Probe, sofern sie nicht bereits im gasförmigen Zustand vorliegt, auch verdampft. Die Dampfteilchen diffundieren danach in die **Ionen-**

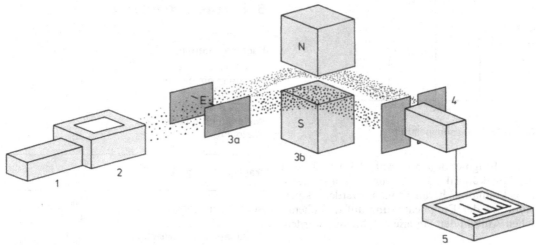

Abb. 8.33 Aufbau eines Massenspektrometers
(1) Einlaßsystem, (2) Ionenquelle, (3) Ablenkeinheit, (4) Empfängerspalt, (5) Registriereinrichtung

quelle (2) und werden dort mit schnellen, energiereichen Elektronen bombardiert. Bei diesem Bombardement werden Elektronen aus den Hüllen der Gasteilchen herausgeschlagen, so daß positiv geladene Gasionen entstehen:

$$\text{neutrales Gasteilchen} \xrightarrow{-e} \text{Gasion.}$$

Der umgekehrte Prozeß, nämlich das Einfangen von Elektronen bei dem Beschuß, ist so gut wie auszuschließen. Mitunter kommt es bei dem Elektronenbeschuß aber nicht nur zur Ionisierung, sondern auch zum Zerbrechen der Moleküle, so daß mehrere Fragmentionen entstehen.

Die Ionen werden im elektrischen Feld beschleunigt und gelangen danach in die **Ablenkeinheit** (3). Diese enthält ein elektrisches Feld (3a) sowie ein nachgeschaltetes magnetisches Feld (3b). Beide Felder sind senkrecht zur Flugrichtung der Teilchen und zudem senkrecht zueinander orientiert.

Wenn die Ionen in die Ablenkeinheit eintreten, dann haben sie unterschiedliche Geschwindigkeiten und werden deshalb im elektrischen Feld verschieden stark abgelenkt. Durch das nachfolgende Magnetfeld wird nun erreicht, daß alle Ionen gleicher Masse m und gleicher Ladung z bzw. gleichen Verhältnisses m/z auf einen Punkt hin fokussiert werden.

Gasionen mit unterschiedlichen m/z-Werten werden dagegen an verschiedenen Stellen zusammengeführt (s. Abb. 8.34).

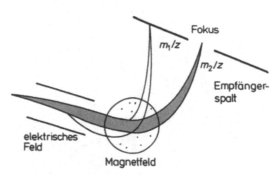

Abb. 8.34 Fokussierung im Magnetfeld

In der Fokusebene steht der **Empfängerspalt** (4), durch den also nur immer Ionen ganz bestimmter Masse (bzw. m/z-Werte) gelangen. Sie treffen danach auf den Ladungssammler (Faraday-Becher), der mit der **Registriereinheit** (5) verbunden ist.

Massenspektrum. Bei kontinuierlicher Änderung des Magnetfelds gelangen nacheinander alle Ionensorten durch den Empfängerspalt in den Faraday-Becher. Dadurch wird das **Massenspektrum** der Probe aufgenommen. Es enthält neben dem **Molekülpeak** (AB) auch die Peaks (A und B) der bei der Ionisation entstan-

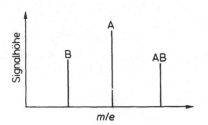

Abb. 8.35 Massenspektrum

denen Fragmentionen (s. Abb. 8.35). Während der Molekülpeak zur Bestimmung der relativen Molekülmasse herangezogen werden kann, kann aus der Fragmentierung auf den chemischen Aufbau der Materie geschlossen werden.

6. Formelsammlung

Photonenenergie	$E = h \cdot f = h \cdot \dfrac{c}{\lambda}$
Frequenz emittierter Photonen	$f = \dfrac{\Delta E}{h}$
Wellenlänge emittierter Photonen	$\lambda = \dfrac{h \cdot c}{\Delta E}$
Transmissionsgrad	$\tau = \dfrac{\Phi_{tr}}{\Phi_0} = \dfrac{I_{tr}}{I_0}$
Absorptionsgrad	$\alpha = \dfrac{\Phi_{ab}}{\Phi_0} = \dfrac{I_{ab}}{I_0}$
Zusammenhang zwischen Transmissions- und Absorptionsgrad (Vernachlässigung der Reflexion)	$\alpha + \tau = 1$
Extinktion	$\hat{E} = \lg\left(\dfrac{I_0}{I_{tr}}\right)$
Gesetz von Lambert und Beer	$\hat{E} = \varepsilon \cdot c \cdot l$

Anwendungen

– Konzentrationsbestimmungen
– qualitative Analysen von Lösungen
– Analyse von Einzelstoffen
– Strukturaufklärung

Sachverzeichnis

A

AAS s. Atomabsorptionsspektroskopie
Abkühlungskurven 65 ff
Abscheidungsdruck 124
Abschirmkonstante 166
Absorptionsbande 153
Absorptionsgrad 157 f
Absorptionskoeffizient s. Löslichkeitskoeffizient
Absorptionsmessung 158 ff
Absorptionsspektroskopie 157 ff
Absorptionsspektrum 152 f, 161 f
Adhäsionskräfte 23
Adiabate 9
Adiabatenexponent 9
Adsorbat 44
Adsorbens s. Adsorptionsmittel
Adsorption 44 f
Adsorptionskapazität 45
Adsorptionsmittel 44
Äquivalentleitfähigkeit 145 ff
Affinität, chemische 83
Aggregatzustände 29 f
Aggregatzustandsänderungen 29 f
Aktivierung, Modell 84 f
Aktivierungsenergie 83 f
Aktivität 107
Aktivitätskoeffizient 107
Amontonssches Gesetz 7
Anionen 102, 117
Anionenaustauscher 48
Anisotropie 21
Anode 116
Anteil, Begriff 38
Atomabsorptionsspektroskopie 160 f
Ausdehnungskoeffizient, linearer 22
Ausspültechnik s. Eluiertechnik

B

Bandenfläche 47
Base, konjugierte 111 f
Basenkonstante 110
Bildungsenthalpie 79 f
– molare 77
Binnendruck 15
Bleiakkumulator 140 f
Bleikammerverfahren 86
Boltzmann-Konstante 1
Boudouard-Gleichgewicht 99
Boyle-Mariottesches Gesetz 3
Brennstoffzelle 139, 141

C

Chemisorption 45
Chlorknallgaskette 131 f
Chromatogramm, Dünnschichtchromatographie 50
– Gaschromatographie 47 f
Chromatographie 44 ff.
– Arbeitstechniken 45 f
– Begriff 44
– zweidimensionale 51
Chromophore 161
Clausius-Clapeyronsche Gleichung 33
Coulombsches Gesetz 103
Covolumen 15
Czochralski-Verfahren 21

D

Dampf 17
Dampfdruck 31 f
– binäre Mischungen 54 f
– von Festkörpern 34
– von Flüssigkeiten 31 f
Dampfdruckdiagramm 64
– isothermes 57 f
– reale binäre Mischung 62
Dampfdruckerniedrigung 54 f
Dampfdruckkurve 32
Dampfzustand 17
DC s. Dünnschichtchromatographie
Depolarisator 140
Desorption 45
Destillation 60 ff
– reale flüssige Mischungen 62 f
– Schlepper 63
– Stufenzahl 61
Detergentien s. Tenside
Dialyse 54
Diaphragma 124
Dielektrizitätszahl 103
Diffusion 51 f, 132 f
– durch semipermeable Membran 51 f
Diffusionspotential 132 f
Dilatation, isotherme s. Expansion, isotherme
Dispersion 154
Dissoziation 39
– elektrolytische 105 ff, 116 f
Dissoziationsgleichgewichte, elektrolytische, Formelsammlung 115
Dissoziationsgrad 39, 105, 148

– Konzentrationsabhängigkeit 105 f
Dissoziationskonstante 106, 148
Drehschieberpumpe 4 f
Druck, kritischer 17
– osmotischer 52
Dünnschichtchromatographie 50 f

E

Ebullioskopie 56 f
ebullioskopische Konstante 56
Edison-Akku 141
Eigendissoziation des Wassers s. Wasser, Eigendissoziation
Einkristall 21
Einzelpotential 126 ff
elektrochemische Vorgänge, Formelsammlung 149 f
Elektroden 1. Art 128 f
– 2. Art 128, 130 f
Elektrolyse 116 ff, 135
– wäßriger Lösungen 120 ff
Elektrolyte 102 ff
– echte 102 f
– potentielle 102, 104 f
– schwache 105 f, 147
– starke 105, 146 f
Elektrolytlösungen 102 ff, 143
elektromotorische Kraft s. EMK
Eluiertechnik 46
Elution 46
Elutionsmittel 46
Emissionsspektroskopie 153 f
– Verfahren 154 ff
Emissionsspektrum 153
– Aufnahme 154
EMK, Begriff 123 ff
– der Brennstoffzelle 142
– galvanischer Ketten 131 ff, 139
Energie, elektrische 117
– Gibbs s. Gibbsche Energie
– innere 71
Energieband 152
Energiebilanz chemischer Reaktionen, Formelsammlung 86
Energieerhaltungssatz 3, 71
Energieschema 151 f
Enthalpie 7 f
Entladung 117
Entmischung 42 f
Entmischungstemperatur, kritische 43
Entropie 80 ff
Erwärmung, Verhalten von Festkörpern 21 f